Springer-Lehrbuch

D1574553

Springer

Berlin
Heidelberg
New York
Barcelona
Budapest
Hong Kong
London
Mailand
Paris
Tokyo

Herbert Oertel Jr. · Eckart Laurien

Numerische Strömungsmechanik

Mit 111 Abbildungen

 Springer

Professor Dr.-Ing. Herbert Oertel Jr.
Universität Karlsruhe
Institut für Strömungslehre
und Strömungsmaschinen
Kaiserstraße 12
76128 Karlsruhe

Dr.-Ing. Eckart Laurien
Institut für Strömungsmechanik
Technische Universität Braunschweig
Bienroderweg 3
38106 Braunschweig

ISBN 3-540-58569-9 Springer-Verlag Berlin Heidelberg New York

Die Deutsche Bibliothek – Cip-Einheitsaufnahme

Oertel, Herbert:
Numerische Strömungsmechanik / Herbert Oertel Jr. -
Berlin ; Heidelberg ; New York : Springer, 1995
    ISBN 3-540-58569-9 (Berlin ...)
    ISBN 0-387-58569-9 (New York ...)

Dieses Werk ist urheberrechtlich geschützt. Die dadurch begründeten Rechte, insbesondere die der Übersetzung, des Nachdrucks, desVortrags, der Entnahme von Abbildungen und Tabellen, der Funksendung, der Mikroverfilmung oder Vervielfältigung auf anderen Wegen und der Speicherung in Datenverarbeitungs-anlagen, bleiben, auch bei nur auszugsweiser Verwertung, vorbehalten. Eine Vervielfältigung dieses Werkes oder von Teilen dieses Werkes ist auch im Einzel-fall nur in den Grenzen der gesetzlichen Bestimmungen des Urheberrechtsgesetzes der Bundesrepublik Deutschland vom 9. September 1965 in der jeweils geltenden Fassung zulässig. Sie ist grundsätzlich vergütungspflichtig. Zuwiderhandlungen unterliegen den Strafbestimmungen des Urheberrechtsgesetzes.

© Springer-Verlag Berlin Heidelberg 1995
Printed in Germany

Die Wiedergabe von Gebrauchsnamen, Handelsnamen, Warenbezeichnungen usw. in diesem Buch berechtigt auch ohne besondere Kennzeichnung nicht zu der Annahme, daß solche Namen im Sinne der Warenzeichen- und Markenschutz-Gesetzgebung als frei zu betrachten wären und daher von jedermann benutzt werden dürften.

Sollte in diesem Werk direkt oder indirekt auf Gesetze, Vorschriften oder Richtli-nien (z.B. DIN, VDI, VDE) Bezug genommen oder aus ihnen zitiert worden sein, so kann der Verlag keine Gewähr für die Richtigkeit, Vollständigkeit oder Aktualität übernehmen. Es empfiehlt sich, gegebenenfalls für die eigenen Arbeiten die voll-ständigen Vorschriften oder Richtlinien in der jeweils gültigen Fassung hinzuzuziehen.

Satz: Reproduktionsfertige Vorlage des Autors
SPIN: 1045862   68/3020 - 5 4 3 2 1 0 - Gedruckt auf säurefreiem Papier

Vorwort

Das Lehrbuch über numerische Methoden der Strömungsmechanik führt anhand ausgewählter Anwendungsbeispiele in die numerischen Grundlagen der Lösungsmethoden der strömungsmechanischen Grundgleichungen ein. Es ergänzt unsere Einführung in die Methoden und Phänomene der Strömungsmechanik für Studenten und Ingenieure des Maschinenbaus. Das Buch ist zum Gebrauch neben der Vorlesung nach dem Vordiplom bestimmt. Es wird ergänzt durch ein Übungsbuch, das mit Software-Beispielen die praktische Arbeit am Rechner fördern soll.

Das Lehrbuch wendet sich an Studenten und Ingenieure, die an der Anwendung numerischer Lösungsmethoden in der Praxis interessiert sind. Es verzichtet auf jegliche mathematische Beweisführung und ausführliche Literaturzitate. Die Literaturangaben in den einzelnen Kapiteln beschränken sich auf eine begrenzte Auswahl von Fachliteratur, die für die Vertiefung des Lehrstoffes nützlich ist. Insbesondere bezüglich der mathematischen Grundlagen der numerischen Mathematik, verweisen wir auf die einschlägige Fachliteratur. Das Lehrbuch über numerische Strömungsmechanik behandelt die grundlegenden Techniken der Geometriedarstellungen und der Diskretisierung eines Strömungsfeldes, die Auswahl geeigneter numerischer Lösungsalgorithmen für die dem Strömungsproblem angepaßten strömungsmechanischen Grundgleichungen, die Rechentechnik der Durchführung einer numerischen Simulationsrechnung auf Vektor- und Parallelrechnern und die Technik der Datenauswertung und Darstellung des Strömungsfeldes. Es orientiert sich an den Erfordernissen der Technologieprogramme der Industrie und führt mit Anwendungsbeispielen der Tragflügelströmung, der Kraftfahrzeugaerodynamik, der Auslegung von Strömungsmaschinen und mit der Behandlung von Wärmetransportproblemen in die praktische Anwendung numerischer Lösungsmethoden ein.

Im Einzelnen werden die Algorithmen der Geometriedefinition und Netzgenerierung für Verkehrsflugzeuge, Kraftfahrzeuge und Strömungsmaschinen mit Berücksichtigung moderner CAD-Systeme behandelt. Es werden Differenzenverfahren, Finite-Volumen-, Finite-Elemente-Verfahren und Spektralmethoden und die Rechentechnik auf unterschiedlichen Rechnerarchitekturen eingeführt. Dabei wird bewußt auf jegliche Vollständigkeit der Lösungs-Algorithmen verzichtet und es werden lediglich die numerischen Algorithmen beschrieben, die sich in der Praxis bei der Berechnung von Tragflügelströmungen und Kraftfahrzeugumströmungen, bei Innenströmungen von Strömungsmaschinen und bei Konvektionsströmungen bewährt haben.

Das Manuskript der numerischen Strömungsmechanik wurde gemeinsam mit meinem langjährigen wissenschaftlichen Mitarbeiter Dr.-Ing. E. Laurien ausgearbeitet. Es profitiert von zahlreichen Forschungs- und Entwicklungsprojekten, die im Bereich der numerischen Strömungssimulation gemeinsam mit der Industrie durchgeführt wurden. Das Lehrbuch vermittelt die numerischen Grundlagen und Rechentechniken in der Strömungsmechanik, die der Ingenieur in der Industrie bei der Produktentwicklung in Zukunft verstärkt einsetzen wird.

Ergänzend zum Lehrstoff sind im Anhang Software-Beispiele aufgelistet, die dem Lernenden erste praktische Erfolgserlebnisse bei der Strömungssimulation auf seinem PC vermitteln sollen. Unser Student U. Hillmann hat ergänzend einen Computer-Lehrfilm erstellt, der den instationären Vorgang der Transition in einer transsonischen Grenzschichtströmung darstellt.

Besonderer Dank gilt meinem Assistenten T. Ehret für die Überarbeitung des Manuskripts und die zahlreichen Anregungen zur Verbesserung des Lehrstoffes, sowie I. Adami, B. Bischoff und H. Scheffler für die Erstellung der Abbildungen. Dem Springer-Verlag danken wir erneut für die stets erfreuliche und gute Zusammenarbeit.

Karlsruhe, im Frühjahr 1995   Herbert Oertel jr.

Inhaltsverzeichnis

1	**Einführung**		**1**
2	**Strömungsprobleme**		**9**
	2.1	Luftfahrt	9
	2.2	Kraftfahrzeugtechnik	14
	2.3	Strömungsmaschinen	17
	2.4	Strömungen mit Wärmeübergang	19
3	**Grundgleichungen der Strömungsmechanik**		**22**
	3.1	Hierarchie der Grundgleichungen	22
	3.2	Navier–Stokes Gleichungen	31
		3.2.1 Navier–Stokes Gleichungen in Erhaltungsform	31
		3.2.2 Euler-Gleichungen	35
		3.2.3 Potentialgleichung	36
		3.2.4 Boussinesq-Gleichungen	38
		3.2.5 Inkompressible Navier-Stokes Gleichungen	40
		3.2.6 Stokes-Gleichungen	42
		3.2.7 Thin-Layer Navier-Stokes Gleichungen	42
		3.2.8 Parabolisierte Navier-Stokes Gleichungen	44
		3.2.9 Grenzschichtgleichungen	46
	3.3	Reynoldsgleichungen	48
		3.3.1 Reynoldsgleichungen in Erhaltungsform	48
		3.3.2 Baldwin–Lomax Modell	51
		3.3.3 Prandtl'sches Eingleichungsmodell	53
		3.3.4 k-ϵ Modell	54
		3.3.5 Andere Turbulenzmodelle	55
	3.4	Störungs-Differentialgleichungen	57
		3.4.1 Primäre Störungsdifferentialgleichungen	59
		3.4.2 Orr-Sommerfeld Gleichung	64
		3.4.3 Sekundäre Störungsdifferentialgleichungen	65
	3.5	Auswahl der Grundgleichungen	66
4	**Diskretisierung**		**74**
	4.1	Grundlagen	74
		4.1.1 Geometriedefinition	76
		4.1.2 Netzgenerierung	82
		4.1.3 Diskretisierung im Raum	86
		4.1.4 Zeitdiskretisierung	101
		4.1.5 Fehlerarten	105

4.1.6	Lösung von Gleichungssystemen	107
4.2	Konvergenz, Konsistenz und Stabilität	115
4.2.1	Verhalten des numerischen Fehlers	115
4.2.2	Nachweis der Konvergenz	118
4.2.3	Verifikation und Validierung	121
4.2.4	Nachweis der Stabilität	122
4.3	Methoden zur Netzgenerierung	127
4.3.1	Kartesische Netze mit Verdichtung	127
4.3.2	Interpolationsmethode	129
4.3.3	Transfinite Interpolation	131
4.3.4	Schießverfahren	133
4.3.5	Delaunay-Triangularisierung	134
4.3.6	Front-Generierungsmethode	138
4.3.7	Netzadaption	140

5 Numerische Lösungsmethoden — **142**

5.1	Finite-Differenzen Methoden (FDM)	142
5.1.1	DuFort-Frankel Verfahren	142
5.1.2	Lax-Wendroff- und MacCormack-Verfahren	150
5.1.3	Beam und Warming Verfahren	162
5.2	Finite-Volumen Methoden (FVM)	168
5.2.1	Finite-Volumen Runge-Kutta Verfahren	168
5.2.2	Semi-implizites Verfahren	176
5.2.3	Hochauflösendes Finite-Volumen Verfahren	186
5.3	Finite-Elemente Methoden (FEM)	195
5.3.1	Taylor-Galerkin Finite-Elemente Methode	195
5.3.2	Finite-Elemente Methode für inkompressible Strömungen	205
5.4	Spektralmethoden (SM)	212
5.4.1	Tschebyscheff-Matrixmethode	212
5.4.2	Fourier-Spektralmethode	217

6 Rechnerarchitekturen und Rechentechnik — **224**

6.1	Rechnerarchitekturen	224
6.1.1	Entwicklung der Rechenanlagen und Datennetze	224
6.1.2	Grundbegriffe	226
6.1.3	Einteilung der Rechenanlagen	228
6.2	Programmierung von Vektorrechnern	231
6.2.1	Grundlagen	231
6.2.2	Vektorisieren von Programmen	233
6.3	Programmierung von Parallelrechnern	237
6.3.1	Parallele Sprachelemente	237
6.3.2	Gebietszerlegungsmethode	239

7 Beispiel-Lösungen und Lösungsansätze   **244**

   7.1   Flugzeugtragflügel   244

   7.2   Kraftfahrzeugumströmung   252

   7.3   Verdichtergitter   256

   7.4   Konvektionsströmung   257

8 Anhang   **261**

   8.1   Programmkonzept   261

   8.2   Programmbeispiele   267

      8.2.1   Netzgenerator   268

      8.2.2   Parallelprogramm für Workstation-Cluster   271

   8.3   Computerfilm   275

Ausgewählte Literatur   **277**

Sachwortverzeichnis   **281**

1 Einführung

Die numerische Strömungssimulation hat sich entsprechend dem Experimentieren in Versuchsanlagen zu einer etablierten Methode der Strömungsmechanik entwickelt. Dabei entspricht die Vorgehensweise des numerisch arbeitenden Ingenieurs ganz dem Vorgehen des Experimentators. Beide haben das Ziel, mit möglichst genauen numerischen beziehungsweise experimentellen Methoden, ein vorgegebenes strömungsmechanisches Problem zu lösen.

Bei der Entscheidung, ob ein bestimmtes Problem numerisch oder experimentell behandelt werden soll, muß der zur Problemlösung zu betreibende Aufwand (Zeit, Kosten) berücksichtigt werden. In vielen Bereichen der Technik hat sich die numerische Strömungsmechanik bei der Produktentwicklung als nützliches Ingenieurwerkzeug bewährt.

Das numerische 'Experimentieren' ist eine dem Ingenieur gewohnte Technik, die dem Mathematiker meist fremd ist. Konkret befaßt sich die numerische Strömungsmechanik mit der Lösung der dreidimensionalen Navier-Stokes-Gleichungen (Massen-, Impuls- und Energieerhaltung), also einem System von nichtlinearen partiellen Differentialgleichungen 2. Ordnung. Die Stabilität und Konvergenz der Lösungsalgorithmen kann mathematisch nicht exakt sondern nur in ersten Ansätzen näherungsweise nachgewiesen werden. Eine Theorie der globalen Existenz von Lösungen der kompressiblen Navier-Stokes-Gleichungen konnte bisher nicht entwickelt werden.

Dennoch kommt der Ingenieur zu numerischen Näherungslösungen, die technische Strömungsprobleme lösen helfen. Dabei ersetzt der Vergleich der numerischen Lösung mit dem quantitativen Experiment die fehlende mathematische Exaktheit. Die Entwicklung der numerischen Methoden in der Strömungsmechanik ging von den Finite-Differenzen-Methoden (FDM) über die Finite-Volumen-Methoden (FVM) bis hin zu den adaptiven Finite-Elemente-Methoden (FEM) für instationäre dreidimensionale Strömungsprobleme. Parallel dazu wurden Spektralmethoden (SM) insbesondere zur Lösung strömungsmechanischer Stabilitätsprobleme entwickelt (siehe Titelbild). Die Methoden werden heute vielfach auf Hochleistungsrechnern (Vektor- und Parallelrechnern) angewandt.

Dieses Lehrbuch knüpft an die in unserem Band **Strömungsmechanik - Methoden und Phänomene** (H. OERTEL jr., M. BÖHLE, T. EHRET 1995) gegebenen Grundlagen der Strömungsmechanik an. Wir gehen davon aus, daß dem Leser die grundlegenden analytischen und numerischen Methoden in Gestalt der eindimensionalen Stromfadentheorie bekannt sind und er in der Lage ist, diese anzuwenden. Die meisten praktischen Probleme sind jedoch dreidimensional. Diese Probleme können nicht mehr analytisch sondern müssen im allgemeinen numerisch gelöst werden.

Bevor wir die einzelnen Schritte zur Durchführung einer numerischen Strömungssimulation erarbeiten, soll gezeigt werden, aus welchen Arbeitsschritten eine solche Berechnung besteht. Anschließend werden die einzelnen Schritte genauer erläutert.

Das Blockdiagramm in Abb. 1.1 zeigt, wie eine typische Berechnung einer stationären Strömung mit Optimierung der umströmten Körpergeometrie abläuft. Dabei sind auch Gesichtspunkte zu berücksichtigen, die außerhalb der Strömungsmechanik liegen. Die Arbeit findet deshalb innerhalb eines *Projektteams* statt, an dem auch andere Fachabteilungen, z.B. Strukturmechanik, Flugmechanik und Systemtechnik beteiligt sind.

Zunächst wird die *Geometrie* einer Oberfläche definiert, von der bekannt ist, daß sie der gewünschten Gestaltung des Körpers bereits nahekommt (z.B. die Geometrie des Vorgängermodells oder eines Konkurrenzmodells). Die dazu erforderlichen Geometriedaten werden in einem Datensatz oder in einer *Datenbank* gespeichert. Auf diese Daten greifen auch andere Mitglieder des Projektteams (andere Fachabteilungen) zu. Um diese Geometrie wird dann ein *numerisches Netz* generiert, d.h. es werden diejenigen Punkte im Raum festgelegt, an denen die Zustandsgrößen (z.B. Geschwindigkeit, Druck, Temperatur usw.) definiert sein sollen. Das Netz wird vom Anwender nach empirischen Gesichtspunkten (Erfahrung) gestaltet. Als Eingabe dient ein Datensatz zur Verteilung der Netzpunkte. Damit ist die Strömung nun *diskret* beschrieben, also an einer Anzahl von Stützstellen, anstelle durch *kontinuierliche* Differentialgleichungen.

Es folgt die numerische Integration der Grundgleichungen mit einem zuvor ausgewählten numerischen Verfahren. Bei der Integration müssen bestimmte verfahrenseigene Parameter gesetzt werden, z.B. die *Zeitschrittweite* oder Parame-

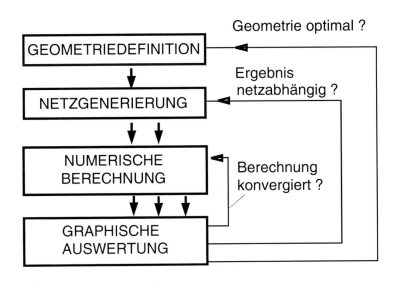

Abb. 1.1: Arbeitsschritte einer numerischen Berechnung mit Geometrieoptimierung.

ter der *numerischen Dissipation* (dies wird in Kap. 4 und 5 dieses Buches genauer erläutert). Werden die numerischen Parameter falsch gewählt, so können unphysikalische Oszillationen auftreten oder die Berechnung wird *instabil* (völlig unbrauchbar). Eine Lösung, welche die Genauigkeitsanforderungen erfüllt, ist für den Ingenieur brauchbar und soll als *konvergiert* bezeichnet werden.

Die Auswertung der Berechnung erfolgt durch graphische *Visualisierungsverfahren*, die als Anwendungssoftware allgemein verfügbar sind. Diese Software stellt die in den Zellen des numerischen Netzes berechneten Zustandsvariablen graphisch dar, z.B. durch Zuordnung der Zahlenwerte in den Zellen zu einer Farbskala, oder durch Isolinien oder -flächen. Auch *Stromlinien, Streichlinien* oder andere Ergebnisse experimenteller Visualisierungsverfahren können simuliert werden. Aus Effizienzgründen sollte die graphische Auswertung auf einer *Workstation* (leistungsfähiger Arbeitsplatzrechner) interaktiv ausgeführt werden.

Ist die Lösung konvergiert, so muß nachgewiesen werden, daß sie unabhängig gegenüber einer Verfeinerung des numerischen Netzes ist. Dazu wird die Anzahl der Netzpunkte vergrößert und die Berechnung wiederholt. Erst, wenn man davon ausgehen kann, daß die Lösung innerhalb einer bestimmten geforderten Genauigkeit *netzunabhängig* ist, darf sie als Lösung des Strömungsproblems betrachtet werden.

Schließlich erfolgt die Veränderung der Geometrie innerhalb des Entwurfsprozesses in Absprache mit dem Projektteam. Da bereits Erfahrungen mit der vorangegangenen Geometrievariante vorliegen, ist es nun weniger aufwendig, erneut eine konvergierte, netzunabhängige Lösung für die abgewandelte Geometrie zu erzeugen. Diese Prozedur wiederholt sich, bis schließlich die für die vorgegebenen Projektanforderungen optimierte Geometrie erreicht ist.

In der Praxis erfordert die Durchführung einer Optimierung erheblichen Zeitaufwand (Wochen, Monate). Es ist nur dann sinnvoll, eine bestimmte Aufgabe numerisch durchzuführen, wenn die Lösung innerhalb eines Zeitraums von 24 Stunden (einschließlich der Wartezeiten aufgrund der Belegung durch andere Benutzer) auf der zur Verfügung stehenden Rechenanlage (z.B. Workstation, Hochleistungsrechner) konvergiert.

Das Vorgehen wird im weiteren konkretisiert. Ausgangspunkt für die Ingenieuranwendungen der numerischen Methoden ist immer eine bestimmte technische Fragestellung.

Die Entwurfsaufgabe kann nur gelöst werden, wenn die relevanten strömungsmechanischen Phänomene im Prinzip verstanden wurden und theoretisch mit vertretbarem Aufwand modelliert werden können. Dazu stehen dem Ingenieur die strömungsmechanischen Grundgleichungen (Differentialgleichungen), physikalische Modelle (z.B. Turbulenzmodelle) und Randbedingungen zur Verfügung, die wir in unserem Lehrbuch über die Methoden und Phänomene der Strömungsmechanik bereits kennengelernt haben.

Beispiel: Entwurf eines Flugzeugtragflügels

Die Tragflügel eines modernen Verkehrsflugzeugs haben die Aufgabe, einen *Auftrieb* als resultierende Kraft des auf die Flügeloberfläche wirkenden Druckes zu liefern, siehe dazu Abb. 1.2. Gleichzeitig entsteht ein *Widerstand*, welcher mit Hilfe der Triebwerke überwunden werden muß. Eine Entwurfsaufgabe besteht darin, das Verhältnis von Auftrieb und Widerstand zu optimieren, und damit zur Reduktion des Treibstoffverbrauchs und zur Erhöhung der maximalen Reichweite des Flugzeugs beizutragen. Diese Optimierung erfolgt durch geeignete Modifikation der *Flügelform* (Flügelgrundriß, Pfeilung, Verwindung, Profilform).

Die Aufgabe der numerischen Strömungsmechanik besteht nun darin, geeignete numerische Näherungsverfahren zur Verfügung zu stellen, welche die betrachteten Phänomene mit ausreichender Genauigkeit und vertretbarem Aufwand numerisch simulieren können. Vor Beginn der eigentlichen numerischen Lösung im Rahmen des Projektablaufs müssen jedoch noch einige Schritte unternommen werden:

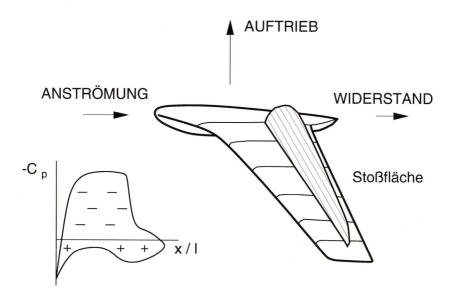

Abb. 1.2: Tragflügel mit Anströmung und den angreifenden Luftkräften Auftrieb und Widerstand (schematisch).

Beispiel: Flugzeugtragflügel (Fortführung)

Die für Auftrieb und Widerstand maßgeblichen Phänomene sind bei einem transsonischen Tragflügel die *Stoßfläche*, welche das auf der Oberseite vorhandene lokale Überschallgebiet abschließt, sowie die *Grenzschicht* in der Nähe der Körperkontur, siehe dazu Abb. 1.3. Der Zustand der Grenzschicht ist *transitionell* (im Übergang zur Turbulenz befindlich) bzw. *turbulent*. Die Grundgleichungen sind die Reynoldsgleichungen mit einem Transitionsmodell und einem Turbulenzmodell. Innerhalb der Grenzschicht können diese Gleichungen zu den *Grenzschichtgleichungen* vereinfacht werden. Im Bereich außerhalb der Grenzschicht kann reibungslose Strömung angenommen werden, es gelten die *Euler-Gleichungen* (mit Stoß) oder die *Potentialgleichung* (ohne Stoß).

- **Auswahl der vereinfachten Grundgleichungen**

  Formulierung der dem Problem angepaßten vereinfachten Grundgleichungen und physikalischen Modelle. Auswahl einer geeigneten numerischen Methode (*Algorithmus*) zur Lösung der zugrundeliegenden partiellen Differentialgleichungen unter den gewählten physikalischen Randbedingungen.

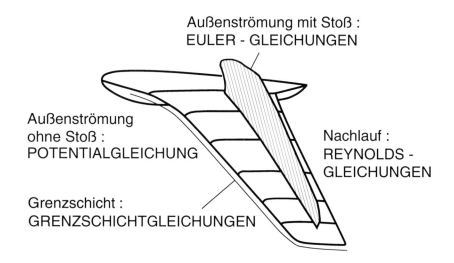

Abb. 1.3: Bereiche strömungsmechanischer Grundgleichungen auf einem Tragflügel.

- **Geometrie- und Netzgenerierung**

  Hierunter vesteht man die Definition der Ränder des Integrationsgebietes sowie seine Unterteilung in diskrete *Zellen* (Volumenelemente) mit Hilfe eines numerischen Netzes (siehe Kap. 4.1). Dieses Netz muß besondere Anforderungen bezüglich Glattheit, insbesondere in der Nähe der Körpergeometrie, erfüllen. Voraussetzung ist eine genaue aber mit der Netzgenerierung verträgliche Approximation der Körpergeometrie. Von der Qualität der Geometrie- und Netzgenerierung hängt die Richtigkeit und Genauigkeit der mit einem numerischen Verfahren erzielten Lösung entscheidend ab.

- **Auswahl und Analyse der numerischen Methode**

  Nachweis der Konvergenz, Konsistenz und Stabilität (siehe Kap. 4.2) der ausgewählten Methode für das gegebene Strömungsproblem. Dies ist in der Strömungsmechanik (nichtlineare partielle Differentialgleichungen zweiter Ordnung) nur unter vereinfachenden Annahmen (eindimensional, ohne Randbedingungen, linear) möglich und für die Praxis durchaus ausreichend. Bestimmung der räumlichen und zeitlichen Konvergenzeigenschaften : Diese müssen entsprechend vorliegender Erfahrungen für das zu behandelnde Problem geeignet sein (z.B. mindestens von zweiter Ordnung). Die zeitliche Konvergenz sowie die Stabilität erfordern meist die Einhaltung bestimmter Bedingungen, z.B. für die Zeitschrittweite.

- **Verifikation und Validierung des numerischen Verfahrens**

  Dies geschieht anhand eines Anwendungsfalls, der eine Vereinfachung des zu untersuchenden Strömungsproblems darstellt. Die geforderte Genauigkeit und physikalische Richtigkeit der erhaltenen Lösung muß nachgewiesen werden. Ebenso die Unabhängigkeit von im Verfahren enthaltenen numerischen Parametern, z.B. des Koeffizienten der zusätzlichen *numerischen Dissipation*, usw. Damit wird auf empirische Weise nachträglich sichergestellt, daß das Verfahren richtig programmiert wurde und daß die bei der mathematischen Analyse getroffenen Annahmen zulässig waren. Im Rahmen der *Validierung* werden die geeigneten physikalischen Modelle ausgewählt. Diese Begriffe werden in Kap. 4.2 genau erläutert.

- **Effizienz**

  Die Durchführung numerischer Strömungssimulationen ist hinsichtlich der notwendigen Speicherplatz- und Rechenkapazität sehr aufwendig und kann nur auf leistungsfähigen Rechnern (Hochleistungsrechnern) effizient durchgeführt werden. Diese Rechner haben meist Eigenschaften, die eine spezielle Anpassung der Algorithmen erfordern, wie z.B. Vektorrechner oder Parallelrechner. Außerdem können Hochleistungsrechner effizient mit Workstations gekoppelt, bzw. Workstations mit schnellen Datennetzen zu *Clustern* zusammengeschaltet werden. Eine Berücksichtigung der Erfordernisse dieser neuen Techniken in dem numerischen Algorithmus gewinnt zunehmend an Bedeutung.

Beispiel: Flugzeugtragflügel (Fortführung)

In Abb. 1.4 ist die Geometrie eines Tragflügels gezeigt, welche durch stückweise definierte analytische Funktionen bestimmter ausgezeichneter Linien auf der Oberfläche definiert wird. Davon ausgehend wird das numerische Netz erzeugt, d.h. das gesamte Strömungsfeld bis zu einer äußeren Berandung (Fernfeldrand) wird von den Netzpunkten ausgefüllt. An diesen Punkten sind die Strömungsgrößen definiert. Das Ergebnis einer Berechnung kann mit Hilfe von Isobaren auf der Oberfläche dargestellt werden.

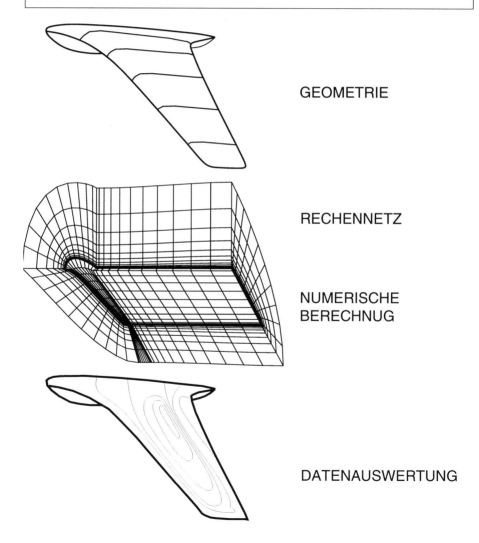

GEOMETRIE

RECHENNETZ

NUMERISCHE
BERECHNUG

DATENAUSWERTUNG

Abb. 1.4: Geometrie eines Tragflügels, dreidimensionales Netz und Ergebnis.

Die Kapitel des vorliegenden Buches geben eine Einführung in das notwendige Grundwissen und in die Techniken, die zum Verständnis und zur numerischen Behandlung strömungsmechanischer Fragestellungen notwendig sind, und zwar im einzelnen:

- **Kapitel 2**

  enthält einige Beispiele von technischen Problemen, die mit Hilfe der numerischen Strömungsmechanik behandelt werden können. Dabei wird auf die typischen Fragestellungen hingewiesen, die an den numerischen Strömungsmechaniker herangetragen werden.

- **Kapitel 3**

  listet die Grundgleichungen der Strömungsmechanik in systematischer Weise auf und geht auf ihre mathematischen Eigenschaften ein.

- **Kapitel 4**

  gibt eine Einführung in Diskretisierungsmethoden und die bei der Approximation auftretenden Fehler und deren Behandlung.

- **Kapitel 5**

  enthält die wichtigsten numerischen Finite-Differenzen-, Finite-Volumen-, Finite-Elemente- und Spektralmethoden, die heute und in naher Zukunft in Forschung und Industrie angewandt werden.

- **Kapitel 6**

  ist eine Einführung in die besonderen Anforderungen, die Hochleistungsrechner heute an den numerischen Strömungsmechaniker stellen. Es werden Vektor- und Parallelrechner behandelt.

- **Kapitel 7**

  erläutert Lösungsansätze und Schwierigkeiten, die im Zusammenhang mit den in Kapitel 2 angegebenen Problemen stehen. Dabei wird auf das in den Kapiteln 3-6 erworbene Wissen zurückgegriffen.

Die für das Verständnis dieses Buches notwendigen strömungsmechanischen Grundlagen sind in den Lehrbüchern **Grundzüge der Strömungslehre** (J. ZIEREP, 1993) und **Strömungsmechanik - Methoden und Phänomene** (H. OERTEL jr., M. BÖHLE, T. EHRET 1995) enthalten. Siehe dazu auch das **Übungsbuch Strömungsmechanik** (H. OERTEL jr., M. BÖHLE 1993). Weiterführende strömungsmechanische Kenntnisse werden in den Büchern **Theoretische Gasdynamik** (J. ZIEREP 1976), **Aerothermodynamik**, (H. OERTEL jr., M. BÖHLE, H. HOLTHOFF, D. HAFERMANN 1993) und **Strömungsmechanische Instabilitäten** (H. OERTEL jr., J. DELFS 1995) vermittelt. Als Nachschlagewerk wird das Buch **Grenzschichttheorie** (K. GERSTEN, H. SCHLICHTING 1995) empfohlen.

2 Strömungsprobleme

In diesem Kapitel wollen wir vier ausgewählte Strömungsprobleme erläutern, die
uns im folgenden als Beispiele für die Auswahl der Grundgleichungen (Kap. 3),
die numerische Diskretisierung (Kap. 4) und die Beschreibung der numerischen
Lösungsmethoden (Kap. 5) dienen werden. In Kap. 7 werden dann die zu den vier
Anwendungsbeispielen erzielten numerischen Ergebnisse diskutiert.

Vorreiter der Anwendung numerischer Methoden war die Luftfahrt beim Entwurf
transsonischer Tragflügel für Verkehrsflugzeuge. So werden heute in der Industrie
die Profile der Tragflügel ausschließlich mit Hilfe numerischer Methoden auf Hochleistungsrechnern entworfen. Das Windkanal-Experiment dient dann der Verifikation des numerischen Entwurfs.

In der Kraftfahrzeug-Aerodynamik haben sich numerische Simulationsmethoden
für die Berechnung z.B. des Widerstandsbeiwertes eines Kraftfahrzeugs nur zöger-
lich weiterentwickelt. Der Grund liegt in der schwierigen *Validierung* (Anpassung
der Parameter der Turbulenzmodelle an die gegebene Konfiguration) der numerischen Methoden, insbesondere für die dreidimensionale Nachlaufströmung hinter
dem Kraftfahrzeug.

Für Strömungsmaschinen (Innenströmungen) gilt das gleiche wie für die Kraft-
fahrzeugströmung. Die Strömungen mit dreidimensionalen Ablösegebieten sind
sehr komplex. Dennoch werden zunehmend in der Industrie numerische Simulationsmethoden für die Verbesserung der Wirkungsgrade von Strömungsmaschinen
eingesetzt.

Ein weiteres Gebiet der Anwendung numerischer Lösungsmethoden sind Wärmetransportprobleme. Beispielsweise kann die Reduzierung des konvektiven Wärmetransports (Isolationsproblem) bzw. die Optimierung des Wärmeübergangs in Wär-
metauschern neben der experimentellen Auslegung numerisch betrieben werden.

2.1 Luftfahrt

Der Zeitraum für die Entwicklung neuer Verkehrsflugzeuge, wie z.B. die Airbus-
Flugzeuge, erstreckt sich über 10-15 Jahre und umfaßt Projektstudien, Vorent-
wicklungen und die Entwicklung bis zur Serienreife. Dabei spielt die Aerodynamik bezüglich der Sicherheit in der Start- und Landephase sowie bezüglich der
Wirtschaftlichkeit im Reiseflug eine entscheidende Rolle. Die Optimierung der Aerodynamik wird i.a. nicht am Gesamtflugzeug (Flügel, Rumpf, Leitwerk, Triebwerksgondeln) vorgenommen sondern an Einzelkomponenten (z.B. Flügel ohne
Einfluss der anderen Komponenten des Gesamtflugzeugs). Die getrennt voneinander entwickelten Einzelkomponenten werden anschließend zum Gesamtflugzeug
zusammengefügt. Die aerodynamische Verbesserung des Gesamtflugzeugs oder der
Einzelkomponenten muß sowohl experimentell (im Windkanal) als auch numerisch
erfolgen.

Die *numerische Aerodynamik* bietet gegenüber der experimentellen folgende Vorteile:

- **Reduzierung der Entwicklungszeiten**

    Eine numerische Studie kann in kürzerer Zeit als eine experimentelle durchgeführt werden, da kein Windkanalmodell gefertigt werden muß und die Belegung von Rechenanlagen flexibler handhabbar ist als Windkanalzeiten.

- **Einhaltung aller Ähnlichkeitsgesetze**

    Es ist möglich, alle Ähnlichkeitsgesetze gleichzeitig zu erfüllen und damit realistische Strömungen zu simulieren. Im Windkanal ist es z.B. meist nicht möglich, Reynoldszahl und Machzahl gleichzeitig einzuhalten.

- **Parametervariationen leicht möglich**

    Die Parameter der Geometrie oder der Anströmung können ohne hohen Zeit- oder Kostenaufwand leicht variiert werden. Damit wird eine numerische Optimierung z.B. der Tragflügelgeometrie hinsichtlich der Widerstandsreduzierung möglich.

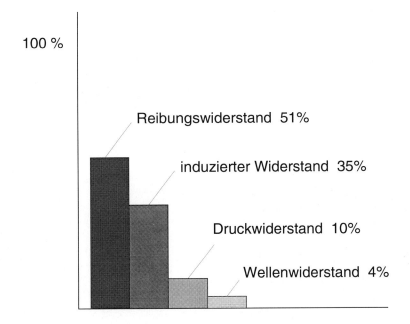

Abb. 2.1: Anteile der einzelnen Widerstandsarten am Gesamtwiderstand eines Flugzeugtragflügels unter Reiseflugbedingungen (Airbus A320).

- **Gesamtes Strömungsfeld verfügbar**

  Nach erfolgter numerischer Simulation kann auf die Strömungsgrößen an jedem interessierenden Ort im Strömungsfeld zugegriffen werden. Im Gegensatz dazu sind kostspielige Experimente notwendig, falls detaillierte Informationen im Strömungsfeld benötigt werden.

Diese Vorteile haben dazu geführt, daß die numerische Aerodynamik als ein wichtiges Werkzeug bei der Entwicklung von Flugzeugen bzw. deren aerodynamischer Verbesserung eingesetzt wird.

Wir greifen im folgenden die *Laminarhaltung* als <u>ein</u> aerodynamisches Entwicklungsziel heraus, um die Anwendung numerischer Methoden zu erläutern.

Laminarflügel

Die Grenzschicht entlang der Oberfläche von transsonischen Flugzeugtragflügeln im Reiseflug bei der Reynoldszahl $Re_\infty = \rho \cdot U_\infty \cdot L/\mu = 5 \cdot 10^7$ (L: mittlere Flügeltiefe) ist stromab einer kritischen Reynoldszahl (Lauflänge) turbulent. Dies führt gegenüber dem laminaren Strömungszustand zu einem erhöhten *Reibungswiderstand*,

Abb. 2.2: Fotografie des Versuchsflugzeugs ATTAS mit Laminarhandschuh.

welcher im Reiseflug eines Verkehrsflugzeugs bis zu 51 % des Gesamtwiderstands (bestehend aus *Druckwiderstand, induziertem Widerstand, Wellenwiderstand* und *Reibungswiderstand*) ausmacht, vgl. Abb. 2.1.

Der Wunsch nach Reduzierung des Reibungswiderstandes durch Laminarhaltung führte zur Idee des *Laminarflügels*, der bei Hochleistungs-Segelflugzeugen längst realisiert ist. Untersuchungen bei transsonischen Verkehrsflugzeugen haben ergeben, daß, ausgehend von einer laminaren Vorderkante, laminare Laufstrecken der Grenzschicht von bis zu 50 % der Flügeltiefe erreichbar sind. Zudem können Teile der Rumpfgrenzschicht, der Leitwerksflächen und der Triebwerksgondeln laminar gehalten werden. Voraussetzung dafür ist eine genügend glatte Oberfläche, geeignete Formgebung der aerodynamischen Flächen und evtl. zusätzliches Absaugen zur Beeinflussung des Grenzschichtprofils (Geschwindigkeitsprofils).

Der *laminar-turbulente Übergang* in der Grenzschicht eines Laminarflügels wird durch strömungsmechanische Instabilitäten eingeleitet (siehe auch H. OERTEL jr., M. BÖHLE, T. EHRET 1995 und H. OERTEL jr., J. DELFS 1995). Dabei unterscheidet man zwischen der *Tollmien-Schlichting Instabilität*, welche stromab laufende Wellen verursacht, und der *Querströmungsinstabilität*, die beim gepfeilten Tragflügel eine Folge der Geschwindigkeitskomponente quer zur Hauptströmungsrichtung ist und laufende und stehende Wellen in dieser Querrichtung verursacht.

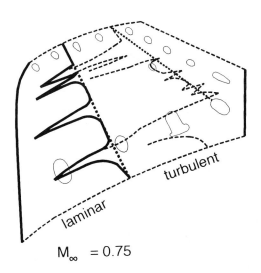

$M_\infty = 0.75$

Abb. 2.3: Aus Infrarotaufnahmen ermittelte Lage für den Beginn des vollturbulenten Bereichs am Laminarhandschuh des ATTAS-Versuchsflugzeugs bei Änderung des Schiebewinkels Φ (DLR Braunschweig 1990).

Die Vorhersagbarkeit des laminar-turbulenten Übergangs und die mögliche Realisierung eines Laminarflügels beim Verkehrsflugzeug wurde durch Freiflugversuche mit Hilfe eines Versuchsflugzeugs ATTAS (VFW 614) bei einer Anströmmachzahl von $M_\infty = 0.75$ untersucht, siehe Abb. 2.2.

Dazu wurde auf einen Teil des Tragflügels ein *Laminarhandschuh* aufgesetzt, welcher die zur Laminarisierung erforderliche Druckverteilung erzeugt. Als Meßgeräte wurden Infrarotkameras, Druckbohrungen und Heißfilmarrays eingesetzt. Abb. 2.3 zeigt den aus Infrarotaufnahmen ermittelten Beginn des vollturbulenten Bereichs bei unterschiedlichen Schiebewinkeln Φ. Entsprechende Freiflugversuche werden inzwischen auch für die Verkehrsflugzeuge FOKKER F-100 und Airbus A320 durchgeführt.

Beim Entwurf eines Laminarflügels müssen u. a. folgende Parameter verändert werden: Vorderkantenpfeilung, Radius der Profilnase sowie die Geometrie der Tragflügel-Ober- und Unterseite. Die Vielfalt der Variationsmöglichkeiten kann bezüglich des Auslegungsziels nur numerisch optimiert werden.

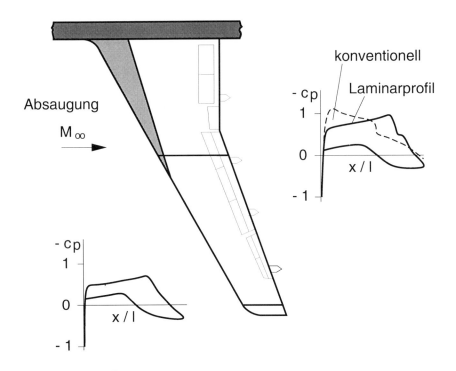

Abb. 2.4: Berechnete Druckverteilungen beim Entwurf eines Airbus A320 Laminarflügels und Vergleich mit konventioneller Druckverteilung

Die Ergebnisse eines Laminarflügelentwurfs für den Airbus A320 mit den berechneten Druckverteilungen in verschiedenen Flügelquerschnitten zeigt Abb. 2.4. Verglichen mit einer konventionellen Druckverteilung besitzt ein Laminarflügel auf Ober- und Unterseite jeweils einen von der Vorderkante ausgehenden kontinuierlichen Druckabfall, welcher eine Beschleunigung der Strömung und somit Stabilisierung der Grenzschicht verursacht. In der Nähe des Druckminimums erfolgt schließlich der Übergang zur Turbulenz. Ein transsonischer Laminarflügel wird derart optimiert, daß das Druckminimum auf der Oberseite etwa mit dem Fußpunkt des Verdichtungsstoßes zusammenfällt.

Für jede Variation der Flügelkonfiguration muß ergänzend eine *Stabilitätsrechnung* (siehe H. OERTEL jr., J. DELFS 1995) durchgeführt werden, um mit Hilfe bestimmter Transitionskriterien die Lage desjenigen Bereiches zu bestimmen, an dem die Grenzschicht turbulent wird (d.h. der lokale Wandreibungsbeiwert stark ansteigt). Diese Stabilitätsrechnung erfolgt mit Hilfe spezieller numerischer Methoden (Spektralverfahren), die wir in Kap. 5.4 behandeln werden.

2.2   Kraftfahrzeugtechnik

Die Kraftfahrzeugindustrie ist auf eine Senkung der Entwicklungskosten und Entwicklungszeiten für neue Modelle bei gleichzeitiger Garantie eines hohen Qualitätsstandards angewiesen. Ein vorrangiges Entwicklungsziel ist dabei die Reduzierung des spezifischen Kraftstoffverbrauchs und die Reduktion der in den Abgasen enthaltenen Schadstoffe.

Kraftfahrzeug-Außenaerodynamik

Traditionell war es die Außenaerodynamik des umströmten Kraftfahrzeugs, die es für die Reduzierung des Widerstandsbeiwertes zu optimieren galt. Für die Fahreigenschaften spielen dynamische Kräfte und Momente sowie der Auftrieb (oder Abtrieb) eine Rolle. Der aerodynamische Widerstand beeinflußt den Kraftstoffverbrauch bei hoher Fahrgeschwindigkeit. Die numerische Simulation der Kraftfahrzeugumströmung ist aufgrund der dreidimensionalen Ablösegebiete in der Nachlaufströmung und aufgrund der unzulänglichen Turbulenzmodelle nur begrenzt möglich. Dennoch gelingt es, qualitative Änderungen der aerodynamischen Parameter in Abhängigkeit der Oberflächenkontur numerisch vorherzusagen. In unserem Lehrbuch über die Methoden und Phänomene der Strömungsmechanik haben wir bereits ausgeführt, daß es sich bei der Umströmung eines Kraftfahrzeugs um eine dreidimensionale Strömung mit turbulentem Grenzschichtbereich und ebenfalls turbulentem instationärem Nachlaufbereich handelt. Für relative Dichteänderungen kleiner als 1% bzw. Machzahl $M_\infty < 0.14$ kann die Umströmung eines Kraftfahrzeuges als inkompressibel angesehen werden.

Die zeitlich gemittelte Druckverteilung um ein Kraftfahrzeug im Mittelschnitt ist in Abb. 2.5 skizziert. Der statische Druck auf der Oberseite des Fahrzeuges ist in weiten Bereichen wesentlich kleiner als der statische Druck auf der Unterseite. Durch diesen Druckunterschied wird ein Auftrieb erzeugt, der die Bodenhaftung und somit die Fahrsicherheit des Fahrzeuges vermindert. Ziel einer aerodynamischen Optimierung der Fahrzeugkontur ist es, sowohl den Auftrieb als auch den Druckwiderstand zu minimieren. Bei einer numerischen Design-Studie werden Konturänderungen an der Oberflächengeometrie vorgenommen und ihr Einfluß auf die erneut berechnete Druckverteilung wird diskutiert. Gemäß Abb. 1.1 wird dieser Vorgang solange iterativ wiederholt, bis die optimale Geometrie gefunden worden ist.

Ein weiteres Beispiel für die Anwendung numerischer Methoden in der Kraftfahrzeug-Aerodynamik stellt die numerische Ermittlung des günstigsten Bereichs zur Positionierung der Lufteinlaßschlitze dar. Die Anordnung der Einlaßschlitze für die Luftzufuhr des Wasserkühlers muß einen stetigen Luftstrom unter verschiedenen Anströmbedingungen, z.B. auch bei Seitenwind, gewährleisten. Ein günstiger Bereich für diese Einlaßschlitze ist der vordere Staubereich, in dem ein grosser Überdruck herrscht. Die Lage des Staubereichs sowie die Stärke des Überdrucks können mit Hilfe numerischer Methoden ermittelt werden.

Im Bereich der Frontscheiben haben Ablöseblasen erhebliche Auswirkungen auf die Ableitung von Regenwasser durch die Scheibenwischer und auf die Ansammlung von Verschmutzungen. Die Lage der Ablöselinien unter unterschiedlichen

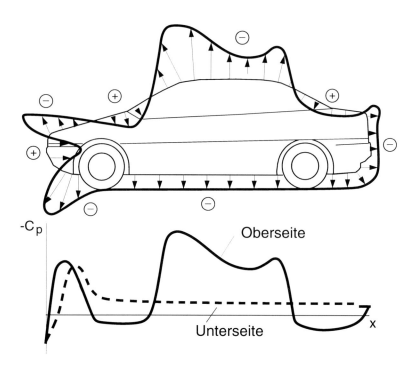

Abb. 2.5: Druckverteilung um ein Kraftfahrzeug.

Anströmbedingungen ist zu ermitteln. Hier kann die numerische Simulation einer Strömung das Experiment insofern unterstützen, als die räumliche Struktur einer Strömung besser aufgelöst und damit verstanden werden kann. Beispielsweise können Ablöse- oder Wiederanlegelinien in Experiment und Simulation gleichermaßen identifiziert werden. Bei Übereinstimmung dieser Linien durch Anpassung der Turbulenzparameter kann das dazugehörige räumliche Strömungsfeld einer numerischen Simulation entnommen werden.

In Abb. 2.6 ist eine Prinzipskizze der zeitlich gemittelten Nachlaufströmung eines Kraftfahrzeuges dargestellt. Diese Nachlaufströmung mit stark instationären Bereichen ist eine Folge der Strömungsablösung in der Heckpartie des Fahrzeuges. Die Strömungsablösung in der Mitte des Hecks resultiert in einem Rezirkulationsgebiet während die Strömungsablösung an den Seiten des Hecks zur Bildung zweier Nachlaufwirbel führt. Diese beiden Bereiche der Nachlaufströmung, Rezirkulationsgebiet und Nachlaufwirbel, beeinflussen sich gegenseitig und sind nicht unabhängig voneinander. Sie bilden einen sehr komplexen, dreidimensionalen und instationären Nachlaufbereich. Eine wesentliche Komponente bei der Widerstandsreduktion der Kraftfahrzeugumströmung besteht aus der gezielten Beeinflussung dieses Nachlaufbereiches. Aufgrund der Komplexität und der Bedeutung für die Widerstandsreduktion stellt die Nachlaufströmung ein aktuelles Aufgabengebiet der numerischen Strömungsmechanik dar.

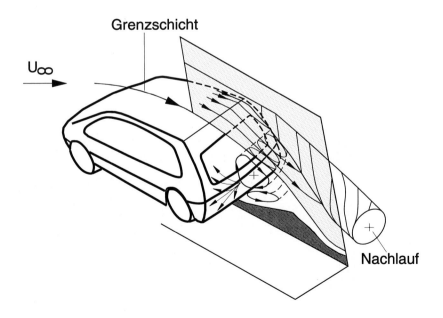

Abb. 2.6: Nachlaufströmung eines Kraftfahrzeugs.

2.3 Strömungsmaschinen

Strömungen im Innern von Pumpen, Turbinen, Verdichtern, Brennkammern, Flüssigkeitsgetrieben, und den diese Komponenten verbindenden Strömungskanälen sind im allgemeinen außerordentlich komplex, dreidimensional und turbulent.

Als ein Anwendungsbeispiel numerischer Methoden greifen wir die Berechnung der Strömung im Verdichter eines Flugtriebwerkes heraus. Abb. 2.7 zeigt einen Querschnitt durch das Flugtriebwerk IAE V2500, das z. B. beim Airbus A320 eingesetzt wird. Dieses Triebwerk besitzt im Triebwerkseinlaß eine Mantelschraube (Fan) mit einem Durchmesser $D = 1.60\ m$. Dahinter befinden sich ein vierstufiger Niederdruckverdichter und ein zehnstufiger Hochdruckverdichter, die zusammen ein Verdichtungsverhältnis bis zu 32 erreichen. Die angesaugte und verdichtete Luft tritt danach in die Brennkammer ein, in der Kraftstoff zugeführt und das Kraftstoff-Luft-Gemisch anschließend verbrannt wird. Es folgen eine zweistufige Hochdruckturbine und eine fünfstufige Niederdruckturbine, welche über eine zentrale Welle die Verdichter antreiben. Es ist derzeit nicht möglich, die gesamte Strömung innerhalb einer Strömungsmaschine numerisch zu berechnen. Um die Eigenschaften bestimmter konstruktiver Veränderungen besser einschätzen zu können, ist es zunächst ausreichend, bestimmte Komponenten einzeln zu untersuchen.

Die Verbesserung heutiger Turboluftstrahltriebwerke, wie sie in Verkehrsflugzeugen verwendet werden, konzentriert sich neben der Reduzierung des Schadstoffausstoßes auf die Verringerung des Gewichtes und der Abmessungen bei gleichzeitig hohem Wirkungsgrad. Die Komponenten Verdichter, Brennkammer, Turbine und Düse werden dabei getrennt behandelt. Wir wählen als Beispiel die Strömung in einem transsonischen Verdichter aus.

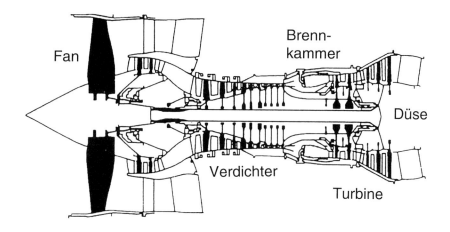

Abb. 2.7: Querschnitt durch das Flugtriebwerk IAE V2500.

Transsonischer Verdichter

Verdichter sind aus einzelnen Stufen, jeweils bestehend aus der Schaufelreihe eines Rotors und derjenigen eines Stators, zusammengesetzt. In mehrstufigen Achsialverdichtern und -turbinen befinden sich abwechselnd Schaufelreihen, die entweder mit der Nabe (Rotoren) oder mit dem Gehäuse (Statoren) fest verbunden sind. Aufgrund der Rotation der Nabe bewegen sich diese Schaufelreihen aneinander vorbei. Bei Strömungen in einem rotierenden Bezugssystem treten mit der Zentrifugalkraft und der Corioliskraft zwei zusätzliche Kräfte auf, die bei der numerischen Strömungsberechnung berücksichtigt werden müssen. Es liegt eine komplexe dreidimensionale instationäre Strömung vor, wobei jede Schaufelreihe die dahinter liegende beeinflußt (Interaktion).

Bei Verdichtern hat die Entwicklung zu einer Verringerung der Stufenanzahl bei erhöhter aerodynamischer Belastung (erhöhter Anströmwinkel) der Einzelstufen geführt. Heutige Verdichterstufen arbeiten im transsonischen Bereich, d. h. es bilden sich lokale Überschallgebiete. Um dieses Verhalten graphisch zu verdeutlichen, definiert man die *Profilmachzahl* $M_k\left(\frac{x}{l}\right) = u\left(\frac{x}{l}\right)/a\left(\frac{x}{l}\right)$ als Quotient aus der lokalen Geschwindigkeit $u\left(\frac{x}{l}\right)$ auf dem Profil und der lokalen Schallgeschwindigkeit $a\left(\frac{x}{l}\right) = \sqrt{\kappa \cdot p\left(\frac{x}{l}\right)/\rho\left(\frac{x}{l}\right)}$. In Abb. 2.8 ist diese Profilmachzahl M_k über der Stromabkoordinate eines Verdichterschaufelprofils aufgetragen. Im Vergleich zu transsonischen Tragflügeln befindet sich der Überschallbereich mit $M_K > 1$ bei transsonischen Verdichterschaufeln im vorderen Profilbereich $0 \le \frac{x}{l} \le 0.5$.

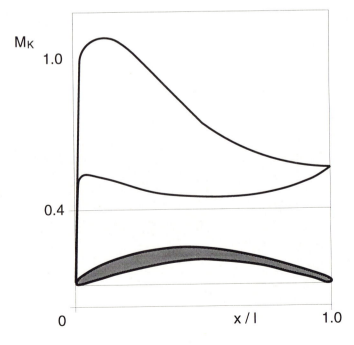

Abb. 2.8: Profilmachzahl-Verteilung um das Profil einer Verdichterschaufel.

2.4   Strömungen mit Wärmeübergang

Aus der Vielzahl der Wärmetransportprobleme greifen wir für die Anwendung numerischer Methoden die *freie Konvektion* heraus. Im Gegensatz zur erzwungenen Konvektion ist hier der Temperaturunterschied in verschiedenen Bereichen des Strömungsfeldes die Ursache der Strömung. Freie Konvektion spielt in der Technik vor allem bei der Erstarrung von Schmelzen und beim Wärmetransport in Spalten und Behältern eine Rolle.

Die Erstarrung von Schmelzen verläuft oft ungleichmäßig und in Verbindung mit in der Schmelze eingebetteten Zellstrukturen (*Konvektionszellen*). Abb. 2.9 zeigt eine daraus resultierende mikroskopische Struktur erstarrten Stahls, wobei die hellen und dunklen Bereiche unterschiedlichen Molekül-Gitteranordnungen zuzuordnen sind.

Die näherungsweise sechseckigen Zellen sind den bekannten Bénard-Zellen ähnlich, welche in einer von unten beheizten Flüssigkeitsschicht entstehen können. Bei den Bénard-Zellen handelt es sich um nebeneinanderliegende Bereiche aufsteigenden und absteigenden Fluids. Zur Rolle der freien Konvektion bei der Erstarrung von Schmelzen siehe auch J. ZIEREP, H. OERTEL jr. 1982.

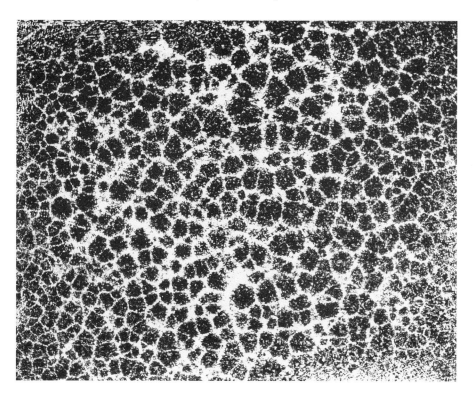

Abb. 2.9: Mikroskopische Struktur erstarrten Stahls.

Die freie Konvektion an Grenzflächen spielt insbesondere auch bei der Herstellung von Einkristallen eine Rolle. Abb. 2.10 zeigt die dabei entstandenen streifenartigen Strukturen am Beispiel eines Germanium-Einkristalls. Die Strukturen sind die Folge einer periodisch oszillierenden Konvektionszelle. Außer den Zellstrukturen an freien Ober- bzw. Grenzflächen treten auch Konvektionsrollen oder -zellen zwischen festen beheizten Behälterberandungen auf. Diese sind eine Folge von strömungsmechanischen Instabilitäten.

Bei der Anwendung der numerischen Methoden beschränken wir uns auf die numerische Berechnung der Zellularkonvektion in einem horizontalen Behälter. Wir folgen dem klassischen Rayleigh-Bénard-Experiment in einem von unten beheizten und oben gekühlten Konvektionsbehälter. Unterhalb eines kritischen Temperaturgradienten wird die Energie in der horizontalen Flüssigkeitsschicht ausschließlich per Wärmeleitung transportiert. Erst oberhalb eines kritischen Temperaturgradienten, der einer kritischen Rayleigh-Zahl im Medium entspricht, setzt die thermische Konvektionsströmung ein.

Die Abbildung 2.11 zeigt ein Differentialinterferogramm der sich entlang der kürzeren Seite des Konvektionsbehälters orientierenden Konvektionsrollen und das dazugehörige Dichteprofil im Mittelschnitt. Das Einsetzen der thermischen Zellularkonvektion, die den Wärmetransport in der horizontalen Flüssigkeitsschicht schlagartig erhöht, ist ein klassisches Stabilitätsproblem (siehe H. OERTEL jr.,

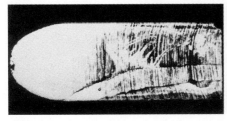

Abb. 2.10: Struktur eines Germanium-Einkristalls, Vorder- und Seitenansicht.

J. DELFS 1995). Die dreidimensionale Entwicklung der Konvektionsströmung mit wachsendem Temperaturgradienten kann nur numerisch durch Lösen der vereinfachten Navier-Stokes Gleichungen (Boussinesq Gleichungen) erfolgen. Es treten bei weiteren kritischen Werten des Temperaturgradienten dreidimensionale Oszillationen der Konvektionsrollen mit diskreten Frequenzen auf bis schließlich der Übergang zur turbulenten Konvektionsströmung erfolgt. Auch hier gilt es, für die numerische Berechnung des Wärmestroms, geeignete an das Wärmetransportproblem angepaßte Turbulenzmodelle abzuleiten.

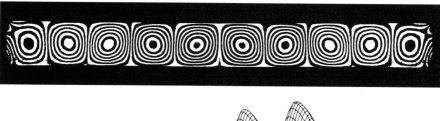

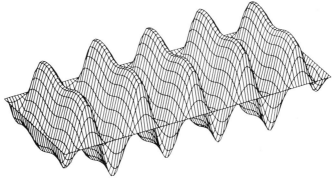

Abb. 2.11: Zellularkonvektion im Behälter.

3 Grundgleichungen der Strömungsmechanik

Die kontinuumsmechanischen Erhaltungssätze für Masse, Impuls und Energie in einem Strömungsfeld bilden die Grundlage für die numerische Simulation strömungsmechanischer Vorgänge. Sie werden in ihrer Gesamtheit als *Navier-Stokes Gleichungen* bezeichnet. Diese lassen sich mittels Momentenbildung aus der gaskinetischen *Boltzmann-Gleichung*, die das strömende Medium als eine Ansammlung von sich bewegenden und miteinander kollidierenden Partikeln auffaßt, ableiten (vgl. G. A. BIRD 1976).

Die numerischen Lösungsverfahren der Boltzmann-Gleichung haben wir in unserem Band **Aerothermodynamik** behandelt. In dem vorliegenden Lehrbuch beschränken wir uns auf numerische Verfahren zur Lösung der Navier-Stokes Gleichungen und der daraus abgeleiteten vereinfachten Modellgleichungen (siehe auch H. OERTEL jr., M. BÖHLE, T. EHRET 1995).

Die Grundgleichungen für die ausgewählten strömungsmechanischen Probleme ergeben sich durch Modifikationen (Umformungen, Vernachlässigungen einzelner Terme) der Navier-Stokes Gleichungen. Man erhält vereinfachte Gleichungen oder Gleichungen, die für eine ingenieurmäßige Beschreibung des Strömungsproblems besser geeignet sind. Die Gesamtheit der strömungsmechanischen Grundgleichungen kann systematisch in Form einer Hierarchie zusammengefaßt werden, die im folgenden beschrieben wird.

3.1 Hierarchie der Grundgleichungen

Die Hierarchie der strömungsmechanischen Grundgleichungen setzt sich aus folgenden vereinfachten Modellgleichungen zusammen, siehe Abb. 3.1:

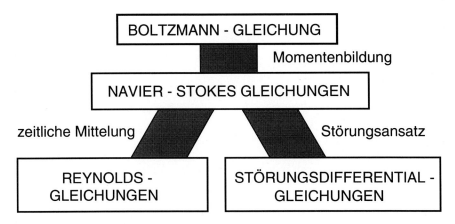

Abb. 3.1: Hierarchie der strömungsmechanischen Grundgleichungen.

- **Navier-Stokes Gleichungen (NSG)**

  Die Navier-Stokes Gleichungen beschreiben im Prinzip alle kontinuumsmechanischen Strömungen. In der Praxis ist es jedoch nur in wenigen Fällen möglich, *turbulente* oder *transitionelle* (im Übergang zur Turbulenz befindliche) Strömungen mit der erforderlichen Genauigkeit zu beschreiben. Die numerische Berechnung einer Grenzschicht verlangt bei der Reynoldszahl $Re_\infty = 6 \cdot 10^5$ eine Anzahl von 10^7 Punkten, was die Kapazität der meisten Hochleistungsrechner ausschöpft. Bei der Tragflügelströmung oder der Umströmung von Kraftfahrzeugen liegt die Reynoldszahl noch um zwei Größenordnungen höher (z. B. $Re_\infty = 5 \cdot 10^7$ für eine Tragflügelumströmung), so daß heutige und zukünftige Hochleistungsrechner den erforderlichen Aufwand nicht bewältigen können (die Anzahl der erforderlichen Punkte ist proportional $Re_\infty^{9/2}$). Daher werden die Navier-Stokes Gleichungen nur zur Beschreibung *laminarer* Strömungen eingesetzt. Eine Ausnahme bilden die *direkten numerischen Simulationen* der Transition und Turbulenz bei niedrigen Reynoldszahlen sowie Turbulenzsimulationen, bei denen absichtlich auf die Auflösung feinskaliger Wirbel verzichtet wird.

- **Reynoldsgleichungen**

  Die Reynoldsgleichungen gehen durch *zeitliche Mittelung* über die instationären turbulenten Schwankungsbewegungen aus den Navier-Stokes Gleichungen hervor. Für die Berechnung integraler Größen (z. B. Auftriebsbeiwert c_A und Widerstandsbeiwert c_W eines Tragflügels) ist es ausreichend, diese gemittelten Zustandsgrößen einer turbulenten Strömung zu betrachten. Der Einfluß der Schwankungsbewegungen (Turbulenz) wird modelliert (*Turbulenzmodelle*).

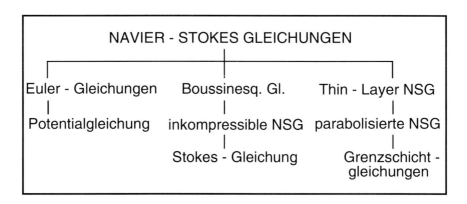

Abb. 3.2: Unter-Hierarchie der Navier-Stokes Gleichungen.

- **Störungsdifferentialgleichungen**

  Die Störungsdifferentialgleichungen gehen durch Aufteilung der Strömung in eine *Grundströmung* und in eine überlagerte *Störströmung*, welche kleine Abweichungen von der Grundströmung beschreibt, aus den Navier-Stokes Gleichungen hervor. Diese Vorgehenweise ist zum Beispiel für die Untersuchung strömungsmechanischer Instabilitäten erforderlich, die für den Übergang einer laminaren in eine turbulente Strömung (*Transition*) verantwortlich sind.

Modifikationen von jeder dieser genannten Gleichungen führen jeweils auf eine Unter-Hierarchie. Die Unter-Hierarchie der Navier-Stokes Gleichungen beschreibt laminare Strömungen (vgl. Abb. 3.2):

- **reibungslose Strömungen**

  Die Annahme der Reibungsfreiheit ist unter bestimmten Voraussetzungen, z. B. für aerodynamische Strömungen außerhalb der körpernahen Grenzschicht, zulässig. Die Navier-Stokes Gleichungen vereinfachen sich dann zu den **Euler-Gleichungen**. Setzt man weiterhin voraus, daß die Anströmung drehungsfrei ist und daß keine Verdichtungsstöße im Strömungsfeld vorhanden sind, so erhält man die **Potentialgleichung**, welche für inkompressible Strömungen oder für *schlanke Körper* linearisiert werden kann.

- **inkompressible Strömungen**

  Wenn die Dichte des strömenden Mediums weder von der Temperatur noch vom Druck abhängig ist, so erhält man die **inkompressiblen Navier-Stokes Gleichungen**, welche für Strömungen bei kleiner Machzahl eine Rolle spielen. Ist die Dichte des Mediums jedoch nur von der Temperatur, nicht aber vom Druck abhängig, so ergeben sich unter Berücksichtigung des hydrostatischen Auftriebs die **Boussinesq-Gleichungen**.

- **Strömungen bei sehr kleinen Reynoldszahlen**

  Bei sehr kleinen Reynoldszahlen können die Trägheitskräfte gegenüber den Reibungskräften vernachlässigt werden. Es herrscht ein Gleichgewicht zwischen Reibungskräften und Druckkräften. Diese Beziehung bezeichnet man als **Stokes-Gleichung**.

- **Strömungen bei großen Reynoldszahlen**

  Bei großen Reynoldszahlen ist die Dicke der körpernahen Grenzschicht klein gegenüber den sonstigen Körperabmessungen, daher können einzelne Terme innerhalb der Grenzschicht vernachlässigt werden. Dies führt auf die **Dünnschichtgleichungen** (engl.: *thin-layer equations*), die **parabolisierten Navier-Stokes Gleichungen** und die **Grenzschichtgleichungen**.

Turbulente Strömungen werden durch die Unter-Hierarchie der Reynoldsgleichungen beschrieben (vgl. Abb. 3.3):

- **mit algebraischen Turbulenzmodellen**

  Hier bleibt die Anzahl der Gleichungen erhalten. Die Zähigkeit wird durch eine *turbulente Zähigkeit* (*scheinbare Zähigkeit*) ersetzt, welche eine *algebraische Funktion* (im Gegensatz zu einer Differentialgleichung) der gemittelten Strömungsgrößen und der Geometrie (Wandabstand) ist. Es wird angenommen, daß an jeder Stelle im Strömungsfeld Gleichgewicht zwischen der *Erzeugung* und der *Dissipation* (Aufzehrung) der Turbulenz herrscht (Turbulenz wird <u>nicht</u> durch die Strömung transportiert).

- **mit Differentialgleichungsmodellen**

  Die Zähigkeit wird ebenfalls durch eine turbulente Zähigkeit ersetzt. Diese berechnet sich aus charakteristischen Größen der Turbulenz, welche durch die Strömung <u>transportiert</u> werden. Bei **Eingleichungsmodellen** kommt eine zusätzliche Differentialgleichung (Transportgleichung) hinzu, welche den Transport der turbulenten kinetischen Energie beschreibt. Bei **Zweigleichungsmodellen** kommen zwei zusätzliche Differentialgleichungen (Transportgleichungen) hinzu. Bei **Reynoldsspannungsmodellen** wird jede der sechs turbulenten Spannungen (Reynoldsspannungen) durch eine Differentialgleichung modelliert.

Die Reynoldsgleichungen bieten gegenüber den Navier-Stokes Gleichungen den Vorteil, daß ihre Beschreibung mit Hilfe gemittelter Größen den Anforderungen des Ingenieurs angepaßt ist. Nur auf diese Weise lassen sich turbulente Strömungen bei hohen Reynoldszahlen numerisch behandeln, da die instationären feinskaligen Schwankungsbewegungen nicht numerisch aufgelöst werden.

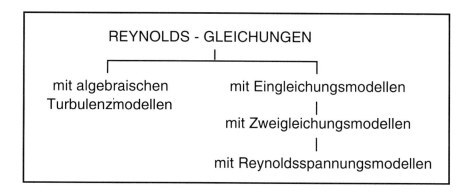

Abb. 3.3: Unter-Hierachie der Reynoldsgleichungen.

Die Unter-Hierarchie der Störungsdifferentialgleichungen beschreibt instabile oder *transitionelle* (im Übergang zur Turbulenz befindliche) Strömungen (vgl. Abb. 3.4):

- **primäre Störungsdifferentialgleichungen**

  Betrachtet man das Stabilitätsverhalten einer zu untersuchenden gegebenen Strömung (*Grundströmung*) mit einem Störungsansatz (mit überlagerter *Störströmung*), so erhält man die **primären Störungsdifferentialgleichungen** und im inkompressiblen Fall für harmonische Störungen die **Orr-Sommerfeld Gleichung**. In beiden Fällen müssen die Störungen von kleiner Amplitude sein (lineare Gleichungen).

- **sekundäre Störungsdifferentialgleichungen**

  Betrachtet man die sekundäre Instabilität einer gegebenen primär instabil gewordenen Strömung gegenüber einem anderen Störungstyp, so erhält man die **sekundären Störungsdifferentialgleichungen** (siehe auch H. OERTEL jr., J. DELFS 1995). Die Störungen müssen ebenfalls von kleiner Amplitude sein.

Die Störungsdifferentialgleichungen bieten gegenüber den vollständigen Navier–Stokes Gleichungen den Vorteil, daß ihre numerische Behandlung für instabile oder transitionelle Strömungen weniger aufwendig ist als die direkte numerische Simulation. Die Störungsdifferentialgleichungen beschreiben die Transition in ihren frühen Stadien bis zum Beginn der Ausbildung sog. *Lambda-Strukturen* (charakteristische transitionelle Strukturen in einer Grenzschicht).

Es ist wesentlich, zu erkennen, welche mathematischen Veränderungen die Gleichungen in den einzelnen Zweigen der Hierarchien erfahren. Dazu rufen wir zunächst Begriffe zur Charakterisierung von Differentialgleichungen in Erinnerung :

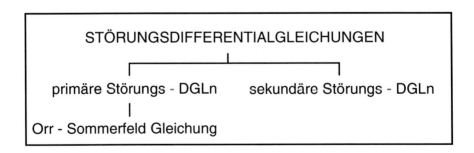

Abb. 3.4: Unter-Hierachie der Störungsdifferentialgleichungen.

- **Dimension**

  Als Dimension einer Differentialgleichung bezeichnet man die Anzahl der unabhängigen Variablen oder die Anzahl der Koordinatenachsen. Die räumliche Dimension der Navier–Stokes Gleichungen ist drei, mit den Koordinatenachsen x (Stromabrichtung, Körperlängsrichtung), y (Spannweitenrichtung, Querrichtung) und z (Vertikalenrichtung, Normalenrichtung). In Indexschreibweise x_m mit $m = 1, 2, 3$ ist x_1 die Stromabrichtung, x_2 die Spannweitenrichtung und x_3 die Wandnormalenrichtung. Als vierte unabhängige Variable kommt die Zeit hinzu. Differentialgleichungen mit der Dimension eins bezeichnet man als *gewöhnliche Differentialgleichungen*, bei einer Dimension größer als eins spricht man von *partiellen Differentialgleichungen*.

- **Ordnung**

  Die *Ordnung* der Differentialgleichung ist die Ordnung (Ableitungsanzahl) der höchsten vorkommenden Ableitung, für die Navier–Stokes Gleichungen beträgt die Ordnung zwei.

- **Systeme von Differentialgleichungen**

  Mehrere gekoppelte Differentialgleichungen bezeichnet man als ein *System* oder eine *Vektorgleichung*, da die abhängigen Variablen und die Gleichungen selbst wie ein n-dimensionaler Vektor geschrieben werden können. Damit das System lösbar ist, muß die Anzahl der Gleichungen und die Anzahl der abhängigen Variablen übereinstimmen (Massen–, Impuls– und Energieerhaltung in Form der Navier–Stokes Gleichungen).

- **Homogen, inhomogen**

  Eine Differentialgleichung bezeichnet man als *homogen*, wenn kein *Quellterm* (ein Term, in dem die Unbekannten nicht vorkommen, z. B. eine Volumenkraft) vorhanden ist, ansonsten als *inhomogen*. Eine Randbedingung bezeichnet man als homogen, wenn der vorgeschriebene Randwert Null ist (z. B. die Haftbedingung $\mathbf{u}|_{Wand} = 0$, mit $\mathbf{u}$ als Geschwindigkeitsvektor), ansonsten als inhomogen. Ein homogenes Randwertproblem besitzt stets eine *triviale Lösung* Null (ruhendes Fluid), und zusätzliche *Eigenformen* (gedämpfte oder angefachte Wellen) als Lösung. Ein inhomogenes Randwertproblem besitzt keine triviale Lösung, jedoch i. a. eine oder mehrere *nichttriviale Lösungen* ($\neq 0$), nämlich die eigentliche Strömung.

- **Linear und nichtlinear**

  Falls keine Produkte der abhängigen Variablen oder ihrer Ableitungen auftreten, ist die Differentialgleichung linear, ansonsten nichtlinear. Im Gegensatz zu linearen Differentialgleichungen können nichtlineare Differentialgleichungen unter gegebenen Randbedingungen mehrere Lösungen besitzen. Die Navier–Stokes Gleichungen sind aufgrund der Trägheitsterme nichtlinear.

- **Elliptisch, hyperbolisch, parabolisch**

Eine zweidimensionale (in x, z) lineare Differentialgleichung zweiter Ordnung für die Zustandsvariable u

$$a \cdot \frac{\partial^2 u}{\partial x^2} + 2 \cdot b \cdot \frac{\partial^2 u}{\partial x \partial z} + c \cdot \frac{\partial^2 u}{\partial z^2} + d \cdot \frac{\partial u}{\partial x} + e \cdot \frac{\partial u}{\partial z} + f \cdot u + g = 0 \quad (3.1)$$

bezeichnet man im mathematischen Sinne als von *elliptischem, hyperbolischem* oder *parabolischem* Typ, je nachdem, ob die *Diskriminante* $b^2 - ac$ negativ, positiv oder Null ist. Der Typ bestimmt darüber, in welcher Weise Information weitergetragen wird, z.B. in alle Richtungen (elliptisch) oder nur innerhalb eines bestimmten Gebietes (hyperbolisch, parabolisch).

Anschaulich sind mit dem Typ gerichtete oder nicht gerichtete Transportmechanismen bezüglich einzelner Koordinatenrichtungen verbunden. Bezüglich der Zeitkoordinate t kann sich Information nur in positiver Richtung ausbreiten (gerichteter Transportmechanismus), bezüglich einer Ortskoordinate sind gerichtete Mechnismen (z.B. in einer Überschallströmung) oder ungerichtete Mechanismen (z.B. in einer Unterschallströmung) möglich.

Falls in allen Koordinatenrichtungen ein ungerichteter Mechanismus vorherrscht, ist die Differentialgleichung elliptisch. Bei Vorliegen eines gerichteten Mechanismus in einer Koordinatenrichtung liegt parabolischer Typ vor, und bei gerichteten Mechanismen in allen Richtungen hyperbolischer Typ.

- **Randbedingungen**

Die eindeutige Lösung einer Differentialgleichung oder eines Systems von Differentialgleichungen ist erst durch die Randbedingungen festgelegt. Differentialgleichung(en) und Randbedingungen zusammengenommen bezeichnet man als ein *Randwertproblem*. Man unterscheidet zwischen einer *Dirichlet*-Bedingung, bei der Werte von Strömungsgrößen am Rand vorgegeben sind, und einer *Neumann*-Bedingung, bei der der Gradient von Strömungsgrößen senkrecht zum Rand vorgegeben ist.

- **Anfangsbedingungen**

Bei Differentialgleichungen, in denen die Zeit als unabhängige Variable vorkommt, wird der Zustand zu Beginn einer Simulation als *Anfangsverteilung* oder *Anfangsbedingung* bezeichnet. Das Gesamtproblem mit Anfangsbedingungen heißt *Anfangs-Randwertproblem*. Im Gegensatz dazu stehen z. B. *Eigenwertprobleme*.

- **Nebenbedingung**

Falls zusätzlich zu Differentialgleichungen, in denen die Zeit als unabhängige Variable vorkommt, eine weitere nicht zeitabhängige Gleichung erfüllt werden muß, so bezeichnet man diese als *Nebenbedingung*. Beispielsweise stellt die Kontinuitätsgleichung bei inkompressiblen Strömungen eine Nebenbedingung dar.

Innerhalb der Hierarchie können die folgenden Änderungen mathematischer Eigenschaften eintreten :

- **Reduzierung der Dimension**

    Der Aufwand beim Übergang von dreidimensionalen auf zweidimensionale Probleme reduziert sich beträchtlich.

- **Reduzierung der Ordnung**

    Wenn die Gleichungen anstatt von zweiter nur noch von erster Ordnung sind, können einfachere numerische Verfahren angewendet werden. Auch die Randbedingungen ändern sich. Beispielsweise reduziert sich die Ordnung durch Vernachlässigung der Reibung in den Navier-Stokes Gleichungen von zweiter auf erste Ordnung. Die Haftbedingung $\mathbf{u}|_{Wand} = 0$ kann dann nicht mehr gefordert, sondern muß durch die kinematische Strömungsbedingung $\mathbf{u} \cdot \mathbf{n}|_{Wand} = 0$ (mit $\mathbf{n}$: Wandnormalenvektor) ersetzt werden.

- **Linearisierung**

    Lineare Differentialgleichungen sind einfacher zu behandeln als nichtlineare. Insbesondere gilt für lineare Gleichungen das *Superpositionsprinzip*, d. h. einmal berechnete Lösungen für unterschiedliche Randbedingungen können überlagert (aufsummiert) werden, um eine gewünschte Lösung zu erhalten.

- **Änderung des Typs**

    Vom Standpunkt des Numerikers aus gesehen sind elliptische Gleichungen am schwierigsten zu lösen, hyperbolische am leichtesten. Dies liegt daran, daß der Einflußbereich einer Störung an einem festgehaltenen Punkt im Strömungsfeld bei elliptischen Gleichungen am größten ist (das gesamte Strömungsgebiet) und bei parabolischen und hyperbolischen Gleichungen jeweils kleiner (Mach'scher Kegel bei Überschallströmungen). Dies muß im jeweiligen numerischen Verfahren dementsprechend berücksichtigt werden.

- **Hinzunahme oder Wegfall von Gleichungen**

    Je weniger gekoppelte Gleichungen gelöst werden müssen, desto geringer ist der Programmier–, Rechen– und Speicherplatzaufwand eines numerischen Verfahrens.

- **Inhomogenes Problem wird homogen**

  Die Behandlungsweise des Problems ändert sich dadurch grundlegend,
  und zwar von einem Randwert– oder Anfangs–Randwertproblem zu einem *Eigenwertproblem*. Beispielsweise werden die Navier–Stokes Gleichungen (Anfangs–Randwertproblem) durch einen Störungsansatz zu Störungsdifferentialgleichungen (Eigenwertproblem).

Die genannten Eigenschaften wirken sich wesentlich darauf aus, welches numerische Verfahren für bestimmte Gleichungen verwendet werden sollte und welche
numerischen Eigenschaften von diesem Verfahren gefordert werden. In den folgenden Kapiteln werden deshalb die strömungsmechanischen Grundgleichungen jeweils
unter den aufgelisteten numerischen Aspekten diskutiert.

Neben den rein mathematischen Eigenschaften der Grundgleichungen existieren
ergänzende Eigenschaften der Strömung, die eine Auswahl des geeigneten numerischen Verfahrens mitbestimmen:

- **Absolut sensitive Bereiche, konvektiv sensitive Bereiche**

In einem reibungsbehafteten Strömungsfeld unterscheiden wir zwischen absolut
sensitiven Bereichen und konvektiv sensitiven Bereichen. Wir bezeichnen denjenigen Strömungsbereich, in dem lokale Störungen mit fortschreitender Zeit den gesamten Strömungsbereich beeinflussen, als *absolut sensitiv*. Dies entspricht dem
elliptischen Charakter der Grundgleichungen. Wenn die lokalen Störungen im
Strömungsfeld mit fortschreitender Zeit stromab geschwemmt werden und den ursprünglichen Ort der Störungen nicht weiter beeinflussen, so bezeichnen wir den
Strömungsbereich als *konvektiv sensitiv*. Dies entspricht dem hyperbolischen Charakter der Grundgleichungen. Die Bereichseinteilung eines gegebenen Strömungsproblems erreichen wir über eine Störungsrechnung (vgl. H. OERTEL jr., J. DELFS
1995), die einer numerischen Berechnung eines Strömungsproblems grundsätzlich
vorausgeschaltet werden sollte.

3.2 Navier–Stokes Gleichungen

Die Grundlage für die Anwendung numerischer Methoden in der Strömungsmechanik bilden die Erhaltungssätze für Masse, Impuls und Energie, die Navier–Stokes Gleichungen. Das strömende *Fluid* (Gas oder Flüssigkeit) wird als ein *Kontinuum* angesehen, dessen Stoffwerte und Zustandsgrößen als kontinuierliche Funktionen im dreidimensionalen Raum

$$x = \begin{pmatrix} x_1 \\ x_2 \\ x_3 \end{pmatrix} = \begin{pmatrix} x \\ y \\ z \end{pmatrix} \tag{3.2}$$

dargestellt werden können.

Die numerische Strömungsmechanik verwendet ausschließlich *dimensionslose* Größen. Wir knüpfen in diesem Unterkapitel zunächst an die dimensionsbehaftete Darstellung unseres Bandes **Strömungsmechanik - Methoden und Phänomene** (H. OERTEL jr., M. BÖHLE, T. EHRET 1995) an und bezeichnen dimensionslose Größen (z.B. die allgemeine Größe Φ) mit Φ^*. Ab Kap. 4.2 wird der Stern dann weggelassen.

3.2.1 Navier–Stokes Gleichungen in Erhaltungsform

Zunächst definieren wir die dimensionslosen kartesischen Koordinaten

$$x_m^* = \frac{x_m}{L} \quad , \quad m = 1, 2, 3 \tag{3.3}$$

mit einer für das gesamte Strömungsfeld charakteristischen *Bezugslänge L*. Die dimensionslose *Zeit* ist

$$t^* = \frac{t \cdot u_\infty}{L} \tag{3.4}$$

mit einer für das gesamte Strömungsfeld charakteristischen *Bezugsgeschwindigkeit* u_∞ in. Die Größen x_m^* und t^* sind die vier *unabhängigen Variablen* in denen die Differentialgleichungen formuliert sind. *Abhängige Variable* ist der *Zustandsgrößenvektor*

$$\mathbf{U}^*(x_m^*, t^*) = \begin{pmatrix} \rho^* \\ \rho^* u_1^* \\ \rho^* u_2^* \\ \rho^* u_3^* \\ \rho^* e_{tot}^* \end{pmatrix} \quad . \tag{3.5}$$

Die Zustandsgrößen darin sind die dimensionslose *Dichte* ρ^* (Masse pro Volumen) des Fluids

$$\rho^* = \frac{\rho}{\rho_\infty} \tag{3.6}$$

mit einer für das gesamte Strömungsfeld charakteristischen Bezugsdichte ρ_∞, die Komponenten $\rho^* u_m^*$ des dimensionslosen *Impulsvektors* pro Volumen

$$\rho^* \mathbf{u}^* = \frac{\rho\,\mathbf{u}}{\rho_\infty u_\infty} = \begin{pmatrix} \rho^* u_1^* \\ \rho^* u_2^* \\ \rho^* u_3^* \end{pmatrix} \tag{3.7}$$

und die dimensionslose spezifische *Gesamtenergie* pro Volumen

$$\rho^* e_{tot}^* = \frac{\rho\,e_{tot}}{\rho_\infty\,u_\infty^2} \tag{3.8}$$

des Fluids. (Die Größe $\mathbf{u}$ bezeichnet den *Geschwindigkeitsvektor* und e_{tot} die Gesamtenergie pro Masse.)

Die dimensionslosen **Navier–Stokes Gleichungen** für ein kompressibles Fluid lauten nun in *Erhaltungsform* :

$$\frac{\partial \mathbf{U}^*}{\partial t^*} + \sum_{m=1}^{3} \frac{\partial \mathbf{F}_m^*}{\partial x_m^*} - \frac{1}{Re_\infty} \sum_{m=1}^{3} \frac{\partial \mathbf{G}_m^*}{\partial x_m^*} = 0 \tag{3.9}$$

Man spricht von Erhaltungsform oder *konservativer Form*, da das System Gl. (3.9) an einem raumfesten Kontrollvolumen hergeleitet wurde, so daß jede Gleichung direkt die Massen–, Impuls– oder Energieerhaltung ausdrückt. Der Zustandsgrößenvektor Gl. (3.5) enthält in jeder Zeile die zu erhaltenden Variablen (*konservative Variablen*), und zwar bezogen auf ein Volumen (also Masse pro Volumen ρ^*, Impuls pro Volumen $\rho^* \mathbf{u}^*$ und Gesamtenergie pro Volumen $\rho^* e_{tot}^*$). Diese Formulierung ist für ein numerisches Verfahren besser geeignet als massenbezogene Größen, da sich kleine Ungenauigkeiten, z. B. bei der Berechnung eines Volumens, dann auf alle Erhaltungsgrößen gleich auswirken. Im Gegensatz zu den konservativen Variablen stehen z. B. *primitive Variablen* (Geschwindigkeit, Druck, Temperatur) oder *charakteristische Variablen*, die sich aus mathematischen Eigenschaften der Gleichungen ergeben.

In Gl. (3.9) ist der Vektor der *konvektiven Flüsse* in Richtung m

$$F_m^* = \begin{pmatrix} \rho^* u_m^* \\ \rho^* u_m^* u_1^* + \delta_{1m}\, p^* \\ \rho^* u_m^* u_2^* + \delta_{2m}\, p^* \\ \rho^* u_m^* u_3^* + \delta_{3m}\, p^* \\ u_m^* (\rho^* e_{tot}^* + p^*) \end{pmatrix} \tag{3.10}$$

($\delta_{ij} = 1$ für $i = j$; $\delta_{ij} = 0$ für $i \neq j$) und dem Vektor der *dissipativen Flüsse* in Koordinatenrichtung m

$$G_m^* = \begin{pmatrix} 0 \\ \tau_{m1}^* \\ \tau_{m2}^* \\ \tau_{m3}^* \\ \sum_{l=1}^{3} u_l^* \tau_{lm}^* + \dot{q}_m^* \end{pmatrix} \qquad . \qquad (3.11)$$

Darin werden noch Hilfsgrößen verwendet, nämlich die dimensionslose *innere Energie* :

$$e^* = e_{tot}^* - \frac{1}{2} \sum_{m=1}^{3} u_m^{*2} \qquad , \qquad (3.12)$$

der dimensionslose *Druck*

$$p^* = (\kappa - 1)\rho^* e^* \qquad , \qquad (3.13)$$

die dimensionslose *Temperatur*

$$T^* = (\kappa - 1)\,\kappa\, M_\infty^2\, e^* \qquad , \qquad (3.14)$$

die dimensionslosen *Spannungen*.

$$\tau_{ij}^* = \mu^* \left(\frac{\partial u_i^*}{\partial x_j^*} + \frac{\partial u_j^*}{\partial x_i^*} \right) - \frac{2}{3} \mu^* \sum_{k=1}^{3} \frac{\partial u_k^*}{\partial x_k^*} \delta_{ij} \qquad (3.15)$$

und der dimensionslose *Wärmestrom* in Richtung m

$$\dot{q}_m^* = -\frac{\mu^*}{(\kappa - 1)\,Pr} \frac{\partial T^*}{\partial x_m^*} = -\frac{\mu^*\,\kappa\, M_\infty^2}{Pr} \frac{\partial e^*}{\partial x_m^*} \qquad . \qquad (3.16)$$

(In der englischsprachigen Literatur wird der Wärmestrom mit q_m^* bezeichnet.)

Diese Gleichungen enthalten die folgenden *Stoffeigenschaften* :

Pr Prandtlzahl
κ Verhältnis der spezifischen Wärmekapazitäten c_p/c_v
μ^* dimensionslose dynamische Zähigkeit

welche für Luft unter atmosphärischen Bedingungen mit $Pr = 0.71$, $\kappa = 1.4$

und der *Sutherland-Formel*

$$\mu^* = (T^*)^{3/2} \frac{1+S}{T^*+S} \quad , \quad S = \frac{110K}{T_\infty} \tag{3.17}$$

gegeben sind. Die Bezugsgröße T_∞ ist wiederum charakteristisch für die Strömung. Die folgenden *dimensionslosen Kennzahlen* charakterisieren das Strömungsfeld:

$$M_\infty = \frac{u_\infty}{a_\infty} \qquad \text{Machzahl}$$

$$Re_\infty = \frac{\rho_\infty u_\infty L}{\mu_\infty} \qquad \text{Reynoldszahl} \quad .$$

Darin sind a_∞ eine charakteristische Schallgeschwindigkeit und μ_∞ eine charakteristische Zähigkeit.

Es handelt sich bei den Navier–Stokes Gleichungen um ein System von fünf gekoppelten partiellen Differentialgleichungen zweiter Ordnung. Die Gleichungen sind nichtlinear. Da die Zeit als unabhängige Variable enthalten ist und räumlich ungerichtete Transportmechanismen vorherrschen (Diffusion), sind die Gleichungen parabolisch.

Sind stationäre Strömungen von Interesse, so können die Zeitableitungen weggelassen werden. Die Gleichungen sind dann elliptisch in Unterschallgebieten und hyperbolisch in Überschallgebieten. Man bezeichnet sie daher auch als von *gemischtem Typ*.

Die folgenden **Randbedingungen** sind zu berücksichtigen:
An einer *festen Wand* gilt die *Haftbedingung*

$$\mathbf{u}^* = \mathbf{0} \tag{3.18}$$

sowie entweder die Temperatur-Randbedingung der *isothermen Wand*

$$T^* = T_W^* \tag{3.19}$$

mit der vorgeschriebenen dimensionslosen Wandtemperatur T_W^* oder die Temperatur-Randbedingung der *adiabaten Wand*

$$\frac{\partial T^*}{\partial \mathbf{n}^*} = 0 \tag{3.20}$$

mit der dimensionslosen Koordinate $\mathbf{n}^*$ in Wandnormalenrichtung.

Ein weiterer Rand ist der *Fernfeldrand*, welcher das Rechengebiet bei Umströmungsproblemen nach außen hin begrenzt. Ist der Fernfeldrand weit genug vom umströmten Körper entfernt, so muß sichergestellt werden, daß dort die ungestörte Außenströmung, in der sich der umströmte Körper befindet, herrscht. Da dann Reibung keine Rolle spielt, können dieselben Randbedingungen angegeben werden wie bei reibungsloser Strömung (siehe Kap. 3.2.2).

Falls es nicht möglich ist, den Fernfeldrand so festzulegen, daß Reibung keine Rolle spielt, beispielsweise wenn eine Grenzschicht, eine Ablöseblase oder eine Nachlaufströmung das Integrationsgebiet verläßt, so kann keine mathematisch exakte Randbedingung angegeben werden. In diesem Fall behilft man sich in der Praxis mit 'funktionierenden' Randbedingungen, beispielsweise der Extrapolation von Strömungsgrößen.

Der Zustand bei $t = t_0 = 0$ wird durch die **Anfangsbedingungen**

$$\mathbf{U}^*(x_i^*, 0) = \mathbf{U}_0^*(x_i^*) \tag{3.21}$$

festgelegt.

Das gesamte Anfangs–Randwertproblem der Navier–Stokes Gleichungen besteht aus den Differentialgleichungen (3.9) - (3.17), den Randbedingungen aus den Gleichungen (3.18) - (3.20) und der Anfangsbedingung Gl. (3.21).

3.2.2 Euler-Gleichungen

Durch Vernachlässigung von $\mathbf{G}^*$ in den Navier–Stokes Gleichungen erhält man die dimensionslosen **Euler-Gleichungen** in Erhaltungsform:

$$\frac{\partial \mathbf{U}^*}{\partial t^*} + \sum_{m=1}^{3} \frac{\partial \mathbf{F}_m^*}{\partial x_m^*} = 0 \tag{3.22}$$

mit den übrigen bereits angegebenen Definitionen $\mathbf{U}^*$ nach Gl. (3.5) und $\mathbf{F}_m^*$ nach Gl. (3.10).

Es handelt sich um ein System von fünf gekoppelten nichtlinearen Differentialgleichungen erster Ordnung. Die Euler-Gleichungen beschreiben reibungslose Strömungen, in denen gekrümmte *Verdichtungsstöße* vorkommen können. Das Strömungsfeld wird durch die Machzahl M_∞ charakterisiert.

Da Verdichtungsstöße zu einer Erhöhung der Entropie

$$ds = \frac{de}{T} + \frac{p}{T} d\frac{1}{\rho} \tag{3.23}$$

und damit zu derjenigen Wärmemenge führen, die sich nicht in mechanische Arbeit zurückverwandeln läßt, bezeichnet man diese Vorgänge auch als *nichtisentrop* oder *irreversibel*.

Es sind folgende **Randbedingungen** zu erfüllen:
An einer festen Wand gilt die *Gleitbedingung*

$$\mathbf{u}^* \cdot \mathbf{n}^* = 0 \tag{3.24}$$

($\mathbf{n}^*$ ist der Wandnormalenvektor), die besagt, daß eine Wand nicht durchströmt wird, sondern daß der Geschwindigkeitsvektor parallel zur Wand verläuft. Das Fluid gleitet somit an der Wand. Dies ist zwar unphysikalisch, jedoch ist die Erfüllung der Haftbedingung nicht sinnvoll, da die Gleichungen keine Reibung (Ursache des Haftens) mehr enthalten. Auch die Temperatur oder der Temperaturgradient an der Wand dürfen nicht als Randbedingung vorgegeben werden.

Am Fernfeldrand ist die Ausbreitung von Informationen für die Angabe der Randbedingungen maßgeblich. Dazu muß zwischen Ein- und Ausströmrändern (je nach Richtung der Geschwindigkeit) und weiter zwischen Unterschall- und Überschallrändern (je nachdem ob die lokale Machzahl $M = |\mathbf{u}|/a$, mit $a :=$ Schallgeschwindigkeit, größer oder kleiner als eins ist) unterschieden werden. An den jeweiligen Rändern darf weder zu viel noch zu wenig Information vorgegeben werden, da dann das Problem mathematisch entweder über- oder unterbestimmt wäre. Im Prinzip ist es gleichgültig, welche Variablen an den jeweiligen Rändern vorgegeben werden, solange nur die Anzahl stimmt. Diese Anzahl liefert die Charakteristikentheorie:

	Einströmrand		Ausströmrand	
	Überschall	Unterschall	Überschall	Unterschall
Anzahl der vorzugebenden Variablen	5	4	0	1
Anzahl der zu berechnenden Variablen	0	1	5	4

Gegenüber den Navier–Stokes Gleichungen haben die Euler–Gleichungen den Vorteil, daß sie unter erheblich geringerem Aufwand numerisch gelöst werden können. Dies folgt insbesondere daraus, daß an den Wänden keine starken Gradienten der Strömungsgrößen (Grenzschichten) numerisch aufgelöst werden müssen. Die Berechnung von zweiten Ableitungen entfällt, da diese nicht mehr in den Gleichungen enthalten sind.

3.2.3 Potentialgleichung

Eine weitere Vereinfachung ergibt sich, wenn man annimmt, daß die Strömung zusätzlich *isentrop*, d. h. $ds = 0$, oder *reversibel* ist. Dann darf die Strömung keine geraden oder gekrümmten Verdichtungsstöße mehr enthalten (z. B. reine Unterschallströmung). Man kann zeigen, daß derartige Strömungen *drehungsfrei* sind, d. h.

$$\omega^* = \text{rot } \mathbf{u}^* = \begin{pmatrix} \dfrac{\partial u_3^*}{\partial x_2^*} - \dfrac{\partial u_2^*}{\partial x_3^*} \\[2mm] \dfrac{\partial u_1^*}{\partial x_3^*} - \dfrac{\partial u_3^*}{\partial x_1^*} \\[2mm] \dfrac{\partial u_2^*}{\partial x_1^*} - \dfrac{\partial u_1^*}{\partial x_2^*} \end{pmatrix} = \mathbf{0} \quad . \tag{3.25}$$

Den Vektor ω^* bezeichnet man als *Drehung* oder *Rotation* des Strömungsfeldes. Die Schreibweise heißt mit Hilfe des Operatorenvektors *Nabla*

$$\nabla = \begin{pmatrix} \frac{\partial}{\partial x_1^*} \\ \frac{\partial}{\partial x_2^*} \\ \frac{\partial}{\partial x_3^*} \end{pmatrix} \tag{3.26}$$

und des Kreuzproduktes $(\times)$ auch

$$\omega^* = \nabla \times \mathbf{u}^* = \mathbf{0} \qquad . \tag{3.27}$$

Für drehungsfreie Strömungen ist es sinnvoll, eine *Potentialfunktion* Φ^* nach der Definition

$$\frac{\partial \Phi^*}{\partial x_1^*} = u_1^*, \quad \frac{\partial \Phi^*}{\partial x_2^*} = u_2^*, \quad \frac{\partial \Phi^*}{\partial x_3^*} = u_3^* \tag{3.28}$$

einzuführen.

Man erhält durch Einsetzen in die Euler–Gleichungen und nach diversen Vereinfachungen die dimensionslose linearisierte **Potentialgleichung** (siehe auch: H. OERTEL jr., M. BÖHLE, T. EHRET 1995, Kap. 3.7)

$$\boxed{\frac{\partial^2 \Phi^*}{\partial x_1^{*2}} + \frac{\partial^2 \Phi^*}{\partial x_2^{*2}} + \frac{\partial^2 \Phi^*}{\partial x_3^{*2}} = 0} \tag{3.29}$$

Diese *skalare* Gleichung (im Gegensatz zu einer Vektorgleichung) ist linear, von zweiter Ordnung und elliptisch. Strömungen, die mit Hilfe der Potentialgleichung beschrieben werden können, nennt man auch *Potentialströmungen*.

Die Potentialgleichung läßt sich auch $\nabla^2 \Phi^* = \Delta \Phi^* = 0$ schreiben, mit dem *Laplace-Operator*

$$\Delta = \nabla^2 = \frac{\partial^2}{\partial x_1^{*2}} + \frac{\partial^2}{\partial x_2^{*2}} + \frac{\partial^2}{\partial x_3^{*2}} \qquad . \tag{3.30}$$

Die Impulsgleichungen für eine inkompressible Strömung sind durch Annahme der Drehungsfreiheit automatisch erfüllt. Die Energiegleichung (5. Komponente der Euler–Gleichungen) stellt eine zusätzliche entkoppelte Gleichung dar.

Es sind folgende **Randbedingungen** zu erfüllen:
An einer festen Wand gilt wie bei der Euler–Gleichung die Gleitbedingung

$$\frac{\partial \Phi^*}{\partial x_1^*} \cdot n_1^* + \frac{\partial \Phi^*}{\partial x_2^*} \cdot n_2^* + \frac{\partial \Phi^*}{\partial x_3^*} \cdot n_3^* = 0 \qquad . \tag{3.31}$$

Darin sind n_1^*, n_2^* und n_3^* die Komponenten des Wandnormalenvektors. Jede Strom-linie kann als feste Wand aufgefaßt werden.

Am Fernfeldrand muß die durch einen Körper eingebrachte Störung abgeklungen sein, also

$$\frac{\partial \Phi^*}{\partial x_1^*} = \frac{\partial \Phi^*}{\partial x_2^*} = \frac{\partial \Phi^*}{\partial x_3^*} = 0 \quad . \tag{3.32}$$

Durch diese Randbedingungen ist die Lösung erst bis auf eine Konstante bestimmt, da in Gl. (3.29) nur Ableitungen der Potentialfunktion vorkommen. Daher muß zusätzlich der Wert von Φ^* an einer beliebigen Stelle des Strömungsfeldes festgelegt werden.

Der Vorteil der Potentialgleichung besteht darin, daß sie linear ist. Dies bedeutet, daß jede Linearkombination bekannter Lösungen (z. B. Parallelströmung, Quelle, Senke, Potentialwirbel) wieder eine Lösung darstellt (siehe J. ZIEREP 1993).

3.2.4 Boussinesq-Gleichungen

Wir gehen wieder von den Navier–Stokes Gleichungen aus und betrachten den mittleren Zweig der Hierarchie nach Abb. 3.2. Wenn die Geschwindigkeit der An-strömung u_∞ wesentlich kleiner als die Schallgeschwindigkeit a_∞ ist, also

$$M_\infty = \frac{u_\infty}{a_\infty} \ll 1 \quad , \tag{3.33}$$

so können Dichteänderungen infolge Druckänderungen vernachlässigt werden. In-folge Wärmeausdehnung ändert sich die Dichte jedoch noch mit der Temperatur. In *Konvektionsströmungen* ist dies die Ursache für eine *Auftriebskraft* $\rho(T) \cdot g$ in vertikaler Richtung x_3 ($g = 9.81 \ m/s^2$ ist die Erdbeschleunigung).

Im Rahmen der *Boussinesq-Approximation* wird die Dichteänderung nur im Auf-triebsterm berücksichtigt und in allen anderen Termen vernachlässigt. Dabei ist der Ansatz für die Dichte

$$\rho(T) = \rho_0 \cdot [1 - \alpha \cdot (T - T_0)] \tag{3.34}$$

mit einem *Wärmeausdehnungskoeffizienten* α, einer Bezugsdichte ρ_0 und einer Be-zugstemperatur T_0. Die Zähigkeit wird als konstant angenommen. Zusätzlich wird die Umwandlung von Reibungsenergie in Wärme (Dissipation) vernachlässigt. Führt man diese Annahmen in die Navier–Stokes Gleichungen ein, und macht das Problem in folgender Weise dimensionslos (Bezugsgrößen mit Index 0 gekennzeich-net):

$$x_m^* = \frac{x_m}{L_0} \quad ; \quad t^* = \frac{k_0 \, t}{L_0^2} \quad ; \quad \mathbf{u}^* = \frac{L_0}{k}\mathbf{u}$$

$$T^* = \frac{T - T_0}{\Delta T_0} \quad ; \quad p^* = (p + \rho_0 \; g \; z)\frac{L_0^2}{\rho_0 \; \nu_0 \; k_0} \tag{3.35}$$

(k = Temperaturleitfähigkeit) so erhält man die dimensionslosen **Boussinesq-Gleichungen** in *Operatorenschreibweise* (Definition der Operatoren Nabla nach Gl. (3.26) und Laplace-Operator nach Gl. (3.30)):

$$
\begin{aligned}
\bigtriangledown^T \cdot \mathbf{u}^* &= 0 \\[2mm]
\frac{1}{Pr}\left[\frac{\partial \mathbf{u}^*}{\partial t^*} + (\mathbf{u}^{*T} \cdot \bigtriangledown)\mathbf{u}^*\right] &= Ra \cdot T^* \begin{pmatrix} 0 \\ 0 \\ 1 \end{pmatrix} - \bigtriangledown p^* + \Delta \mathbf{u}^* \\[2mm]
\frac{\partial T^*}{\partial t^*} + (\mathbf{u}^{*T} \cdot \bigtriangledown)T^* &= \Delta T^*
\end{aligned}
\tag{3.36}
$$

mit einer neuen dimensionslosen Kennzahl, der *Rayleighzahl*

$$Ra = \frac{L_0^3 \; g}{k_0 \; \nu_0} \; (\alpha \; \Delta T_0) \qquad . \tag{3.37}$$

Die erste Gleichung beschreibt die Erhaltung der Masse, sie wird als *Kontinuitätsgleichung* bezeichnet. Es ist bemerkenswert, daß, im Gegensatz zu den kompressiblen Navier-Stokes Gleichungen, die Kontinuitätsgleichung keinen instationären Term mehr besitzt. Mathematisch stellt die Kontinuitätsgleichung nunmehr für das Anfangs–Randwertproblem eine *Nebenbedingung* dar, welche das Geschwindigkeitsfeld zu jedem Zeitpunkt erfüllen muß. Die Bedingung lautet anschaulich, daß sich keine Massenquellen oder -senken im Strömungsfeld befinden dürfen. Ein solches Strömungs- oder Geschwindigkeitsfeld bezeichnet man auch als *divergenzfrei* (Divergenz = Quellstärke pro Volumenelement).

Je nach Größe der Prandtl-Zahl Pr ist ein unterschiedliches stationäres oder instationäres Verhalten der Strömung zu erwarten. Ist Pr klein (z.B. 0.71 für Luft, 10^{-2} für flüssige Metalle), so ist die Strömung instationär, selbst bei stationären Randbedingungen (eine stationäre Lösung, falls sie existiert, wäre instabil). Ist Pr groß (7 für Wasser, 10^3 für Öl), so erhält man eine stationäre Lösung in Form von Konvektionsrollen. Der instationäre Term besitzt in diesem Fall nur einen geringen Einfluß, da er mit einem kleinen Faktor $1/Pr$ multipliziert wird.

Es sind folgende **Randbedingungen** zu erfüllen:
An festen Wänden gelten die Haftbedingung

$$\mathbf{u}^* = 0 \tag{3.38}$$

und den Navier–Stokes Gleichungen entsprechende Temperatur-Randbedingungen
der *isothermen Wand*

$$T^* = T_W^* \qquad (3.39)$$

mit der vorgeschriebenen dimensionslosen Wandtemperatur T_W^* oder der *adiabaten
Wand*

$$\frac{\partial T^*}{\partial \mathbf{n}^*} = 0 \qquad (3.40)$$

mit dem Vektor $\mathbf{n}^*$ in Wandnormalenrichtung.

Da der Druck nur abgeleitet in den Gleichungen erscheint, ist die Lösung für den
Druck nur bis auf eine additive Konstante durch die Differentialgleichungen bestimmt und muß durch die Randbedingungen festgelegt werden, bespielsweise durch
Vorgabe des Druckes an irgendeinem Punkt (x_1^*, y_1^*, z_1^*) im Strömungsfeld oder auf
dem Rand:

$$p^*(x_1^*, y_1^*, z_1^*) = p_1^* \qquad . \qquad (3.41)$$

Damit wird das *Druckniveau* des gesamten Strömungsfeldes festgelegt. Die Geschwindigkeit und Temperatur der Strömung ist unabhängig von dem Wert p_1^*.

Die Boussinesq-Gleichungen haben den Vorteil, daß sie die Simulation von Konvektionsströmungen ermöglichen, die mit allgemeineren Gleichungen, z. B. den
kompressiblen Navier–Stokes Gleichungen, nicht simuliert werden können. Der
Grund liegt darin, daß in inkompressibler Strömung die Dichte ρ nicht vom Druck
p abhängt (ρ hängt nur von der Temperatur ab). Damit geht aber die Schallgeschwindigkeit $a = \sqrt{dp/d\rho}$ gegen unendlich ($d\rho = 0$ bei einer Druckänderung dp).
Störungen kleiner Amplitude (Schallwellen) müßten sich also unendlich schnell ausbreiten, wenn sie mit kompressiblen Gleichungen beschrieben werden sollen, was
natürlich eine Schwierigkeit für jedes numerische Verfahren darstellt. Dagegen wird
die Ausbreitung von Schall durch die inkompressiblen Gleichungen nicht beschrieben und führt daher auch nicht zu den beschriebenen Schwierigkeiten.

3.2.5 Inkompressible Navier-Stokes Gleichungen

Eine weitere Vereinfachung erhält man mit der Annahme, daß die Dichte ρ des
Fluids konstant ist, also weder vom Druck noch von der Temperatur abhängt. Der
Auftriebsterm in den Boussinesq-Gleichungen entfällt dann. Die Energiegleichung
kann nun von der Kontinuitäts- und den Impulsgleichungen entkoppelt behandelt
werden, und entfällt ganz, wenn nur, wie wir hier annehmen wollen, das *Strömungsproblem* von Interesse ist.

Dann lauten die dimensionslosen **inkompressiblen Navier-Stokes Gleichungen** in Operatorenschreibweise:

$$\nabla^T \cdot \mathbf{u}^* = 0$$
$$\frac{\partial \mathbf{u}^*}{\partial t^*} + (\mathbf{u}^{*T} \cdot \nabla)\mathbf{u}^* = -\frac{1}{\rho^*}\nabla p^* + \frac{1}{Re_\infty}\Delta \mathbf{u}^*$$

(3.42)

Die erste Gleichung ist wieder die *Kontinuitätsgleichung*, welche, wie bereits in Kap. 3.2.4 diskutiert, eine Nebenbedingung darstellt. Die zweite Gleichung beschreibt die Erhaltung der drei Komponenten des Impulses, sie wird als *Impulsgleichung* bezeichnet. Es spielt keine Rolle, auf welchem Temperatur- oder Druckniveau sich das strömende Fluid befindet. Daher braucht die Erhaltung der Energie nicht berücksichtigt zu werden. Die stationären Gleichungen sind elliptisch.

Es sind folgende **Randbedingungen** zu erfüllen:

An festen Wänden gilt die Haftbedingung

$$\mathbf{u}^* = \mathbf{0}$$

(3.43)

Das Druckniveau muß, wie ebenfalls bereits in Kap. 3.2.4 diskutiert, an einem beliebigen Punkt (x_1^*, y_1^*, z_1^*) festgelegt werden:

$$p^*(x_1^*, y_1^*, z_1^*) = p_1^* \qquad .$$

(3.44)

An Ein- und Ausströmrändern können Richtung und/oder Betrag der Geschwindigkeit vorgegeben werden. Dabei ist natürlich zu beachten, daß die Kontinuität erfüllbar sein muß, d. h. die Randbedingungen dürfen keinen Widerspruch zur Kontinuitätsgleichung darstellen, wie es z.B. bei Vorgabe des Geschwindigkeitsprofils am Ein- und Ausströmrand der Fall sein könnte.

Es kann wünschenswert sein, den Druck am Ein- und/oder Ausströmrand vorzugeben, z. B. bei Vorgabe eines bestimmten Druckunterschiedes zwischen zwei Querschnitten einer Rohrströmung. Hierbei ist jedoch zu beachten, daß sich in diesen Querschnitten das Geschwindigkeitsprofil frei einstellen kann. Die Vorgabe von Geschwindigkeit und Druck an demselben Rand ist nur in Ausnahmefällen zulässig.

Die inkompressiblen Navier-Stokes Gleichungen besitzen gegenüber den kompressiblen den Vorteil, daß die Dichte des Fluids überall bekannt ist und daher nicht berechnet werden muß. Außerdem ist auch die Anzahl der Gleichungen durch den Wegfall der Energiegleichung geringer. Ein weiterer Vorteil ist, daß voraussetzungsgemäß keine Verdichtungsstöße vorkommen können.

3.2.6 Stokes-Gleichungen

Wenn die Strömungsgeschwindigkeit überall im Strömungsfeld sehr klein ist, dominiert der Einfluß der Reibungskräfte gegenüber den Trägheitskräften ($Re_\infty < 1$). Die nichtlinearen konvektiven Trägheitsterme können dann vernachlässigt werden. Man erhält die Grundgleichungen der *schleichenden Bewegung*, die auch als **Stokes-Gleichungen** bezeichnet werden:

$$
\begin{aligned}
\nabla^T \cdot \mathbf{u}^* &= 0 \\
\frac{\partial \mathbf{u}^*}{\partial t^*} &= -\frac{1}{\rho^*}\nabla p^* + \frac{1}{Re_\infty}\Delta \mathbf{u}^*
\end{aligned}
\tag{3.45}
$$

Diese Gleichungen sind linear und von zweiter Ordnung. Die stationären Gleichungen sind elliptisch.

Es sind die gleichen **Randbedingungen** wie für die inkompressiblen Navier–Stokes Gleichungen (Kap. 3.2.5) zu erfüllen.

Der Vorteil der Stokes-Gleichungen liegt darin, daß sie linear sind. Sie sind den inkompressiblen Navier–Stokes Gleichungen bezüglich der Nebenbedingung der Kontinuitätsgleichung ähnlich.

3.2.7 Thin-Layer Navier-Stokes Gleichungen

Die Voraussetzung, daß die Reynoldszahl groß, also der Vorfaktor von $\mathbf{G}^*$ in den Navier–Stokes Gleichungen klein ist, führt nicht zu einer generellen Vernachlässigung von $\mathbf{G}^*$, da für die interessierenden Strömungen einige Terme in $\mathbf{G}^*$ wiederum groß werden können. Die tatsächliche Größe der Reibungsterme hängt davon ab, ob Gradienten parallel oder senkrecht zur Körperkontur betrachtet werden.

Da die Körperkontur im allgemeinen nicht parallel zu einer der Koordinatenachsen verläuft, werden die Navier–Stokes Gleichungen zunächst auf körperangepaßte krummlinige Koordinaten transformiert (siehe D. S. CHAUSSEE 1984). Die krummlinigen Koordinaten ξ_1^*, ξ_2^*, ξ_3^* werden durch

$$
\xi_1^* = \xi_1^*(x_m^*) \quad ; \quad \xi_2^* = \xi_2^*(x_m^*) \quad ; \quad \xi_3^* = \xi_3^*(x_m^*)
\tag{3.46}
$$

definiert ($m = 1, 2, 3$).

Die transformierten Gleichungen lauten:

$$J^{-1}\frac{\partial \mathbf{U}^*}{\partial t^*} \; + \; \sum_{m=1}^{3}\frac{\partial \hat{\mathbf{F}}_m^*}{\partial \xi_m^*}$$

$$- \; \frac{1}{Re_\infty}\sum_{m=1}^{3}\frac{\partial \hat{\mathbf{G}}_m^*}{\partial \xi_m^*} = 0 \qquad (3.47)$$

mit der Jakobi-Determinante

$$J^{-1} \; = \; \frac{\partial x_1^*}{\partial \xi_1^*}\frac{\partial x_2^*}{\partial \xi_2^*}\frac{\partial x_3^*}{\partial \xi_3^*} + \frac{\partial x_1^*}{\partial \xi_3^*}\frac{\partial x_2^*}{\partial \xi_1^*}\frac{\partial x_3^*}{\partial \xi_2^*} + \frac{\partial x_1^*}{\partial \xi_2^*}\frac{\partial x_2^*}{\partial \xi_3^*}\frac{\partial x_3^*}{\partial \xi_1^*}$$

$$- \; \frac{\partial x_1^*}{\partial \xi_1^*}\frac{\partial x_2^*}{\partial \xi_3^*}\frac{\partial x_3^*}{\partial \xi_2^*} - \frac{\partial x_1^*}{\partial \xi_2^*}\frac{\partial x_2^*}{\partial \xi_1^*}\frac{\partial x_3^*}{\partial \xi_3^*} - \frac{\partial x_1^*}{\partial \xi_3^*}\frac{\partial x_2^*}{\partial \xi_2^*}\frac{\partial x_3^*}{\partial \xi_1^*} \qquad (3.48)$$

und den *kontravarianten* (transformierten) Flüssen

$$\hat{\mathbf{F}}_m^* = J^{-1}\begin{pmatrix} \rho^* \hat{u}_m^* \\ \rho^* u_m^* \hat{u}_1^* + \frac{\partial \xi_m^*}{\partial x_1^*}p^* \\ \rho^* u_m^* \hat{u}_2^* + \frac{\partial \xi_m^*}{\partial x_2^*}p^* \\ \rho^* u_m^* \hat{u}_3^* + \frac{\partial \xi_m^*}{\partial x_3^*}p^* \\ \hat{u}_m^*(\rho^* e_{tot}^* + p^*) \end{pmatrix} \qquad (3.49)$$

und $\hat{\mathbf{G}}_m^*$ (hier nicht ausführlich angegeben). Darin sind

$$\hat{u}_m^* = \frac{\partial \xi_m^*}{\partial x_1^*}u_1^* + \frac{\partial \xi_m^*}{\partial x_2^*}u_2^* + \frac{\partial \xi_m^*}{\partial x_3^*}u_3^* \quad ; \quad m = 1,2,3 \qquad (3.50)$$

die kontravarianten Geschwindigkeitskomponenten.

Diejenigen Terme in $\mathbf{G}^*$, welche Ableitungen parallel zur Körperkontur enthalten, sind im allgemeinen klein (außer bei Ablösung). Dies hat zu der Ableitung der *Thin-Layer Gleichungen* ('Dünnschichtgleichungen') geführt, in denen diese Terme vernachlässigt werden.

Die **Thin-Layer Navier-Stokes Gleichungen** lauten dann:

$$J^{-1}\frac{\partial \mathbf{U}^*}{\partial t^*} \; + \; \sum_{m=1}^{3}\frac{\partial \hat{\mathbf{F}}_m^*}{\partial \xi_m^*} \qquad (3.51)$$

$$- \; \frac{1}{Re_\infty}\; \frac{\partial \hat{\mathbf{G}}_3^*}{\partial \xi_3^*} = \mathbf{0}$$

mit

$$\mathbf{G}_3^* = J^{-1} \begin{pmatrix} 0 \\ \sum\limits_{l=1}^{3} \frac{\partial \xi_3^*}{\partial x_l^*} \tau_{l1}^* \\ \sum\limits_{l=1}^{3} \frac{\partial \xi_3^*}{\partial x_l^*} \tau_{l2}^* \\ \sum\limits_{l=1}^{3} \frac{\partial \xi_3^*}{\partial x_l^*} \tau_{l3}^* \\ \sum\limits_{l=1}^{3} \frac{\partial \xi_3^*}{\partial x_l^*} \left(\sum\limits_{m=1}^{3} u_m^* \tau_{m3}^* + \dot{q}_3^* \right) \end{pmatrix} . \qquad (3.52)$$

Die stationären Gleichungen sind von gemischtem Typ, können also ebenso wie die vollständigen Navier-Stokes Gleichungen lokal elliptisch oder hyperbolisch sein.

Die **Randbedingungen** entsprechen denen der vollständigen Navier–Stokes Gleichungen.

Die Thin–Layer Gleichungen haben gegenüber den vollständigen Navier-Stokes Gleichungen den Vorteil, daß die Berechnung der erwähnten Terme entfällt und somit der Rechenaufwand gegenüber den vollständigen Navier-Stokes Gleichungen um etwa 30 Prozent geringer ist.

3.2.8   Parabolisierte Navier-Stokes Gleichungen

Bei Überschallströmungen können die Thin–Layer Gleichungen durch weitere Vereinfachungen *parabolisiert* werden (siehe L. B. SCHIFF und J. L. STEGER 1980). In der Nähe der Wand liegt stets Unterschallströmung und damit physikalisch ein elliptischer Ausbreitungsmechanismus von Störungen vor. In der Praxis breiten sich Störungen jedoch meist nur stromab aus, was einem parabolischen Ausbreitungsmechanismus entspricht. Den stationären Thin-Layer Gleichungen $(\partial/\partial t = 0)$ wird diese Eigenschaft vermittelt, indem der Druck dem wandnahen Unterschallteil der Grenzschicht aufgeprägt wird. Der Druckgradient in Wandnormalenrichtung ξ_3^* wird vernachlässigt.

Die dimensionslosen **parabolisierten Navier-Stokes Gleichungen** (auch: *PNS-Gleichungen*) lauten:

$$\sum\limits_{m=1}^{3} \frac{\partial \hat{F}_m^*}{\partial \xi_m^*} - \frac{1}{Re_\infty} \frac{\partial \hat{G}_3^*}{\partial \xi_3^*} = 0 \qquad (3.53)$$

mit

$$
\hat{\mathbf{F}}^*_m = J^{-1} \begin{pmatrix} \rho^* \hat{u}^*_m \\ \rho^* \hat{u}^*_m u^*_1 + \frac{\partial \xi^*_m}{\partial x^*_1} p^*_s \\ \rho^* \hat{u}^*_m u^*_2 + \frac{\partial \xi^*_m}{\partial x^*_2} p^*_s \\ \rho^* \hat{u}^*_m u^*_3 + \frac{\partial \xi^*_m}{\partial x^*_3} p^*_s \\ \hat{u}^*_m (\rho^* e^*_{tot} + p^*_s) \end{pmatrix} \qquad . \tag{3.54}
$$

Darin ist $\hat{\mathbf{G}}^*$ nach Gl. (3.52) wie bei den Thin–Layer Gleichungen definiert.

Im Bereich der Überschallströmung macht man keinen großen Fehler, da dort der parabolische Transportmechanismus ohnehin vorherrscht. Innerhalb des Unterschallteils der Grenzschicht muß jedoch eine weitere Modifikation vorgenommen werden. Hier wird der Druck p^*_s nicht aus den Gleichungen berechnet, sondern es wird der Wert, welcher am Rand des Unterschallteils der Grenzschicht berechnet wurde, vorgegeben. Dies entspricht der wohlbekannten Tatsache, daß sich der Druck in einer Grenzschicht normal zur Wand nicht wesentlich ändert. Der Transportmechanismus in einer Grenzschicht ohne Ablösung ist mit guter Näherung parabolisch.

Der Druck p^*_s wird also in Abhängigkeit von der *lokalen Machzahl* $M = |\mathbf{u}|/a$ (mit der Schallgeschwindigkeit a) folgendermaßen berechnet:

- **wenn $M > 1$**

  Die Berechnung des Druckes p^*_s erfolgt wie bei den Navier–Stokes Gleichungen aus Gl. (3.13).

- **wenn $M \leq 1$**

  Der Wert des Druckes p^*_s wird dem unteren (wandnahen) Rand des Überschallgebiets entnommen. Es gilt dann

$$
\frac{\partial \xi^*_m}{\partial x^*_3} p^*_s = 0 \qquad . \tag{3.55}
$$

Die **Randbedingungen** sind die gleichen wie bei den vollständigen Navier–Stokes Gleichungen. Da kein instationärer Term mehr enthalten ist, werden keine Anfangsbedingungen benötigt.

Die parabolisierten Navier–Stokes Gleichungen haben den Vorteil, daß einfachere und damit häufig effizientere Lösungsverfahren eingesetzt werden können, nämlich solche, die von vornherein auf den parabolischen Transportmechanismus abgestimmt sind (z.B. *Raumschrittverfahren*). Andererseits sind diese Verfahren dann nur für ganz bestimmte Strömungen zu verwenden (keine Ablösung, körperangepaßte Koordinaten, vorne zugespitzte Körper) und daher wenig flexibel.

3.2.9 Grenzschichtgleichungen

Bei Strömungen mit großen Reynoldszahlen (Tragflügelströmung $Re \approx 7 \cdot 10^7$, Kraftfahrzeugumströmung $Re \approx 10^7$) beschränken sich die Reibungseffekte auf eine wandnahe Schicht (Grenzschicht). Die Außenströmung kann mit den reibungsfreien Grundgleichungen berechnet werden. Die Grenzschicht ist dünn, verglichen mit den geometrischen Abmessungen des umströmten Körpers.

Es werden folgende Vereinfachungen gegenüber den parabolisierten Navier–Stokes Gleichungen durchgeführt: Zunächst gehen wir wieder auf die ursprüngliche Bezeichnungsweise x, y, z zurück. Diese sind die kartesischen Koordinaten, sie können aber auch entlang der Körperoberfläche laufen (x Stromab-, y Quer-, z Wandnormalenrichtung). In letzterem Fall wird angenommen, daß die Grenzschicht dünn gegenüber den sonstigen Körperabmessungen ist d. h. Effekte der Wandkrümmung oder der Krümmung der äußeren Stromlinien werden vernachlässigt. Die von Prandtl durchgeführte Größenordnungsabschätzung führt zur Vernachlässigung aller Ableitungen nach x und y in den Reibungstermen, also auch denjenigen, die in Gl. (3.54) noch enthalten sind. Die Impulsgleichung in Wandnormalenrichtung entfällt.

Die Annahmen, die zur Herleitung der Grenzschichtgleichungen geführt haben, sind nicht mehr erfüllt, wenn die Reynoldszahl klein ist, die Strömung ablöst, oder ein starker vertikaler Druckgradient aufgeprägt wird, wie z.B. beim Auftreffen eines Verdichtungsstoßes auf eine Grenzschicht oder die Umströmung der Hinterkante eines Tragflügels.

Durch Vernachlässigung einiger Terme der vollständigen Navier–Stokes Gleichungen erhält man die dimensionslosen **Grenzschichtgleichungen** für kompressible Strömungen (formuliert in *primitiven Variablen* ρ^*, $\mathbf{u}^*$ und T^*):

$$
\begin{aligned}
\frac{\partial(\rho^* u^*)}{\partial x^*} + \frac{\partial(\rho^* v^*)}{\partial y^*} + \frac{\partial(\rho^* w^*)}{\partial z^*} &= 0 \\[2mm]
\rho^* \left(u^* \frac{\partial u^*}{\partial x^*} + v^* \frac{\partial u^*}{\partial y^*} + w^* \frac{\partial u^*}{\partial z^*} \right) &= -\frac{\partial p_s^*}{\partial x^*} + \frac{\partial}{\partial z^*} \frac{1}{Re_\infty} \left(\mu^* \frac{\partial u^*}{\partial z^*} \right) \\[2mm]
\rho^* \left(u^* \frac{\partial v^*}{\partial x^*} + v^* \frac{\partial v^*}{\partial y^*} + w^* \frac{\partial v^*}{\partial z^*} \right) &= -\frac{\partial p_s^*}{\partial y^*} + \frac{1}{Re_\infty} \frac{\partial}{\partial z^*} \left(\mu^* \frac{\partial v^*}{\partial z^*} \right) \\[2mm]
\rho^* \left(u^* \frac{\partial T^*}{\partial x^*} + v^* \frac{\partial T^*}{\partial y^*} + w^* \frac{\partial T^*}{\partial z^*} \right) &= \frac{\mu^*}{(\kappa - 1) Re_\infty Pr} \frac{\partial^2 T^*}{\partial x^{*2}} \\[2mm]
+ \frac{\mu^*}{Re_\infty} \left[\left(\frac{\partial u^*}{\partial z^*} \right)^2 + \left(\frac{\partial v^*}{\partial z^*} \right)^2 \right] &+ u^* \frac{\partial p_s^*}{\partial x^*} + v^* \frac{\partial p_s^*}{\partial y^*}
\end{aligned}
\tag{3.56}
$$

Es ist nicht notwendig, krummlinige Koordinaten einzuführen, da die Grenzschichtdicke klein gegenüber der Krümmung der Oberfläche ist. Der Druck p_s^* wird nicht aus den Grenzschichtgleichungen berechnet sondern der Außenströmung an der jeweiligen Stelle x^*, y^* entnommen. Er ist also für die Grenzschichtgleichungen als gegeben zu betrachten.

Die Grenzschichtgleichungen besitzen den Vorteil, daß bei vorgegebenen Strömungsgrößen am Grenzschichtrand die Strömung innerhalb der Grenzschicht an jeder Position x^*, y^* aufgrund der Zustände stromauf bestimmt werden kann. Störungen breiten sich also nur stromab und nicht stromauf aus, obwohl innerhalb eines Teils der Grenzschicht immer Unterschallströmung (mit eigentlich allseitiger Störungsausbreitung) vorliegt. Die Grenzschichtgleichungen sind daher *parabolisch*. Ein weiterer Vorteil ist, daß die Berechnung des Druckes nicht mehr notwendig ist.

3.3 Reynoldsgleichungen

Für die Berechnung turbulenter Strömungen gelten die zeitlich gemittelten Grundgleichungen. Darin werden die Auswirkungen der turbulenten Schwankungsbewegungen auf die gemittelte Strömung durch ein *Turbulenzmodell* modelliert. So interessieren den Entwurfsingenieur eines Tragflügels die integralen zeitlich gemittelten Größen Widerstandsbeiwert c_W und Auftriebsbeiwert c_A.

Im folgenden werden ausschließlich dimensionslose Größen verwendet. Der bis hierher zur Kennzeichnung dimensionsloser Größen verwendete Stern wird von nun an weggelassen.

3.3.1 Reynoldsgleichungen in Erhaltungsform

Wir definieren zunächst den *zeitlichen Mittelwert* $\overline{\Phi}$ und den *Schwankungswert* $\Phi'(t)$ einer Größe $\Phi(t)$:

$$\overline{\Phi} = \frac{1}{T} \int_T \Phi(t) \, dt \quad , \quad \Phi(t) = \overline{\Phi} + \Phi'(t) \ . \tag{3.57}$$

(Die gemittelten Größen werden in diesem Kapitel überstrichen angegeben). Die Größe des Zeitintervalls T soll im folgenden keine Rolle mehr spielen. Um die Schreibweise für kompressible Strömungen zu vereinfachen wird zusätzlich eine *massengewichtete Mittelung (Favre-Mittelung)* eingeführt:

$$\tilde{\Phi} = \frac{1}{\overline{\rho} \cdot T} \cdot \int_T \rho(t) \cdot \Phi(t) \, dt \quad , \quad \Phi(t) = \tilde{\Phi} + \Phi'' \ . \tag{3.58}$$

(Die Favre-gemittelten Größen werden in diesem Unterkapitel mit Tilde, also $\tilde{\Phi}$, angegeben). Nach Anwendung dieser Ansätze auf die kompressiblen Navier–Stokes Gleichungen erhält man die **Reynoldsgleichungen** in Erhaltungsform (siehe auch H. OERTEL jr., M. BÖHLE, T. EHRET 1995):

$$\boxed{\frac{\partial \overline{\mathbf{U}}}{\partial t} + \sum_{m=1}^{3} \frac{\partial \overline{\mathbf{F}}_m}{\partial x_m} - \frac{1}{Re_\infty} \sum_{m=1}^{3} \frac{\partial \overline{\mathbf{G}}_m}{\partial x_m} + \sum_{m=1}^{3} \frac{\partial \mathbf{R}_m}{\partial x_m} = \mathbf{0}} \tag{3.59}$$

Abhängige Variable ist der zeitlich gemittelte Zustandsgrößenvektor

$$\overline{\mathbf{U}}(x_m, t) = \begin{pmatrix} \overline{\rho} \\ \overline{\rho}\tilde{u}_1 \\ \overline{\rho}\tilde{u}_2 \\ \overline{\rho}\tilde{u}_3 \\ \overline{\rho}\tilde{e}_{tot} \end{pmatrix} \ . \tag{3.60}$$

Die Reynoldsgleichungen Gl. (3.59) besitzen eine zu den Navier–Stokes Gleichungen Gl. (3.9) analoge Form. An die Stelle der konservativen Variablen treten zeitlich gemittelte Variablen und alle Terme der Gleichung sind zeitlich gemittelt zu verstehen. Als Folge der Mittelung ist der Term $\mathbf{R}$ hinzugekommen.

Die in Gl. (3.59) vorkommenden Terme sind der Vektor der gemittelten konvektiven Flüsse in Richtung m

$$\overline{\mathbf{F}}_m = \begin{pmatrix} \overline{\rho}\tilde{u}_m \\ \overline{\rho}\tilde{u}_m\tilde{u}_1 + \delta_{1m}\overline{p} \\ \overline{\rho}\tilde{u}_m\tilde{u}_2 + \delta_{2m}\overline{p} \\ \overline{\rho}\tilde{u}_m\tilde{u}_3 + \delta_{3m}\overline{p} \\ \tilde{u}_m(\overline{\rho}\tilde{e}_{tot} + \overline{p}) \end{pmatrix} \quad , \tag{3.61}$$

der Vektor der gemittelten dissipativen Flüsse in Richtung m

$$\overline{\mathbf{G}}_m = \begin{pmatrix} 0 \\ \overline{\tau}_{m1} \\ \overline{\tau}_{m2} \\ \overline{\tau}_{m3} \\ \sum\limits_{l=1}^{3} \tilde{u}_l\overline{\tau}_{lm} + \overline{q}_m \end{pmatrix} \tag{3.62}$$

und der hinzugekommene Vektor

$$\mathbf{R}_m = \begin{pmatrix} 0 \\ \overline{\rho u_1'' u_m''} \\ \overline{\rho u_2'' u_m''} \\ \overline{\rho u_3'' u_m''} \\ -\sum\limits_{l=1}^{3} \overline{u_l'\overline{\tau}_{lm}} + \overline{\rho h' u_m'} + \sum\limits_{l=1}^{3} \tilde{u}_m\overline{\rho u_l' u_m'} + \frac{1}{2}\overline{\rho}\sum\limits_{l=1}^{3} \overline{u_l' u_l' u_m'} \end{pmatrix} \tag{3.63}$$

mit der Enthalpie $h = e + \frac{p}{\rho}$ und

$$\tilde{e}_{tot} = \tilde{e} + \sum\limits_{m=1}^{3} \frac{\tilde{u}_m^2}{2} + k \tag{3.64}$$

$$k = \sum\limits_{m=1}^{3} \frac{\overline{u_m'' u_m''}}{2} \quad . \tag{3.65}$$

Darin wird k die *turbulente kinetische Energie* genannt.

Die in dem zusätzlichen Term $\mathbf{R}$ vorkommenden Schwankungsgrößen sind unbekannt, ebenso wie die gemittelten Zustandsgrößen, deren Berechnung unser Ziel ist. Es ist offensichtlich, daß das Gleichungssystem mehr Unbekannte als Gleichungen besitzt, also *nicht geschlossen* ist. Das damit zusammenhängende Problem bezeichnet man auch als *Schließungsproblem* der Reynolds-Gleichungen. Es ist die Aufgabe der Turbulenzmodellierung, dieses System durch empirische Annahmen über die Größe dieses zusätzlichen Terms **R** für das jeweilige Strömungsproblem zu schließen.

Die Reynolds–Gleichungen können auch für inkompressible Strömungen, d. h. für $\rho \neq \rho(p)$, vereinfacht werden. Dabei muß die massengewichtete Mittelung durch die gewöhnliche Mittelung ersetzt werden.

Es gibt einige grundsätzlich unterschiedliche Ansätze der Turbulenzmodellierung, die wir zunächst klassifizieren wollen. Man unterscheidet:

- **algebraische Modelle,**

  die auch als *Nullgleichungsmodelle* bezeichnet werden, da sie keine Differentialgleichung beinhalten, sondern nur algebraische Gleichungen für eine *turbulente Viskosität* μ_T und eine *turbulente Prandtlzahl* Pr_T (für Luft gilt $Pr_T \approx 0.9$), welche die entsprechenden laminaren Größen ersetzen.

- **Eingleichungsmodelle,**

  die eine zusätzliche Differentialgleichung für die turbulente kinetische Energie Gl. (3.65) beinhalten.

- **Zweigleichungsmodelle,**

  die zwei zusätzliche Differentialgleichungen beinhalten, die erste für die turbulente kinetische Enegie k und die zweite für eine Dissipationsrate (k-ϵ-Modell) oder eine Frequenz (k-ω-Modell).

- **Reynoldsspannungsmodelle,**

  die für jede Komponente $\overline{\rho u_i'' u_j''}$ des Reynoldsspannungstensors einen Ansatz (algebraisch oder als Differentialgleichung) beinhalten.

Die letzten drei Modelle lassen sich zu den *Differentialgleichungsmodellen* zusammenfassen (siehe P. BRADSHAW, T. CEBECI, J. H. WHITELAW 1981). Die ersten drei Modelle bezeichnet man auch als *Wirbelviskositätsmodelle* oder *Eddy-Viscosity Modelle*, da sie die Reynoldsspannungen durch den Ansatz

$$\overline{\rho u_i'' u_j''} \;=\; -\mu_T \left(\frac{\partial \tilde{u}_i}{\partial x_j} + \frac{\partial \tilde{u}_j}{\partial x_i} - \frac{2}{3}\delta_{ij} \sum_{k=1}^{3} \frac{\partial \tilde{u}_k}{\partial x_k} \right) \tag{3.66}$$

approximieren. Dabei ist μ_T eine turbulente Viskosität oder *Wirbelviskosität*. Diese Formulierung ist analog zum Stokes'schen Reibungsgesetz der laminaren Strömung und erleichtert dadurch die Implementierung des Modells in ein Rechenprogramm. Die Wirbelviskosität beschreibt den diffusiven Impulstransport infolge der feinskaligen turbulenten Wirbelbewegungen und wird einfach zur laminaren Viskosität hinzuaddiert. Jedoch handelt es sich (außer in *homogener Turbulenz* fernab jeder festen Wand) nicht um eine Konstante.

Die Vorgehensweise dieses Ansatzes ist streng nur bei *isotroper Turbulenz* zulässig, bei der die Reynoldsspannungen direkt mit den Verzerrungen verknüpfbar sind. Turbulente Strömungen sind jedoch allenfalls näherungsweise isotrop. Im Gegensatz zu den Wirbelviskositätsmodellen stehen die *Schließungen zweiter Ordnung*, zu denen die Reynoldsspannungsmodelle zu rechnen sind. Diese Modelle tragen der Nichtisentropie der Turbulenz Rechnung.

In bestimmten Strömungen herrscht ein lokales Gleichgewicht zwischen der Produktion von turbulenter kinetischer Energie k und ihrer Dissipation. Handelt es sich um Grenzschichten, so werden diese als *Gleichgewichtsgrenzschichten* bezeichnet. In diesen Strömungen kann man die turbulente kinetische Energie vollständig außer Acht lassen und braucht sich nur noch auf die Modellierung der Reynoldsspannungen zu konzentrieren. Algebraische Turbulenzmodelle sind grundsätzlich Gleichgewichtsmodelle.

3.3.2 Baldwin–Lomax Modell

Dieses algebraische Turbulenzmodell für dreidimensionale Grenzschichten und auch Nachläufe wurde von B. S. BALDWIN und H. LOMAX 1978 angegeben. Es ist das in der Aerodynamik am häufigsten verwendete Turbulenzmodell.

Im allgemeinen lauten die **Reynoldsgleichungen mit algebraischem Turbulenzmodell**:

$$
\frac{\partial \overline{\mathbf{U}}}{\partial t} + \sum_{m=1}^{3} \frac{\partial \overline{\mathbf{F}}_m}{\partial x_m} - \frac{1}{Re_\infty} \sum_{m=1}^{3} \frac{\partial \overline{\mathbf{G}}_m^{alg}}{\partial x_m} = \mathbf{0}
\tag{3.67}
$$

$\overline{\mathbf{U}}$ und $\overline{\mathbf{F}}_m$ entsprechen dabei den in den Gln. (3.60) - (3.62) definierten Vektoren. Die Zähigkeit μ_{alg} in $\overline{\mathbf{G}}_m^{alg}$ ist die Summe aus der Zähigkeit μ in $\overline{\mathbf{G}}_m$ und der Wirbelviskosität μ_T:

$$
\mu_{alg} = \mu + \mu_T \qquad \text{bzw.} \qquad \mu_{alg} \approx \mu_T \qquad \text{da} \qquad \mu \ll \mu_T \qquad .
\tag{3.68}
$$

Beim Ansatz für die Wirbelviskosität wird beim Baldwin–Lomax Modell nach zwei Schichten unterschieden:

Die *innere Schicht*: Sie beinhaltet die *wandnahe Schicht* (in der ein *logarithmisches Wandgesetz* gilt) und die *viskose Unterschicht*. Die turbulente Zähigkeit wird nach dem folgenden Ansatz berechnet:

$$
\mu_{T\,inner} = \rho \cdot l^2 \cdot |\,\omega\,|
\tag{3.69}
$$

mit dem *Prandtl'schen Mischungsweg*

$$l = 0.4 \cdot z \cdot \left[1 - \exp\left(\frac{-z^+}{A^+}\right)\right] \quad . \tag{3.70}$$

Darin ist z der Wandabstand und z^+ und A^+ berechnen sich zu:

$$z^+ = \frac{\sqrt{\rho_W \cdot \tau_W}}{\mu_W} \cdot z \quad , \quad A^+ = 26 \quad . \tag{3.71}$$

Der Klammerausdruck (eckige Klammer in Gl. (3.70)) heißt *Van Driest'scher Dämpfungsfaktor*, welcher im wesentlichen eine Korrektur innerhalb der sehr dünnen wandnahen Unterschicht bedeutet.

Die *äußere Schicht*: Hier wird der Maximalwert der turbulenten Zähigkeit und das anschließende Abfallen mit dem Wandabstand festgelegt:

$$\mu_{T\ outer} = K \cdot C_{CP} \cdot \rho \cdot F_{wake} \cdot F_{Kleb}(z) \quad . \tag{3.72}$$

Die Größen $K = 0.0168$ und $C_{CP} = 1.6$ sind Konstanten. F_{wake} legt das Maximum fest und der *Klebanoff'sche Intermittenzfaktor*

$$F_{Kleb}(z) = \left[1 + 5.5 \cdot \left(\frac{0.3 \cdot z}{z_{max}}\right)^6\right]^{-1} \tag{3.73}$$

das Abfallen der Wirbelviskosität im Außenbereich der Grenzschicht. Es ist

$$F_{wake} = \min\left(z_{max} \cdot F_{max}, \quad 0.25 \cdot z_{max} \cdot \frac{U_{dif}^2}{F_{max}}\right). \tag{3.74}$$

F_{max} ist das Maximum der Funktion

$$F_z = z\,|\,\omega\,| \left[1 - exp\left(\frac{-z^+}{A^+}\right)\right] \quad . \tag{3.75}$$

Das Maximum wird entlang jeder Station x neu gebildet.

Die Größe U_{dif} berechnet sich nach der Formel:

$$U_{dif} = \left(\sqrt{u^2 + v^2 + w^2}\right)_{max} - \left(\sqrt{u^2 + v^2 + w^2}\right)_{min} \tag{3.76}$$

Der Index *max* bzw. *min* steht für den größten bzw. kleinsten Wert in der Grenzschicht. Der zweite Summand der Gleichung (3.76) wird für die Modellierung der Turbulenz zu Null gesetzt. Für die Modellierung der Turbulenz von Nachläufen muß hingegen die vollständige Formel (3.76) verwendet werden.

Die Grenze zwischen innerem und äußerem Bereich liegt dort, wo $\mu_{T\ inner} = \mu_{T\ outer}$ gilt (der kleinste Wandabstand, falls dies mehrfach vorkommt). Im Nachlauf wird nur die äußere Schicht berücksichtigt und die Van Driest'sche Dämpfungsfunktion in $F(z)$ wird weggelassen.

Das Baldwin-Lomax Turbulenzmodell ist für die Berechnung von Außenströmungen in der Aerodynamik weit verbreitet. Es kann mit relativ geringem Aufwand nachträglich in vorhandene Berechnungsverfahren für laminare Strömungen implementiert werden.

3.3.3 Prandtl'sches Eingleichungsmodell

Hierbei liegt die Vorstellung zugrunde, daß die turbulente kinetische Energie k im Strömungsfeld wie eine skalare Zustandsgröße transportiert wird. Die Entwicklung der Strömung spielt also für den Wert von k an einer bestimmten Stelle des Strömungsfeldes eine Rolle (Nichtgleichgewichtsmodell).

Wir gehen von einer inkompressiblen Strömung nach Gl. (3.42) aus. Es muß die zusätzliche **Gleichung für die turbulente kinetische Energie k**

$$
\frac{\partial k}{\partial t} + (\mathbf{u}^T \cdot \nabla)k = \frac{\mu_T}{\rho} \left\{ \left[(\nabla \cdot \mathbf{u}^T)^T + (\nabla \cdot \mathbf{u}^T) \right] \cdot \nabla \right\}^T \cdot \mathbf{u}
$$
$$
- \frac{c_\mu}{l} k^{\frac{3}{2}} + \nabla \left(\frac{\mu + \mu_T}{\rho} \nabla k \right)
\tag{3.77}
$$

gelöst werden($c_\mu = 0.09$). Die einzelnen Terme in dieser Gleichung beschreiben *Konvektion*, *Produktion*, *Dissipation* und *Diffusion* von k. Die Wirbelviskosität ist

$$
\mu_T = \rho \cdot c_\mu \cdot k^{\frac{1}{2}} \cdot l \qquad .
\tag{3.78}
$$

Die Größe l ist der *Prandtl'sche Mischungsweg*, für den man entlang fester Wände

$$
l = 2.45 \cdot z_n
\tag{3.79}
$$

annehmen kann (z_n ist der Wandabstand). Für die Größe k sind nun auch Randbedingungen anzugeben. An einer festen Wand sind die Schwankungsgeschwindigkeiten null, und damit verschwindet auch k hier, dasselbe gilt für die laminare Außenströmung. Bei hohen Reynoldszahlen ist die molekulare Zähigkeit μ klein gegenüber der Wirbelviskosität μ_T und kann in der Transportgleichung vernachlässigt werden.

Dieses Modell hat den Vorteil, daß Nichtgleichgewichtseffekte berücksichtigt werden. Die zusätzliche Strömungsgröße k hat eine physikalische Bedeutung, die Vergleiche mit Experimenten zuläßt. Der Nachteil ist jedoch, daß der Prandtl'sche Mischungsweg l als Funktion des Ortes gegeben sein muß.

3.3.4 k–ϵ Modell

Es wird inkompressible Strömung gemäß Gl. (3.42) betrachtet. Das k–ϵ Modell wurde von B. E. LAUNDER und D. B. SPALDING 1974 angegeben. Es beruht auf dem Ansatz für die turbulente Viskosität

$$\mu_T = \rho \cdot c_\mu \cdot \frac{k^2}{\epsilon} \qquad (3.80)$$

mit der turbulenten kinetischen Energie k und der *Dissipationsrate* ϵ der turbulenten kinetischen Energie ($c_\mu = 0.09$). Für beide Größen k und ϵ müssen Transportgleichungen gelöst werden.

Die **Gleichung für k lautet**:

$$\frac{\partial k}{\partial t} + (\mathbf{u}^T \cdot \nabla)k = \frac{\mu_T}{\rho}\left\{\left[(\nabla \cdot \mathbf{u}^T)^T + (\nabla \cdot \mathbf{u}^T)\right] \cdot \nabla\right\}^T \cdot \mathbf{u} - \epsilon + \nabla\left(\frac{\mu + \mu_T}{\rho}\nabla k\right)$$

$$(3.81)$$

und die **Gleichung für ϵ**:

$$\frac{\partial \epsilon}{\partial t} + (\mathbf{u}^T \cdot \nabla)\epsilon = c_{\epsilon 1}\frac{\epsilon}{k}\frac{\mu_T}{\rho}\left\{\left[(\nabla \cdot \mathbf{u}^T)^T + (\nabla \cdot \mathbf{u}^T)\right] \cdot \nabla\right\}^T \cdot \mathbf{u} - c_{\epsilon 2}\frac{\epsilon^2}{k}\nabla\left(\frac{\mu_T}{\rho\sigma}\nabla\epsilon\right)$$

$$(3.82)$$

mit $c_{\epsilon 1} = 1.44$, $c_{\epsilon 2} = 1.92$ und $\sigma_\epsilon = 1.3$.

Die **Randbedingung** für ϵ an festen Wänden ist

$$\frac{\partial \epsilon^+}{\partial y^+}\Big|_{Wand} = 0 \ , \qquad (3.83)$$

wobei

$$\epsilon^+ = \frac{\nu\,\epsilon}{u_\tau^4} \ ; \ z^+ = \frac{u_\tau\,z}{\nu} \ ; \ u_\tau = \left(\frac{\tau_{Wand}}{\rho}\right)^{\frac{1}{2}} \qquad (3.84)$$

und z der Wandabstand ist. Die einfachere Bedingung

$$\epsilon|_{Wand} = 0 \qquad (3.85)$$

wird ebenfalls oft verwendet.

Das $k-\epsilon$-Modell ist vor allem für die Berechnung turbulenter Innenströmungen weit verbreitet. Es hat den Vorteil, daß keinerlei geometriebezogene Parameter in die Modellierung eingehen, wie z. B. der Wandabstand. Für Grenzschichtströmungen können sich allerdings numerische Schwierigkeiten ergeben, wenn im Ansatz für die Wirbelviskosität im laminaren Außenbereich Zähler und Nenner gleichzeitig verschwinden. Ein weiterer Nachteil für numerische Berechnungen ist, daß das mit den Erhaltungsgleichungen gekoppelte Gesamt-Gleichungssystem sehr 'steif' werden kann und Lösungsalgorithmen dann nur langsam konvergieren.

Für die Berechnung der Wandreibung ist besonders der Geschwindigkeitsgradient an der Wand von Bedeutung. Es hat sich herausgestellt, daß das $k-\epsilon$-Modell diese Größe ungenauer approximiert als algebraische Modelle. Es sind daher verschiedene Modifikationen hinzugefügt worden. Eine ist die Multiplikation der Zähigkeit mit der *Van Driest'schen Dämpfungsfunktion*

$$F_{turb} \;=\; 1 - exp\left(\frac{z^+}{A^+}\right) \tag{3.86}$$

mit $A^+ = 26$, um das Verhalten an der Wand zu verbessern. Eine weitere Möglichkeit sind *Wandfunktionen* (Modifikationen der Van Driest'schen Dämpfungsfunktion). Der Ansatz für die Wirbelviskosität wird gegenüber dem ursprünglichen Ansatz um die Wandfunktion f_μ erweitert

$$\mu_T \;=\; \rho \cdot c_\mu \cdot f_\mu \cdot \frac{k^2}{\epsilon} \;, \tag{3.87}$$

wobei f_μ eine Funktion von k und ϵ ist. Die Komplexität und die Anzahl der in einem $k-\epsilon$ Modell enthaltenen Modellierungsparameter macht die Auswahl des 'richtigen' $k-\epsilon$ Modells für eine bestimme Strömung schwierig.

3.3.5 Andere Turbulenzmodelle

Mit zunehmender Komplexität der zu modellierenden Strömung und der Struktur ihrer Turbulenz müssen andere komplexere Ansätze der Turbulenzmodellierung gewählt werden. Dies gilt z. B. für turbulente *abgelöste Strömungen*, turbulente Strömungen mit chemischen Reaktionen, turbulente Strömungen mit starker Anisotropie u. a. Ein für alle Strömungen gültiges und genaues Turbulenzmodell gibt es nicht!

Andere Turbulenzmodelle sind:

- **Reynoldsspannungsmodelle**

  Diese Modelle verwenden einen Ansatz für jede Komponente der Reynolds-spannungen

  $$\overline{\rho \widetilde{u_i'' u_j''}} \qquad . \qquad (3.88)$$

  Man spricht in diesem Zusammenhang auch vom *Tensor* (d.h. Matrix) der Reynoldsspannungen. Er besitzt unter Berücksichtigung seiner Symmetrie sechs Komponenten, d. h. bei einem Reynoldsspannungsmodell treten sechs zusätzliche Variablen auf, die modelliert werden müssen, und zwar entweder durch Differentialgleichungen (*Differentialgleichungsmodelle*) oder durch algebraische Ansätze (*algebraische Reynoldsspannungsmodelle*). Es wird insbesondere der *Anisotropie* der Turbulenz Rechnung getragen, die in Wandnähe oder in Ablösegebieten eine Rolle spielt. Diese Modelle werden auch als *Schließungen zweiter Ordnung* bezeichnet.

- **Modelle mit gewöhnlichen Differentialgleichungen**

  In Strömungen mit Grenzschichtcharakter, z. B. auf Flugzeugtragflügeln spielen Nichtgleichgewichtseffekte oft nur in stromab- und weniger in Wand-normalenrichtung eine Rolle. Der Transport turbulenter kinetischer Energie braucht dann nur in Stromabrichtung durch eine gewöhnliche anstelle einer partiellen Differentialgleichung (Transportgleichung) berücksichtigt zu werden. Für die Normalenrichtung kann eine algebraische Verteilung angenommen werden. Diese Modelle sind also eine Mischung aus einem algebraischen und einem Differentialgleichungsmodell. Sie werden gelegentlich als *Halbgleichungsmodelle* bezeichnet. Der bekannteste Vertreter ist das Modell nach D. A. JOHNSON und L. S. KING 1984 (*Johnson-King Modell*), welches sich vor allem für die Berechnung der Strömung um aerodynamische Profile bewährt hat, die eine durch einen Verdichtungsstoß induzierte Ablöseblase besitzen.

- **Feinstrukturmodelle**

  Eine in der Meteorologie verwendete Vorgehensweise, großräumige Wirbel-strukturen zu simulieren und die feinskaligen Wirbel zu modellieren, wird als *Grobstruktursimulation* (engl.: *large-eddy simulation*) bezeichnet. Diese Vorgehensweise ist auch für technische Strömungen interessant, insbesondere dann, wenn die turbulente Strömung großräumige Wirbelstrukturen, sog. *kohärente Strukturen* enthält (Beispiel: Nachlauf eines Kraftfahrzeugs). Man geht davon aus, daß unterhalb einer bestimmten Länge die Turbulenz isotrop ist und relativ einfach modelliert werden kann. Bekannte Feinstrukturmodelle sind das *Smagorinsky-Modell* (nach J. SMAGORINSKY 1963) und das *dynamisches Modell* (nach M. GERMANO, U. PIOMELLI, P. MOIN, W. H. CHABOT 1991).

3.4 Störungs-Differentialgleichungen

Störungsdifferentialgleichungen spielen eine Rolle, wenn Strömungen auf ihre Stabilität oder Instabilität hin untersucht werden, bzw. absolut und konvektiv sensitive Strömungsbereiche zu identifizieren sind. Es ist bekannt, daß Strömungen meist instationär sind, selbst wenn die Randbedingungen, unter denen sie erzeugt wurden, mit guter Näherung als stationär behandelt werden. Vielmehr sind oft Wellen, Wirbel oder turbulente Oszillationen vorhanden, die einen bedeutsamen Einfluß auf die gesamte Strömung haben. Ursache dafür sind Instabilitäten gegenüber *Störungen*, d. h. einer zusätzlichen überlagerten Bewegung, oder absolut sensitive Strömungsbereiche. Sind diese Störungen von kleiner Amplitude, so können sie durch *Störungsdifferentialgleichungen* beschrieben werden (siehe auch H. OERTEL jr., J. DELFS 1995).

Die Ableitung einer Störungsdifferentialgleichung aus den Navier–Stokes Gleichungen beginnt mit der Annahme, daß sich die zu untersuchende Strömung (Gesamtströmung) aus der Überlagerung einer *Grundströmung* und einer *Störströmung* zusammensetzt:

Gesamtströmung = Grundströmung + Störströmung

Der Ansatz kann in die Navier–Stokes Gleichungen eingesetzt werden. Es wird angenommen, daß die Störströmung von kleiner Amplitude ist, so daß alle Terme, welche Produkte der Störgrößen enthalten, vernachlässigt werden können (Linearisierung). Da die Grundströmung die Navier–Stokes Gleichungen erfüllt, können alle Terme, die nur Grundströmungsgrößen enthalten, subtrahiert werden. Die erhaltenen Gleichungen sind somit linear in den Störgrößen (siehe auch H. OERTEL jr., M. BÖHLE, T. EHRET 1995).

Störungsdifferentialgleichungen beschreiben das Verhalten (z. B. Anfachung oder Dämpfung) kleiner Störungen in einer gegebenen Grundströmung. Damit geben sie Aufschluß über die Stabilität (oder Instabilität) der untersuchten Grundströmung. Dabei ist eine Rückwirkung ausgeschlossen, d. h. die Störungen führen keine Änderung der Grundströmung herbei. Die Störungsdifferentialgleichungen beschreiben daher nur die frühen Stadien (Einsetzen) des laminar/turbulenten Übergangs. Doch gerade dieser Beginn ist für die Voraussage der Transition in Grenzschichten von ausschlaggebender Bedeutung.

Beispiel: Transition in einer Grenzschicht

Der Übergang von der laminaren (störungsfreien) zur turbulenten Strömung in der Grenzschicht auf einer ebenen längsangeströmten Platte ohne Druckgradient verläuft über eine Folge linearer Instabilitäten, siehe Abb. 3.5.

58

Ab der kritischen Reynoldszahl $Re_x^{krit} \approx 10^5$ (gebildet mit der Lauflänge x) bilden sich stromab laufende Wellen mit in Spannweitenrichtung weisenden Wellenfronten, sog. *Tollmien-Schlichting Wellen.* Diese Wellen sind die Folge einer Instabilität der laminaren Strömung, d. h. kleine in der Anströmung vorhandene zweidimensionale Störungen werden angefacht. Weiter stromab werden diese Wellen erneut instabil (sekundäre Instabilität), und zwar gegenüber kleinen ebenfalls in der Anströmung vorhandenen dreidimensionalen Störungen. Es bilden sich in der Grenzschicht charakteristische Strukturen, die als Lambda-Strukturen bezeichnet werden. Sie brechen stromab in kleinere Scherschichten zusammen, die den Übergang zur turbulenten Grenzschicht charakterisieren.

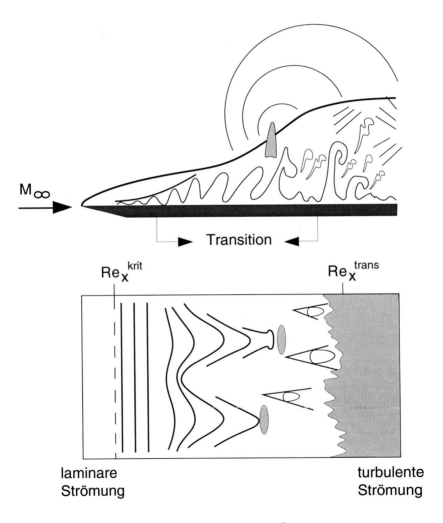

Abb. 3.5: Prinzipskizze des laminar-turbulenten Übergangs einer Plattengrenzschichtströmung.

3.4.1 Primäre Störungsdifferentialgleichungen

Die Überlagerung von Störungen über die laminare oder die zeitlich gemittelte turbulente Grundströmung $\rho_0, u_0, v_0, w_0, T_0$, also

$$
\text{Gesamtströmung} \quad = \quad \underbrace{\begin{pmatrix} \rho_0 \\ u_0 \\ v_0 \\ w_0 \\ T_0 \end{pmatrix}}_{\text{Grundströmung}} + \underbrace{\begin{pmatrix} \rho' \\ u' \\ v' \\ w' \\ T' \end{pmatrix}}_{\text{Störströmung}} \tag{3.89}
$$

bezeichnet man als *primäre Stabilitätsanalyse*. Die primäre Störströmung wird mit ρ', u', v', w', T' bezeichnet.

Bei Grenzschichten, deren Stabilität von besonderem Interesse ist, wird die Geschwindigkeitskomponente w_0 in Wandnormalenrichtung vernachlässigt (*Parallelströmungsannahme*). Die Abhängigkeit der Grundströmung von x und y wird ebenfalls vernachlässigt (*lokale Analyse*). Dies hat keinen großen Einfluß auf das Stabilitätsverhalten. Die Zustandsgrößen der Grundströmung sind somit

$$
\rho_0 = \rho_0(z) \quad , \quad u_0 = u_0(z) \quad , \quad v_0 = v_0(z) \quad ,
$$

$$
w_0 = 0 \quad , \quad T_0 = T_0(z) \quad . \tag{3.90}
$$

Man bezeichnet diese Grundströmung als dreidimensionale Grenzschicht. Falls $v_0 = 0$ ist, so spricht man von einer zweidimensionalen Grenzschicht. Das Stabilitätsverhalten von zwei- und dreidimensionalen Grenzschichten ist grundsätzlich unterschiedlich. Ist $v_0 = 0$ und $\partial/\partial y = 0$, so ist auch die Störung zweidimensional. Diese Annahme ist selbst bei zweidimensionalen Grenzschichten nur bedingt gerechtfertigt. Wir geben die Störungsdifferentialgleichungen (siehe L. M. MACK 1984) mit konstanten Stoffwerten μ und Pr an.

Aus der kompressiblen Kontinuitätsgleichung ergibt sich die
Störungs-Kontinuitätsgleichung:

$$
\boxed{\frac{\partial \rho'}{\partial t} + \rho_0 \cdot \left(\frac{\partial u}{\partial x} + \frac{\partial v}{\partial y} + \frac{\partial w}{\partial z} \right) + w' \cdot \frac{\partial \rho_0}{\partial z} + u_0 \cdot \frac{\partial \rho'}{\partial x} + v_0 \cdot \frac{\partial \rho'}{\partial y} = 0} \tag{3.91}
$$

Entsprechend folgen aus den kompressiblen Impulsgleichungen die
Störungs-Impulsgleichungen:

$$\rho_0 \cdot \left(\frac{\partial u'}{\partial t} + u_0 \cdot \frac{\partial u'}{\partial x} + v_0 \cdot \frac{\partial u'}{\partial y} + w' \cdot \frac{\partial u_0}{\partial z} \right) = -\frac{\partial p'}{\partial x}$$
$$+ \frac{1}{Re_\infty} \cdot \left(\frac{7}{3} \cdot \frac{\partial^2 u'}{\partial x^2} + \frac{\partial^2 u'}{\partial y^2} + \frac{\partial^2 u'}{\partial z^2} + \frac{4}{3} \cdot \frac{\partial^2 v'}{\partial x \partial y} + \frac{4}{3} \cdot \frac{\partial^2 w'}{\partial x \partial z} \right) \quad (3.92)$$

$$\rho_0 \cdot \left(\frac{\partial v'}{\partial t} + u_0 \cdot \frac{\partial v'}{\partial x} + v_0 \cdot \frac{\partial v'}{\partial y} + w' \cdot \frac{\partial v_0}{\partial z} \right) = -\frac{\partial p'}{\partial y}$$
$$+ \frac{1}{Re_\infty} \cdot \left(\frac{\partial^2 v'}{\partial x^2} + \frac{7}{3} \cdot \frac{\partial^2 v'}{\partial y^2} + \frac{\partial^2 v'}{\partial z^2} + \frac{4}{3} \cdot \frac{\partial^2 u'}{\partial x \partial y} + \frac{4}{3} \cdot \frac{\partial^2 w'}{\partial y \partial z} \right) \quad (3.93)$$

$$\rho_0 \cdot \left(\frac{\partial w'}{\partial t} + u_0 \cdot \frac{\partial w'}{\partial x} + v_0 \cdot \frac{\partial w'}{\partial z} \right) = -\frac{\partial p'}{\partial z}$$
$$+ \frac{1}{Re_\infty} \cdot \left(\frac{\partial^2 w'}{\partial x^2} + \frac{\partial^2 w'}{\partial y^2} + \frac{7}{3} \cdot \frac{\partial^2 w'}{\partial z^2} + \frac{4}{3} \cdot \frac{\partial^2 u'}{\partial x \partial z} + \frac{4}{3} \cdot \frac{\partial^2 v'}{\partial y \partial z} \right) \quad (3.94)$$

Aus der Energiegleichung folgt die **Störungs-Energiegleichung**:

$$\rho_0 \cdot \left(\frac{\partial T'}{\partial t} + u_0 \cdot \frac{\partial T'}{\partial x} + v' \cdot \frac{\partial T_0}{\partial y} + w' \cdot \frac{\partial T_0}{\partial z} \right)$$
$$= (\kappa - 1) \cdot \left(\frac{\partial u'}{\partial x} + \frac{\partial v'}{\partial y} + \frac{\partial w'}{\partial z} \right)$$
$$+ \frac{\mu}{(\kappa - 1) \cdot Re_\infty \cdot Pr} \cdot \left(\frac{\partial^2 T'}{\partial x^2} + \frac{\partial^2 T'}{\partial y^2} + \frac{\partial^2 T'}{\partial z^2} \right)$$
$$+ \frac{1}{Re_\infty} \cdot \left[2 \cdot \mu \cdot \frac{\partial u_0}{\partial z} \cdot \left(\frac{\partial u'}{\partial z} + \frac{\partial w'}{\partial x} \right) + 2 \cdot \mu \cdot \frac{\partial v_0}{\partial z} \cdot \left(\frac{\partial w'}{\partial y} + \frac{\partial v'}{\partial z} \right) \right] \quad (3.95)$$

Es sind folgende **Randbedingungen** zu erfüllen:
An der Wand gilt für die Störströmung die Haftbedingung

$$u'(0) = v'(0) = w'(0) = 0 \quad (3.96)$$

und, da die Wand den raschen Temperaturschwankungen der Störströmung nicht folgen kann, die isotherme Randbedingung

$$T'(0) = 0 \quad . \tag{3.97}$$

Unendlich weit entfernt von der Wand, entlang der die Grenzschicht verläuft, müssen alle Störungen abklingen, also

$$\rho'(\infty) = u'(\infty) = v'(\infty) = w'(\infty) = T'(\infty) = 0 \quad . \tag{3.98}$$

Damit sind für u', v', w' und T', bei denen auch zweite Ableitungen vorkommen, zwei Randbedingungen festgelegt worden, für ρ' dagegen nur eine.

Es handelt sich um ein System von fünf linearen elliptischen Differentialgleichungen zweiter Ordnung. Da keine Quellterme vorkommen, bezeichnet man dieses System auch als *homogen*. Die Randbedingungen sind ebenfalls homogen, d. h. alle Größen verschwinden auf dem Rand. Mathematisch liegt nun ein *Eigenwertproblem* (im Gegensatz zu einem Anfangs-Randwertproblem) für die Störgrößen vor.

Die Störungsdifferentialgleichungen sind dazu geeignet, die Instabilität einer Strömung gegenüber Störungen kleiner Amplitude zu beschreiben (lineare Stabilität). Instabilitäten können mit Hilfe der vollständigen Navier–Stokes Gleichungen nicht so einfach numerisch beschrieben werden, da numerische Verfahren normalerweise darauf ausgelegt sind, stabile Lösungen zu liefern. Dagegen ermöglichen die Störungsdifferentialgleichungen sogar die detaillierte Untersuchung verschiedener strömungsmechanischer Instabilitätsformen sowie die genaue Bestimmung ihrer Parameter (Anfachung, Ausbreitungsgeschwindigkeit).

In diesem Zusammenhang ist eine Unterteilung in elliptische, parabolische oder hyperbolische Typen nicht mehr ausreichend, sondern es muß hinsichtlich des Ausbreitungsmechanismus von Störungen unterschieden werden. Dies wird durch die folgenden Begriffe beschrieben (siehe H. OERTEL jr. 1994):

- **konvektiv sensitiv**

  Die Störung verläßt den Ort ihrer Entstehung infolge Konvektion, d. h. dieser Ort kann mit einem numerischen Verfahren bezüglich des Störungswachstums auch für lange Zeiten untersucht werden.

- **absolut sensitiv**

  Die Störung beeinflußt den Ort ihrer Entstehung fortwährend, d. h. im Falle von Störungsanfachung (absolute Instabilität) wächst die Störung im Rahmen der linearen Theorie über alle Grenzen. Eine numerische Simulation ist nicht sinnvoll, da die Instabilität schlagartig einsetzt.

Ob eine Strömung absolut oder konvektiv sensitiv ist, kann mit Hilfe der *Methode der lokalen Störungen* untersucht werden (H. OERTEL jr., J. DELFS 1995).

Der folgende Ansatz (*Normalmodenansatz*) ist zur weiteren Vereinfachung der Störungs-Differentialgleichungen geeignet ($i = \sqrt{-1}$):

$$
\begin{aligned}
\rho'(x,y,z,t) &= \hat{\rho}(z) \cdot exp(-i\omega t) \cdot exp(iax) \cdot exp(iby) \\
u'(x,y,z,t) &= \hat{u}(z) \cdot exp(-i\omega t) \cdot exp(iax) \cdot exp(iby) \\
v'(x,y,z,t) &= \hat{v}(z) \cdot exp(-i\omega t) \cdot exp(iax) \cdot exp(iby) \\
w'(x,y,z,t) &= \hat{w}(z) \cdot exp(-i\omega t) \cdot exp(iax) \cdot exp(iby) \\
T'(x,y,z,t) &= \hat{T}(z) \cdot exp(-i\omega t) \cdot exp(iax) \cdot exp(iby)
\end{aligned}
\tag{3.99}
$$

Damit wird die z-Abhängigkeit der Störung komplexen *Amplitudenfunktionen* $\hat{\rho}(z)$, $\hat{u}(z)$, $\hat{v}(z)$, $\hat{w}(z)$ und $\hat{T}(z)$ zugeschlagen, die als abhängige Funktionen die Störung in der endgültigen Gleichung ersetzen. Die Größen $a = a_r + i \cdot a_i$ und $b = b_r + i \cdot b_i$ sind vorgegebene reelle oder komplexe *Wellenzahlen* und $\omega = \omega_r + i \cdot \omega_i$ eine vorgegebene reelle oder komplexe *Kreisfrequenz* einer sich bewegenden wellenartigen Störung. Die Realteile der Wellenzahlen stehen mit vorgegebenen *Wellenlängen* L_x und L_y in der Beziehung:

$$
a_r = \frac{2\pi}{L_x}
\tag{3.100}
$$

$$
b_r = \frac{2\pi}{L_y} \quad .
\tag{3.101}
$$

Störungen dieser Form werden in Experimenten auch tatsächlich beobachtet, z. B. *Tollmien-Schlichting Wellen*.

Nimmt man an, daß die Strömung zeitlich periodisch mit einer einzigen Frequenz angeregt wird, z. B. durch ein innerhalb der Grenzschicht auf und ab schwingendes Band, so sind ω reell und α und β komplex. Dies entspricht der physikalischen Situation räumlich angefachter Wellen. Sind jedoch α und β reell und ω komplex, so bezeichnet man die damit verbundene Störströmung als zeitlich angefacht. Dieser Fall tritt in Grenzschichtströmungen nicht auf, ist aber für numerische Berechnungen neutraler Strörungen von Bedeutung. Sind alle drei Größen reell, so verhält sich die Störung neutral.

Setzt man den Normalmodenansatz Gl. (3.99) in die Störungsdifferentialgleichung Gln. (3.91) - (3.95) ein und berücksichtigt die homogenen Randbedingungen, so ergibt sich für zeitlich angefachte Störungen das folgende komplexe Eigenwertproblem:

$$
(\mathbf{A} - \omega \mathbf{I})\hat{f} = \mathbf{0}
\tag{3.102}
$$

mit der komplexen Matrix $\mathbf{A}$, der komplexen Kreisfrequenz ω als Eigenwert und der Amplitudenfunktion $\hat{f}(y)$ als Eigenfunktion.

Unter Verwendung der Abkürzungen

$$\frac{\partial}{\partial z} = D_1 \qquad \text{und} \qquad \frac{\partial^2}{\partial z^2} = D_2 \qquad (3.103)$$

lauten die Elemente der Matrix $\mathbf{A}$ (die Indices bezeichnen die jeweilige Zeile und Spalte in $\mathbf{A}$):

$$A_{11} = a\rho_0$$

$$A_{12} = -i\rho_0 D_1 - i\frac{d\rho_0}{dz}$$

$$A_{13} = b\rho_0$$

$$A_{14} = 0$$

$$A_{15} = u_0 + bv_0$$

$$A_{21} = (au_0 + bv_0) - i\left(\left(\frac{4}{3}a^2 + b^2\right) - D_2\right)\frac{\mu}{Re_\infty}T_0 + i\frac{T_0}{Re_\infty}\frac{d\mu}{dT}\frac{dT_0}{dz}D_1$$

$$A_{22} = -a\frac{1}{3}\frac{\mu}{Re_\infty}T_0 D_1 - a\frac{T_0}{Re_\infty}\frac{d\mu}{dT}\frac{dT_0}{dz} - i\frac{du_0}{dz}$$

$$A_{23} = -iab\frac{1}{3}\frac{\mu}{Re_\infty}T_0$$

$$A_{24} = \frac{a}{\kappa M_\infty^2} + i\frac{T_0}{Re_\infty}\frac{d\mu}{dT}\left(\frac{du_0}{dz}D_1 + \frac{d^2u_0}{dz^2}\right) + i\frac{T_0}{Re_\infty}\frac{d^2u_0}{dT^2}\frac{dT}{dz}\frac{du_0}{dz}$$

$$A_{25} = \frac{a}{\kappa M_\infty^2}T_0^2$$

$$A_{31} = -i\alpha\beta\frac{1}{3}\frac{\mu}{Re_\infty}T_0$$

$$A_{32} = -b\frac{1}{3}\frac{\mu}{Re_\infty}T_0 D_1 - b\frac{T_0}{Re_\infty}\frac{d\mu}{dT}\frac{dT_0}{dz} - i\frac{dv_0}{dz}$$

$$A_{33} = (au_0 + bv_0) - i\left(\left(a^2 + \frac{4}{3}b^2\right) - D_2\right)\frac{\mu}{Re_\infty}T_0 + i\frac{T_0}{Re_\infty}\frac{d\mu}{dT}\frac{dT_0}{dz}D_1$$

$$A_{34} = \frac{b}{\kappa M_\infty^2} + i\frac{T_0}{Re_\infty}\frac{d\mu}{dT}\left(\frac{dv_0}{dz}D_1 + \frac{d^2v_0}{dz^2}\right) + i\frac{T_0}{Re_\infty}\frac{d^2\mu}{dT_0^2}\frac{dT}{dz}\frac{dv_0}{dz}$$

$$A_{35} = \frac{b}{\kappa M_\infty^2}T_0^2$$

$$A_{41} = -a\frac{1}{3}\frac{\mu}{Re_\infty}T_0 D_1 + a\frac{2}{3}\frac{T_0}{Re_\infty}\frac{d\mu}{dT}\frac{dT}{dz}$$

$$A_{42} = (au_0 + bv_0) - i\left((a^2 + b^2) - \frac{4}{3}D_2\right)\frac{\mu}{Re_\infty}T_0 + i\frac{4}{3}\frac{T_0}{Re_\infty}\frac{d\mu}{dT}\frac{dT_0}{dz}D_1$$

$$A_{43} = -b\frac{1}{3}\frac{\mu}{Re_\infty}T_0 D_1 + b\frac{2}{3}\frac{T_0}{Re_\infty}\frac{d\mu}{dT}\frac{dT}{dz}$$

$$A_{44} = -\left(a\frac{du_0}{dz} + \beta\frac{dv_0}{dz}\right)\frac{T_0}{Re_\infty}\frac{d\mu}{dT} - i\frac{1}{\kappa M_\infty^2}\left(D_1 + \frac{d\rho}{dz}T\right)$$

$$A_{45} = -i\frac{1}{\kappa M_\infty^2}\left(\frac{dT_0}{dz}T_0 + D_1 T_0^2\right)$$

$$A_{51} = a(\kappa-1)T_0 + i\kappa(\kappa-1)M_\infty^2\frac{2\mu}{Re_\infty}T_0\frac{du_0}{dz}D_1$$

$$A_{52} = -\kappa(\kappa-1)M_\infty^2\frac{2\mu}{Re_\infty}T_0\left(a\frac{du_0}{dz}+b\frac{dv_0}{dz}\right) - i\frac{dT}{dy} - i(\kappa-1)T_0 D_1$$

$$A_{53} = b(\kappa-1)T + i\kappa(\kappa-1)M_\infty^2\frac{2\mu}{Re_\infty}T_0\frac{dv_0}{dz}D_1$$

$$A_{54} = (au_0 + bv_0)$$

$$+i\frac{\kappa\mu}{PrRe_\infty}T_0\left[D_2 + \left(-a^2 - b^2 + \frac{1}{k}\frac{dk}{dT}\frac{d^2T_0}{dy^2} + \frac{1}{k}\frac{d^2k}{dT^2}\left(\frac{dT_0}{dz}\right)^2\right)\right.$$

$$\left. +\frac{2}{k}\frac{dk}{dT}\frac{dT_0}{dz}D_1\right] + i\kappa(\kappa-1)M_\infty^2\frac{T_0}{Re_\infty}\frac{d\mu}{dT}\left[\left(\frac{du_0}{dz}\right)^2 + \left(\frac{dv_0}{dz}\right)^2\right]$$

$$A_{55} = 0$$

$$(3.104)$$

In der Matrixform ist zusätzlich die Temperatur-Abhängigkeit von μ über das Sutherland-Gesetz Gl. (3.17) berücksichtigt.

Die Matrixform der Störungsdifferentialgleichungen besitzt den Vorteil, daß sie sehr einfach in numerische Methoden umsetzbar ist. Es müssen lediglich die Operatoren D_1 und D_2 numerisch ausgedrückt werden.

3.4.2 Orr-Sommerfeld Gleichung

Für zweidimensionale inkompressible Strömungen können die Störungsdifferentialgleichungen vereinfacht und zu einer Gleichung zusammengefaßt werden.

Die resultierende Gleichung heißt **Orr-Sommerfeld Gleichung**:

$$\left(u_0 - \frac{\omega}{a}\right)\left(\frac{d^2w'}{dz^2} - a^2w'\right) - \frac{d^2u_0}{dz^2}w'$$

$$+ \frac{i}{Re_\infty}\left(\frac{d^4w'}{dz^4} - 2a^2\frac{d^2w'}{dz^2} + a^4w'\right) = 0 \qquad .$$

$$(3.105)$$

Es handelt sich um eine lineare gewöhnliche Differentialgleichung vierter Ordnung für w' mit den Parametern a, b, ω und Re_∞.

Die **Randbedingungen** sind die Haftbedingung

$$w'(0) = \frac{dw'}{dz}\Big|_0 = 0 \qquad (3.106)$$

und die Abklingbedingung im Fernfeld

$$w'(\infty) = \frac{dw'}{dz}\bigg|_\infty = 0 \quad . \tag{3.107}$$

Mathematisch stellt die Orr-Sommerfeld Gleichung ein Eigenwertproblem dar, da sowohl die Gleichung als auch die Randbedingungen homogen sind. Für gegebenes a oder ω gibt es jeweils ein sog. *Spektrum* von Eigenwerten ω oder a, d. h. eine ganze Anzahl von Werten, die dieses Problem erfüllen (*Eigenwertspektrum*).

3.4.3   Sekundäre Störungsdifferentialgleichungen

Nimmt man die Überlagerung der laminaren oder zeitlich gemittelten Strömung und die primäre Störströmung als neue Grundströmung an, so kann man diese Strömung auf ihre lineare, *sekundäre Instabilität* hin untersuchen. Die Gesamtströmung lautet dann:

$$\text{Gesamtströmung} \quad = \underbrace{\begin{pmatrix} \rho_0 \\ u_0 \\ v_0 \\ w_0 \\ T_0 \end{pmatrix} + \epsilon \begin{pmatrix} \rho' \\ u' \\ v' \\ w' \\ T' \end{pmatrix}}_{\text{Grundströmung}} + \underbrace{\begin{pmatrix} \rho'' \\ u'' \\ v'' \\ w'' \\ T'' \end{pmatrix}}_{\text{Störströmung}} \tag{3.108}$$

Dabei ist ϵ eine vorgegebene endliche Amplitude der primären Instabilität. Oft werden Strömungen nur dann sekundär instabil, wenn diese Amplitude ϵ einen gewissen *Schwellenwert* überschreitet.

Durch Einsetzen in die Navier–Stokes Gleichungen und Linearisierung für alle Größen des Vektors der sekundären Störströmung erhält man die **sekundären Störungsdifferentialgleichungen**, die hier nicht explizit angegeben werden sollen. Wir verweisen dazu auf unseren Band **Strömungsmechanische Instabilitäten**.

3.5 Auswahl der Grundgleichungen

Ausgangspunkt der Auswahl numerischer Verfahren ist die gegebene strömungsmechanische Problemstellung, siehe Kapitel 2. Im einzelnen muß festgelegt werden,

- **ob die Reibung eine Rolle spielt.**

  Ist dies nicht der Fall, so können die Gleichungen aus dem reibungslosen Zweig der Hierarchie verwendet werden (Euler- oder Potentialgleichungen).

- **ob Verdichtungsstöße im Strömungsfeld vorhanden sind.**

  Die Navier–Stokes, Euler–, Thin–Layer– und Reynoldsgleichungen beschreiben Verdichtungsstöße. Falls Stöße, bei reibungsloser Strömung, ausgeschlossen werden können (z.B. bei reiner Unterschallströmung), kann die Potentialgleichung verwendet werden.

- **ob die Strömung laminar, transitionell oder turbulent ist.**

  Je nach Strömungszustand müssen die Navier–Stokes Gleichungen (laminar), zusätzlich die Störungsdifferentialgleichungen und Transitionsmodelle (transitionell) oder die Reynoldsgleichungen (turbulent) verwendet werden.

- **ob die Strömung kompressibel oder inkompressibel ist.**

  Die Boussinesq–, inkompressiblen Navier–Stokes–, die Stokes– und die Orr–Sommerfeld–Gleichungen beschreiben inkompressible Strömungen. Auch die Reynolds– und die Grenzschichtgleichungen können inkompressibel formuliert werden. Es ist dagegen nicht sinnvoll, inkompressible Strömungen mit kompressiblen Grundgleichungen zu behandeln. Die Rechenzeiten bei kompressiblen Verfahren werden unverhältnismäßig hoch, wenn die Anströmmachzahl M_∞ kleiner als 0.2 ist, da dann die Impuls- und die Energiegleichung entkoppelt sind und die Konvergenz des numerischen Verfahrens nicht mehr erzielt werden kann.

- **ob hydrostatischer Auftrieb vorhanden ist.**

  Falls dies der Fall ist, muß geprüft werden, ob die Voraussetzungen für die Boussinesq–Gleichungen erfüllt sind, z. B. quasi-inkompressible Strömung (Dichte hängt nur von der Temperatur ab).

- **ob chemische Reaktionen ablaufen.**

  In diesem Fall müssen die strömungsmechanischen Gleichungen mit einem chemischen Reaktionsmodell gekoppelt werden. Zum Beispiel Hyperschallströmungen (siehe H. OERTEL jr., M. BÖHLE, D. HAFERMANN, H. HOLTHOFF 1993). Ein weiteres Beispiel ist die Strömung im Hubkolben-Motor eines Kraftfahrzeugs (siehe z. B. J. WARNATZ und U. MAAS 1993).

- **ob der Rechenaufwand bewältigt werden kann.**

  Je komplexer die Grundgleichungen sind, desto größer ist der numerische Aufwand, der betrieben werden muß. Es ist abzuschätzen, ob auf der zur Verfügung stehende Rechenanlage die Antwortzeiten für eine konvergierende Rechnung in einem vernünftigen Bereich liegen. Im allgemeinen ist es nicht sinnvoll, Aufgaben anzugehen, deren Antwortzeiten (einschl. Wartezeiten infolge Rechnerbelegung durch andere Benutzer) bei mehr als 24 Stunden liegen.

Außerdem sind die Randbedingungen zu klären, also:

- **Gleit- oder Haftbedingung.**

  Physikalisch richtig ist im Bereich der Kontinuumsmechanik immer die Haftbedingung. Bei den Grundgleichungen ohne Reibung kann diese jedoch nicht erfüllt werden und es muß die Gleitbedingung vorgeschrieben werden.

- **isotherme oder adiabate Wand.**

  Beide Bedingungen sind Grenzfälle der tatsächlichen Randbedingung. Wenn die Wand genügend Zeit hat, sich auf die Temperatur der Strömung einzustellen, gilt die adiabate Randbedingung. Im Grenzfall, daß die Temperaturschwankungen auf der Wand verschwinden (z. B. Kupfer), gilt die isotherme Randbedingung.

- **Überschall- oder Unterschall Ein- und Ausströmränder.**

  Außerhalb von Grenzschichten oder Ablösegebieten kann die Strömung als reibungsfrei betrachtet werden und es kommen die bei den Euler-Gleichungen angegebenen Randbedingungen in Frage.

  Reibungsbehaftete Ausström-Randbedingungen können nicht exakt angegeben werden, da die reibungsbehafteten stationären Navier-Stokes Gleichungen elliptisch sind und somit nicht nur ein stromab- sondern auch ein stromaufwärtiger Transportmechanismus besteht. Da die Strömung stromab des Ausströmrandes definitionsgemäß jedoch nicht bekannt ist, behilft man sich

  - bei stationären Strömungen
    mit Extrapolation aller Strömungsgrößen aus dem Strömungsfeld heraus, unter der zusätzlichen Bedingung, daß die erste oder zweite Ableitung normal zum Rand verschwindet.

  - bei instationärer Strömung
    z. B. wenn harmonische Wellen oder Wirbel das Strömungsfeld verlassen mit einer Randbedingung, welche den Zusammenhang

$$Real\{\frac{\partial}{\partial x}\Phi\} = Real\{ia\Phi\} \quad ; \quad \Phi = \hat{\Phi} \cdot exp(iax) \qquad (3.109)$$

  bei der die Beziehung zwischen komplexer Amplitudenfunktion $\hat{\Phi}$ einer Strömungsgröße Φ und ihrer Ableitung bei bekannter Wellenzahl a

benutzt wird (gilt nicht für Wellenpakete). Möglich ist auch ein numerisches *Puffergebiet* mit erhöhter numerischer Dämpfung in der Nähe des Ausströmrandes, innerhalb dessen die instationären Störungen abklingen.

Bei einer instationären Strömung müssen die Anfangsbedingungen festgelegt werden:

- **bestimmter Strömungszustand**

  falls zu Anfang der Simulation von einer gegebenen Verteilung der Zustandsgrößen ausgegangen werden soll, so ist diese zum Zeitpunkt $t = 0$ als Anfangsbedingung vorzugeben.

- **Grundströmung mit einer Störung überlagert**

  Soll das Verhalten bestimmter gegebener Störungen in einer Grundströmung untersucht werden, z. B. bei Stabilitätsuntersuchungen, so werden diese beiden Strömungen zum Zeitpunkt $t = 0$ einander additiv überlagert.

- **plötzlich in Bewegung gesetztes Fluid**

  Zur Untersuchung von *Anfahrvorgängen* befindet sich das Fluid zum Zeitpunkt $t = 0$ in Ruhe. Infolge eines aufgeprägten Druckgradienten oder durch die Vorgabe einer Anströmung entwickelt sich eine (stationäre oder instationäre) Strömung erst im Verlauf der Simulation.

Die Auswahl der Grundgleichungen kann dann entsprechend dem zu lösenden strömungsmechanischen Problem erfolgen.

Beispiel: Laminarflügel (siehe Kap. 2.1)

Der aerodynamische Entwurf eines Laminarflügels besteht aus drei Schritten:

1. **Berechnung der Grundströmung**

   Die Aufgabe besteht in der Berechnung der zeitlich gemittelten turbulenten Strömung des Flügels in freier Anströmung unter Reiseflugbedingungen. Dabei müssen zunächst Annahmen über den Ort des laminar/turbulenten Übergangs (*Transitionslinie*) getroffen werden. Zum Beispiel wird die Transitionslinie auf der Flügeloberseite am Fußpunkt der Stoßfläche angenommen. Insbesondere müssen Auftriebs-, Widerstands- und Momentenbeiwert berechnet werden.

2. **Ermittlung der absolut sensitiven Strömungsbereiche**

   Auf der Basis der berechneten Grundströmung wird für unterschiedliche Pfeilwinkel unter Anwendung der Störungsrechnung das Auftreten absolut sensitiver Strömungsbereiche analysiert. Für die Auslegung des transsonischen Laminarflügels ist es wichtig, den Grenzpfeilwinkel so festzulegen, daß kein absolut sensitiver Strömungsbereich auftritt. Dieser würde einen momentanen laminar-turbulenten Umschlag auf dem gesamten Tragflügel verursachen.

3. **Ermittlung des Transitionsbereichs**

   Die im ersten Schritt getroffenen Annahmen über die Transitionslinie müssen bestätigt bzw. verbessert werden. Dazu werden die konvektiv sensitiven Tollmien-Schlichting-Wellen in der Grenzschicht an verschiedenen Orten auf ihre primäre Stabilität untersucht. Falls sie instabil sind, werden die Anfachungsraten der Störungen berechnet und z. B. die e^N-*Methode* als *Transitionskriterium* angewandt. Diese Methode besagt, daß bei konstanter Spannweitenkoordinate y die Transitionslinie sich an demjenigen Ort x befindet, an dem gilt

$$\frac{A(x)}{A_0} = \int\limits_{x_{krit}}^{x} e^{a_r(x)\cdot x}dx = e^N \qquad . \qquad (3.110)$$

   Darin ist $A(x)/A_0$ das Amplitudenverhältnis einer Störung an der Stelle x und A_0 die Amplitude an derjenigen Stelle x_{krit}, an der die Grenzschicht instabil wird. Weiterhin ist $a_r(x)$ die Anfachungsrate nach der linearen primären Stabilitätstheorie und N eine vorab im Vergleich mit Experimenten bestimmte 'Konstante' (*N-Faktor*), die zwischen 9 und 13 liegt.

Das Ziel ist, die Form des Flügels (Grundriß, Pfeilwinkel, Profil, Verwindung, Zuspitzung usw.) derart zu optimieren, daß sich möglichst lange *laminare Lauf-*

strecken ergeben und somit das Verhältnis von Auftrieb und Widerstand optimal wird. Dies wird am besten unter bestimmten vorgegebenen Reiseflugbedingungen (Anströmmachzahl M_∞, Anstellwinkel α) der Fall sein. Desweiteren ist sicherzustellen, daß bei kleinen Abweichungen vom Entwurfspunkt (einem mittleren Fluggewicht und einer mittleren Reiseflughöhe entsprechende Werte von M_∞ und α, z. B. $M_\infty = 0.82$ und $\alpha = 3°$) die Vorteile des Laminarflügels erhalten bleiben.

Wir wählen für dieses Problem die folgenden Grundgleichungen:

- Thin–Layer Navier–Stokes Gleichungen
  (Grundströmung, laminarer Bereich der Grenzschicht, Außenbereich)

- Reynoldsgleichungen mit algebraischem Turbulenzmodell
  (Grundströmung, turbulenter Bereich der Grenzschicht)

- primäre Störungsdifferentialgleichungen
  (Störströmung)

Begründung: Die Strömung im laminaren Bereich der Grenzschicht ist kompressibel und kann ein lokales Überschallgebiet, das durch eine Stoßfläche abgeschlossen wird, beinhalten. Ablösung findet nicht statt. Daher sind die Thin–Layer Navier–Stokes Gleichungen anwendbar.

Weiter stromab wird die Grenzschicht turbulent, woraus die Anwendung der Reynoldsgleichungen folgt. Bei dreidimensionalen Außenströmungen sind derzeit fast ausschließlich algebraische Turbulenzmodelle im Einsatz, da die Differentialgleichungsmodelle den Aufwand stark erhöhen, aber kaum genauere Ergebnisse liefern. Denkbar ist auch die Anwendung von Halbgleichungsmodellen.

Für die Störströmungsberechnung und die Anwendung der e^N-Methode sind die primären Störungsdifferentialgleichungen (kompressibel, dreidimensional) zu lösen. Die Entwicklung zuverlässiger Transitionsmodelle steht noch am Anfang, so daß die Voraussage der Transitionslinie und die Festlegung absolut sensitiver Strömungsbereiche noch mit Unsicherheiten behaftet sind, insbesondere bei den bei Großraumflugzeugen auftretenden hohen Reynoldszahlen bis $Re_\infty = 8.5 \cdot 10^7$.

Beispiel: Kraftfahrzeugumströmung (siehe Kap. 2.2)

Die Aufgabe besteht in der numerischen Simulation der Umströmung eines Kraftfahrzeugs und der Bestimmung der stationären Druckverteilung sowie des aerodynamischen Widerstandes. Bei der Berechnung sollen auch Detailinformationen über die Strömung in der Nähe des Kühlers und der Frontscheibe geliefert werden. Die Anströmbedingungen wie Fahrgeschwindigkeit und Seitenwindkomponente werden in weiten Grenzen variiert (z. B. Fahrgeschwindigkeit von $40km/h$ bis $150km/h$).

Das Ziel ist z. B., den Kühlereinlaß bezüglich optimaler Versorgung der Motorkühlung mit Luft zu optimieren. Außerdem soll die Strömung in der Nähe der Frontscheibe bezüglich Verschmutzung und Einlaß der Innenraum-Belüftung verbessert werden (Vermeidung von Ablöseblasen durch Formgebung der Karosserie). Ein weiteres Ziel ist die Reduzierung des Gesamtwiderstandes des Fahrzeugs.

Wir wählen für dieses Problem die folgenden Grundgleichungen:

- Potentialgleichung
  (für Kühlereinlaß)

- Inkompressible Reynoldsgleichungen mit algebraischem Turbulenzmodell
  (für Strömung in der Nähe der Windschutzscheibe)

- Inkompressible Reynoldsgleichungen mit Feinstrukturmodell
  (siehe auch Kap. 3.3.5), zeitgenau
  (gesamte Strömung einschl. Nachlaufströmung)

- Störungsdifferentialgleichungen für die Festlegung der absolut sensitiven Strömungsbereiche im Nachlauf des Kraftfahrzeugs

Begründung: Für den Kühlereinlaß sind Reibungseffekte von untergeordneter Bedeutung, da die Grenzschicht sehr dünn ist. Die Strömung ist inkompressibel. Der Boden kann als Stromlinie angesehen werden (Gleitbedingung).

Die Strömung in der Nähe der Windschutzscheibe ist inkompressibel und turbulent. Reibung spielt eine wichtige Rolle. Da es derzeit keine Turbulenzmodelle zur qualitativ richtigen Beschreibung der Ablösung (falls vorhanden) gibt, ist ein algebraisches Turbulenzmodell die beste Wahl, um den Aufwand in vertretbaren Grenzen zu halten. Differentialgleichungsmodelle sind für dreidimensionale Außenströmungen derzeit noch nicht anwendbar. Das Berechnungsgebiet umfaßt den stromaufwärtigen Bereich und endet etwa in Fahrzeugmitte, d. h. der Nachlauf wird nicht mit simuliert.

Für die gesamte Strömung einschließlich des Nachlaufs gibt es derzeit keine verläßlichen Turbulenzmodelle. Die Nachlaufströmung ist turbulent und beinhaltet großräumige instationäre Wirbel. Die Simulation dieser Strömung ist derzeit nur unzulänglich möglich. Jedoch ist die Anwendbarkeit der Grobstruktursimulation (Feinstrukturmodellierung) für dieses Problem in naher Zukunft zu erwarten. Dabei werden die großräumigen Wirbel zeitgenau simuliert und die feinskaligen turbulenten Schwankungsbewegungen durch ein Feinstrukturmodell modelliert.

Eine Voraussetzung für die erfolgreiche Anwendung der Grobstruktursimulation im Nachlauf des Kraftfahrzeuges ist die Festlegung der absolut sensitiven Bereiche mit den Störungsdifferentialgleichungen (vgl. H. OERTEL jr. 1994).

Beispiel: Transsonisches Verdichtergitter (siehe Kap. 2.3)

Es wird angestrebt, die instationäre Wechselwirkung zwischen den Schaufelreihen zeitgenau zu simulieren, einschließlich der auftretenden Verdichtungsstöße. Die turbulenten Grenzschichten und Nachläufe der Schaufeln brauchen dabei nur im zeitlichen Mittel (Zeitintervall der Mittelung ≪ Zeit für eine Umdrehung) bekannt zu sein. Um das Problem zu vereinfachen, wird zunächst nur die Strömung in der Mitte des Strömungskanals betrachtet und die Einflüsse der Nabe und des Gehäuses vernachlässigt. Später ist jedoch auch das dreidimensionale instationäre Problem mit Seitenwandeinfluß anzugehen.

Das Ziel ist, Rückschlüsse auf das instationäre Verhalten des Verdichters zu gewinnen. Insbesondere ist von Interesse, an welchen Positionen Verdichtungsstöße und Nachläufe auf nachfolgende Schaufelreihen auftreffen. An diesen Positionen kann lokal Ablösung auftreten und zu starken Verlusten führen. Die Nachläufe leiten aufgrund ihrer starken instationären Bewegungen den laminar/turbulenten Übergang ein, wodurch der Wärmeübergang auf die Verdichterschaufel stark erhöht wird.

Wir wählen für dieses Problem die folgenden Grundgleichungen:

- Reynoldsgleichungen mit Differentialgleichungsmodell, instationär (gesamte Strömung)

Begründung: Die Strömung ist kompressibel, turbulent und instationär. Es kommen Verdichtungsstöße im Strömungsfeld vor. Die zeitliche Mittelung der Reynoldsgleichungen darf sich nur über die feinskaligen turbulenten Schwankungen erstrekken. Da die Turbulenz nicht nur auf die unmittelbare Nähe der Profile beschränkt ist, sondern sich im gesamten Strömungsfeld ausbreitet, sind algebraische Modelle nicht geeignet. Es muß vielmehr der Transport turbulenter kinetischer Energie berücksichtigt werden. Daher sind Eingleichungsmodelle oder Zweigleichungsmodelle zu verwenden.

Beispiel: freie Konvektion (siehe Kap. 2.4)

Die Aufgabe besteht zunächst in der systematischen Bestimmung derjenigen Rayleighzahl, bei der Konvektionsrollen entstehen, welche wiederum zu einem erhöhten Wärmeübergang führen (kritische Rayghleighzahl). Dies ist ein klassisches Stabilitätsproblem. Für überkritische Rayleighzahlen muß der Wärmestrom der dreidimensionalen Konvektionsströmung numerisch berechnet werden.

Die Strömung ist dreidimensional und oberhalb einer weiteren kritischen Rayleighzahl instationär. Die Dichteabhängigkeit $\rho(T)$ spielt für den hydrostatischen Auftrieb in der Impulsgleichung in z-Richtung eine entscheidende Rolle, ist jedoch in den sonstigen Erhaltungsgleichungen zu vernachlässigen.

Wir wählen für dieses Problem die folgenden Grundgleichungen:

- Boussinesq-Gleichungen
  (gesamte Strömung)

Begründung: Da der hydrostatische Auftrieb eine Rolle spielt, die Strömung jedoch ansonsten inkompressibel ist, können die Boussinesq-Gleichungen verwendet werden. Dreidimensionale zeitgenaue Rechnungen sind auf Hochleistungsrechnern möglich. Als Anfangsverteilung wird das ruhende Medium mit einer kleinen überlagerten Störung (z. B. als Eigenfunktion der linearen Stabilitätstheorie) verwendet. Für die Berechnung der turbulenten Konvektionsströmung werden die zeitlich gemittelten Boussinesq-Gleichungen mit einem dem Wärmetransportproblem angepaßten k–ϵ-Turbulenzmodell gelöst.

4 Diskretisierung

Die Grundgleichungen der Strömungsmechanik sind partielle *Differentialgleichungen* zweiter Ordnung, sie enthalten also partielle *Differentialoperatoren*, in denen die Änderungen der Zustandsgrößen *kontinuierlich* in den räumlichen Richtungen und in der Zeit ausgedrückt werden. Im Gegensatz dazu beruht die näherungsweise numerische Lösung eines solchen Systems von Differentialgleichungen auf einer *diskreten* Beschreibung, bei der die Zustandsgrößen nur in einigen diskreten Punkten im Raum zu bestimmten Zeitpunkten definiert sind. Über das Verhalten der Funktionswerte zwischen den diskreten Punkten werden einfache Annahmen getroffen. Die Überführung der kontinuierlichen in die diskrete Beschreibung bezeichnet man als *Diskretisierung*.

4.1 Grundlagen

Die in den Grundgleichungen auftretenden Differentialoperatoren sind zum Beispiel:

$$\frac{\partial}{\partial t} \ , \ \frac{\partial}{\partial x} \ , \ \frac{\partial}{\partial y} \ , \ \frac{\partial}{\partial z} \tag{4.1}$$

und

$$\frac{\partial^2}{\partial x^2} \ , \ \frac{\partial^2}{\partial y^2} \ , \ \frac{\partial^2}{\partial z^2} \ , \ \frac{\partial^2}{\partial x \partial y} \ , \ \frac{\partial^2}{\partial y \partial z} \ , \ \frac{\partial^2}{\partial x \partial z} \ . \tag{4.2}$$

Man unterscheidet erste und zweite Ableitungen. Höhere Ableitungen (z. B. dritte oder vierte) treten nur sehr selten auf, z. B. in der Orr-Sommerfeld Gleichung Gl. (3.105).

Weiterhin unterscheidet man zwischen der Zeitrichtung t und den räumlichen Richtungen x, y und z. In der Zeit wird die gesamte Information stets nur in positiver Richtung (d. h. von der Vergangenheit in die Zukunft) übertragen. Im Raum dagegen kann sie in allen Richtungen transportiert werden (Unterschallströmung, absolut sensitive Bereiche) oder auch nur innerhalb eines bestimmten Bereichs (Überschallströmung, konvektiv sensitive Bereiche). Der *Transportmechanismus* hat u. U. Auswirkungen auf die am besten geeigneten Diskretisierungsmethoden.

Die Lösung von Differentialgleichungen ist erst durch die Angabe von *Anfangsbedingungen* (Zustand am Anfang der Simulation zum Zeitpunkt $t = 0$) und *Randbedingungen* (Zustand am Rand des Strömungsfeldes) festgelegt. Daher ist eine numerische Strömungssimulation mathematisch auch als *Anfangs–Randwertproblem* (im Gegensatz zum Eigenwertproblem) zu bezeichnen. Die Diskretisierung der Anfangsbedingung bedeutet nichts anderes als die Festlegung der Zustandsgrößen an allen räumlichen Diskretisierungsstellen zu Beginn der numerischen Simulation.

In der numerischen Strömungsmechanik hat es sich als zweckmäßig erwiesen, stets zeitabhängige Gleichungen zu lösen, und zwar selbst dann, wenn eigentlich nur eine stationäre Strömung berechnet werden soll. Dadurch werden die ursprünglich elliptischen und/oder hyperbolischen Gleichungen parabolisch. Die Lösung erfolgt dann unabhängig vom Typ des stationären Problems immer mit Verfahren zur Lösung parabolischer Differentialgleichungen (*Zeitschrittverfahren*). Ein weiterer Grund liegt in der Nichtlinearität der Navier-Stokes Gleichungen, die dazu führt, daß mehrere stationäre Lösungen möglich sind, von denen <u>eine</u> physikalisch richtig ist. Diese wird aufgrund des physikalischen Hintergrundes von Zeitschrittverfahren, nämlich des Zeitverlaufs einer instationären Strömung, auch erreicht. Schließlich ist es auch möglich, daß die stationäre Lösung instabil ist (z. B. eine laminare Grenzschichtströmung bei hoher Reynoldszahl). Zeitschrittverfahren weisen auf eine solche Instabilität durch kleine zeitliche Oszillationen hin.

Die stationäre Lösung erhält man als stationären Endzustand einer zeitabhängigen Rechnung. In diesem Zusammenhang bezeichnet man Rechnungen, bei denen die zeitliche Entwicklung approximiert wird als *zeitgenau* andernfalls als *nicht zeitgenau*. Ein numerisches Verfahren kann u. U. zeitgenau oder nicht zeitgenau angewendet werden, je nachdem ob der instationäre (zeitgenaues Verfahren) oder der stationäre Strömungszustand (nicht zeitgenaues Verfahren) von Interesse ist.

Zur Durchführung der Diskretisierung benötigt man nach unseren einleitenden Ausführungen folgende Schritte:

- **Geometriedefinition**

  Die räumliche Geometrie des umströmten oder durchströmten Körpers sowie der sonstigen Berandungen des Berechnungsgebietes wird definiert.

- **Netzgenerierung**

  Im Innern des Berechnungsgebietes sowie auf den Berandungen werden die räumlichen Stützstellen (*Diskretisierungspunkte, Knoten, Netzpunkte*) der Diskretisierung festgelegt. Zieht man Geraden zwischen benachbarten Punkten, so ergibt sich ein *Netz* (oder auch *Gitter*). Die Zustandsgrößen werden nur an den Netzpunkten abgespeichert.

- **Diskretisierung im Raum**

  Die Verteilung der Zustandsgrößen <u>zwischen</u> den Netzpunkten wird durch das jeweilige numerische Verfahren festgelegt. Diese Festlegung hat Einfluß auf die Darstellung der Ableitungen an den Gitterpunkten und an den Positionen zwischen den Gitterpunkten. In jedem Falle entsteht eine Abweichung vom tatsächlichen Verlauf (*Ungenauigkeit, Fehler*).

- **Zeitdiskretisierung**

  Die Zustandsgrößen werden nur zu bestimmten Zeitpunkten berechnet und abgespeichert. Der zeitliche Verlauf der Zustandsgrößen an den Gitterpunkten <u>zwischen</u> diesen Zeitpunkten sowie die Zeitableitung werden approximiert.

4.1.1 Geometriedefinition

Die geometrische Beschreibung der Oberfläche eines umströmten Körpers oder durchströmten Hohlkörpers bezeichnet man als *Geometriedefinition*. Je nachdem, ob es sich um einfache oder komplexe Geometrien handelt, wählt man eine der folgenden Methoden zur Geometriedefinition:

Körpergeometrie ist analytisch gegeben

Hier wird die Körpergeometrie mit Hilfe einer stetigen analytischen Funktion $z(x)$ bei zweidimensionalen oder $z(x, y)$ bei dreidimensionalen Körpern definiert. Dabei ergibt sich ein 'stromlinienförmiger' Körper durch die Wahl relativ einfacher Funktionen, wie z. B.

$$\text{Polynomkörper} \qquad z(x) \;=\; \sum_{i=0}^{i_{max}} a_i \cdot x^i \qquad\qquad (4.3)$$

$$\text{Ellipsoid} \qquad z(x) \;=\; \pm\, b \cdot \sqrt{1 - \left(\frac{x}{a}\right)^2} \qquad\qquad (4.4)$$

Die Methode der analytischen Geometriedefinition besitzt den Vorteil, daß die Diskretisierungsstützstellen auf der Oberfläche an jeder Stelle und in beliebiger Anzahl exakt ermittelt werden können. Zudem ist es sehr einfach, durch Wahl weniger Parameter, die Körperform zu verändern. Durch systematische Variation

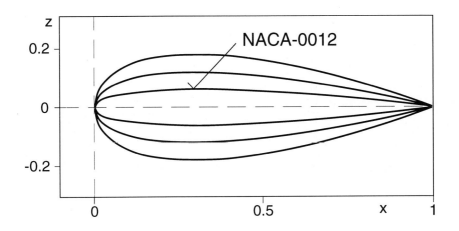

Abb. 4.1: Familie der symmetrischen NACA-Profile.

bestimmter Parameter können leicht ganze Familien von Körpern definiert werden, die u. U. ähnliche strömungsmechanische Eigenschaften besitzen sollen oder auf ähnliche Weise maschinell zu fertigen sind.

Beispiel: Aerodynamische Profilfamilie

Eine aerodynamische *Profilfamilie* bilden z. B. die symmetrischen NACA-Profile, siehe Abb. 4.1, die durch die Formel

$$z = \pm \, d \cdot (a_1 \, \sqrt{x} + a_2 \, x + a_3 \, x^2 + a_4 \, x^3 + a_5 \, x^4) \qquad (4.5)$$

mit

$$a_1 = 1.477915, \quad a_2 = -0.624424, \quad a_3 = -1.727016, \quad a_4 = 1.384087, \quad a_5 = -0.510563$$

gegeben sind (modifiziert mit spitzer Hinterkante). Darin bezeichnet d die maximale Dicke in Prozent der Profillänge.

Punktweise Definition

Hier wird die Geometrie durch die Angabe einer Menge von Punkten auf der Oberfläche in einem zuvor festgelegten Koordinatensystem gegeben.

Für die spätere Diskretisierung der Oberfläche müssen auch neue Punkte an Positionen zwischen den gegebenen Punkten berechnet werden. Bei ausreichender

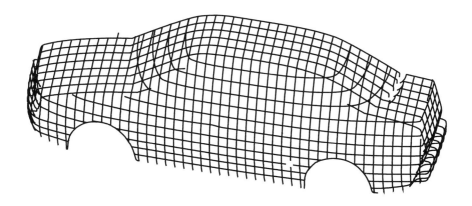

Abb. 4.2: Punktweise Geometriedefinition eines Kraftfahrzeugs, erzeugt durch maschinelles Abtasten eines Modells mit 15000 Abtaststellen.

Punktdichte kann dies durch lineare Interpolation in jedem Intervall geschehen. Ist jedoch die gegebene Punktdichte gering, so müssen krummlinige Interpolationen, z. B. *kubische Splines* (eindimensionale intervallweise definierte Polynome, deren erste Ableitung an den Intervallenden mit dem Nachbarpolynom übereinstimmt) oder *Coon's Patches* (zweidimensionale an den Intervallenden glatte Interpolationspolynome) verwendet werden.

Beispiel: Kraftfahrzeug

Die Koordinaten werden durch ein Abtastgerät von einem Windkanal- oder Designer-Modell eines Kraftfahrzeugs gewonnen, Abb. 4.2.

Die Methode der punktweisen Definition besitzt den Vorteil, daß praktisch jede Körpergeometrie durch Abtasten definiert werden kann. Sie ist die flexibelste Methode zur Geometriegenerierung.

Definition durch stückweise definierte Funktionen

Bei dieser Methode wird die räumliche Geometrie der Oberfläche durch Funktionenverläufe charakteristischer Linien des Körpers beschrieben. Diese Funktionen sind jeweils nur in einem Intervall (*stückweise*) definiert. An den Intervallenden können bestimmte Bedingungen vorgeschrieben werden, wie z. B. die Übereinstimmung der Steigungen oder Krümmungen der beiden angrenzenden Funktionenverläufe. Dies ist sinnvoll, wenn aerodynamisch glatte Verläufe erzielt werden sollen.

Jedes Intervall wird auf das Einheitsintervall $0 \leq \xi \leq 1$, $0 \leq \eta \leq 1$ transformiert. Als Interpolationsfunktionen eignen sich z. B. die in der folgenden Tabelle zusammengestellten Funktionen (nach H. SOBIECZKY 1985):

1) lineare Rampe $\qquad\qquad\qquad \eta_1 = \xi$
2) Superellipse $\qquad\qquad\qquad \eta_2 = \left[1 - (1 - \xi)^e\right]^{\frac{1}{e}}$
3) superelliptische Rampe $\qquad \eta_3 = 1 - (1 - \xi^e)^f$
4) wie 3) mit Steigungskontrolle $\quad \eta_4 = a\,\xi + \left[1 + b \cdot (\xi - 1) - a\,\xi\right] \cdot \eta_3$
5) Bezier-Funktion $\qquad\qquad\quad \eta_5 = a\,\xi + (1 - a) \cdot \left(c\,\xi^{2c-1} + (1 - c) \cdot \xi^{2c}\right)$
$\qquad\qquad\qquad\qquad\qquad\quad c = (b - a)/(1 - a).$

Mit Hilfe der freien Parameter a, b, e, f kann die Form der Funktionen kontrolliert werden, siehe Abb. 4.3. Die lineare Rampe stellt die geradlinige Verbindung zwischen den Intervallenden her. Zur Abrundung von rechten Winkeln eignen sich Superellipsen, die das Intervall je nach Vorzeichen der Parameter e und f horizontal oder vertikal verlassen. Zur Darstellung einer Stufe eignet sich die superelliptische Rampe, ggf. mit Steigungskontrolle. Ist der Schnittpunkt der an den Intervallenden angelegten Tangenten innerhalb des Intervalls, so sind Superellipsen nicht geeignet, sondern es muß die Bezier-Funktion verwendet werden.

Beispiel: Flugzeugtragflügel

Bei einem Tragflügel sind diese Linien zweckmäßigerweise die Vorderkante, die Seitenkante, die Hinterkante und die Profil-Drehachse, siehe Abb. 4.4. Auf diesen Linien werden Punkte im Raum vorgegeben, die jeweils die Intervallenden definieren. In jedem Intervall wird eine geeignete analytische Interpolationsfunktion definiert. Die äußere Flügelspitze wird an der Vorderkante mit einer Superellipse abgerundet, während die Hinterkante spitz ist. Ebenso wird der Rumpfübergang gerundet dargestellt.

Die Methode besitzt den Vorteil, daß der gesamte Körper analytisch definiert ist, ohne daß die dazu verwendeten Funktionen allzu kompliziert werden. Die Funktionen sind flexibel genug, so daß an den Intervallenden die Steigungen links und rechts einander angepaßt werden können, um Kanten oder Absätze dort, wo es notwendig ist, zu vermeiden. Es treten keine Welligkeiten auf. Lokale Modifikationen der Geometrie können durch Abänderung von Stützstellen oder Funktionsparametern sowie durch Einfügen neuer Stützstellen durchgeführt werden.

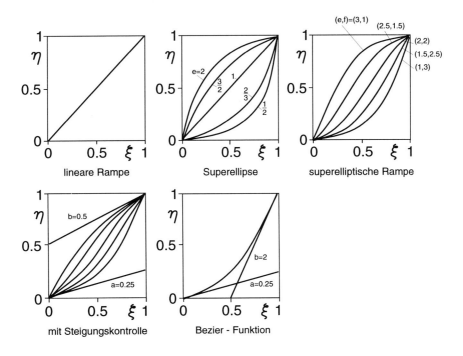

Abb. 4.3: Funktionen zur bereichsweisen Geometriedefinition.

Definition durch ein CAD-System

Wenn die zu beschreibende Oberfläche komplex ist, sollte die Definition zweckmäßigerweise mit Hilfe eines CAD-Sytems (CAD = computer aided design, computerunterstütztes Konstruieren) erfolgen. Diese Systeme werden bei der Konstruktion von Maschinenteilen verwendet, so daß die umströmte Geometrie u. U. bereits gespeichert ist. CAD-Systeme stellen eine Oberfläche durch Kombination einfacher räumlicher Flächen (Ebene, Zylinder, Kugel, Kegel, usw.) dar oder durch punktweise Definition. Die Eingabe erfolgt interaktiv mit sofortiger graphischer Kontrolle.

Eine Gesamtkonfiguration wird aus Einzelkomponenten zusammengesetzt, die in einer Datenbasis zusammengefaßt sind. In den Entwicklungszentren der Flugzeug- oder der Kraftfahrzeugindustrie werden die Einzelkomponenten in verschiedenen Abteilungen entworfen, so daß diese Datenbasis insgesamt sehr komplex ist und abteilungsübergreifend sein muß.

Bei Verwendung eines CAD-Systems muß eine Übersetzung der Ausgabedaten in eine für ein strömungsmechanisches Programm geeignete Darstellung erfolgen. Derartige 'Schnittstellen' sind noch nicht einheitlich vorhanden. Daher ist heute die Verwendung von CAD-Systemen in der numerischen Strömungsmechanik noch nicht routinemäßig möglich.

Die Vorteile der Geometriedefinition durch ein CAD-System liegen in der Möglichkeit, innerhalb eines Industrieunternehmens schnell auf bereits vorhandene Geometriedaten zugreifen zu können, um die numerische Berechnung auszuführen. Eine

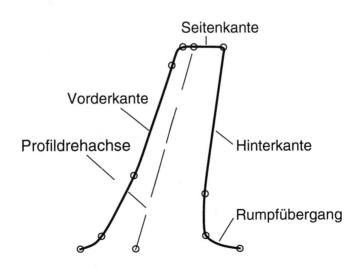

Abb. 4.4: Charakteristische Linien zur Definiton eines Flugzeugtragflügels.

nochmalige Definition in einem für ein strömungsmechanisches Rechenprogramm geeignetes *Eingabeformat* entfällt (keine Doppelarbeit). Dies verringert außerdem die Fehleranfälligkeit. Insbesondere beim Bau von Windkanalmodellen ist die Modellfertigung und die numerische Berechnung auf der Basis derselben CAD-Daten sinnvoll.

Beispiel: Verkehrsflugzeug

Die Einzelkomponenten eines Verkehrsflugzeugs, welche in Ihrer Gesamtheit die umströmte Geometrie bilden, sind in Abb. 4.5 dargestellt. Dies sind im einzelnen der Rumpf, der Flügel mit Flügelmittelteil, Bremsklappen, Hinterkantenklappen und Vorderkantenklappen, der Flügel/Rumpf-Übergang, die Triebwerksgondeln mit Aufhängungen, sowie das Höhen- und Seitenleitwerk. Diese Komponenten stammen aus unterschiedlichen Entwicklungsabteilungen oder von Zulieferfirmen (Triebwerke). Zur Verwaltung, Darstellung und Weiterverarbeitung der Geometriedaten wird ein CAD-System verwendet.

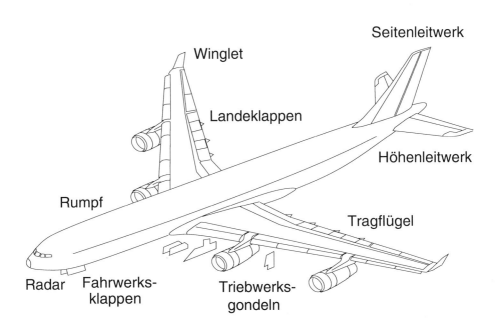

Abb. 4.5: Definition der Gesamtkonfiguration eines Verkehrsflugzeugs durch ein CAD-System.

4.1.2 Netzgenerierung

Die Gesamtheit der Diskretisierungsstellen eines numerischen Verfahrens bezeichnet man als *numerisches Netz* oder *Gitter*. Zum Zwecke der graphischen Darstellung werden die Stellen (= Punkte) miteinander verbunden. Die Netzpunkte sind i. a. nicht mit den Punkten zur Geometriedefinition identisch. Man unterscheidet hinsichtlich der räumlichen Komplexität:

- **Oberflächennetze,**

  die nur Punkte auf der dreidimensionalen Geometrie des Körpers oder sonstiger Berandungen des Strömungsfeldes beinhalten.

- **zweidimensionale Netze,**

  deren Punkte in einer Ebene liegen.

- **dreidimensionale Netze,**

  deren Punkte im gesamten dreidimensionalen Strömungsgebiet liegen.

Oberflächennetze werden für Verfahren benötigt, die nur die Ränder des Strömungsgebietes diskretisieren, oder auch als Ausgangspunkt für die Generierung komplexer räumlicher Netze (z. B. Front-Generierungsmethode, Schießverfahren). Die Verfahren zur Diskretisierung von Oberflächen müssen unabhängig von Verfahren zur Definiton von Oberflächen betrachtet werden.

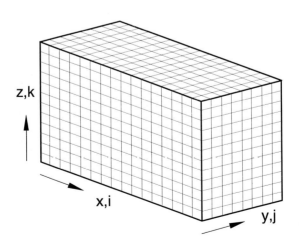

Abb. 4.6: Dreidimensionales kartesisches Netz.

Bei zweidimensionalen Netzen liegen alle Netzpunkte in der durch den Körper und die Ein- und Ausströmränder gebildeten Ebene. Die Abhängigkeit der Strömung von einer dritten Koordinate wird vernachlässigt (ebene oder rotationssymmetrische Strömungen). Die Punkte in dreidimensionalen Netzen füllen das gesamte räumliche Strömungsgebiet aus.

Das Ziel der in diesem Buch behandelten Methoden zur Netzgenerierung ist die Generierung dreidimenionaler Netze. Zur einführenden Darstellung der Methoden werden gelegentlich zweidimensionale Netze gewählt. Die angegebenen Methoden können leicht auch auf Oberflächennetze oder dreidimensionale Netze übertragen werden.

Man unterscheidet hinsichtlich des Zusammenhangs der Netzpunkte untereinander zwischen

- **strukturierten Netzen**

und

- **unstrukturierten Netzen**.

Bei *strukturierten Netzen* ist jeder Punkt mittels eines Indextripels i, j, k (oder Indexpaars i, k bei 2D-Netzen) identifizierbar, d.h. die Punkte können voneinander unabhängigen Netzlinienscharen zugeordnet werden. Die Kreuzungspunkte der Netzlinien sind die Netzpunkte. Das einfachste strukturierte Netz ist ein *kartesisches Netz*. Die Diskretisierung einer Größe Φ lautet

$$\Phi_{ijk} = \Phi(x_i, y_j, z_k) \qquad . \tag{4.6}$$

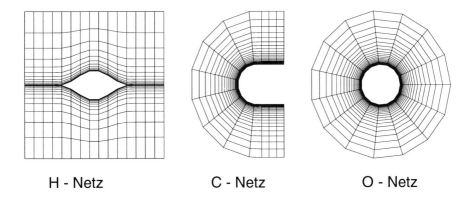

| H - Netz | C - Netz | O - Netz |

Abb. 4.7: Einbettung von umströmten Körpern in strukturierte Netze.

Die x-Koordinate hängt also nur von dem Index i, die y-Koordinate nur von j und die z-Koordinate nur von k ab. Diese Einschränkung besteht bei einem *allgemeinen Netz* nicht, die Diskretisierung lautet:

$$\Phi_{ijk} = \Phi(x_{ijk}, y_{ijk}, z_{ijk}) \qquad . \tag{4.7}$$

Für die Einbettung eines umströmten Körpers ist je nach Körperform das H-, C- oder O-Netz zu bevorzugen, Abb. 4.7, welches durch entsprechende Formung der Netzlinien entsteht.

Die Vorteile der strukturierten Netze liegen darin, daß die Zuordnung zu Netzlinienscharen in einem Computerprogramm ausgenutzt werden kann, indem die Koordinaten oder die auf den Punkten definierten Strömungsgrößen als mehrdimensionale Felder definiert werden. Die Zeilen und Spalten jeder Schar werden den Feldindidizes zugeordnet. Dadurch lassen sich effiziente Programme entwickeln. Weiterhin sind die Randpunkte einfach durch die minimalen und maximalen Indizes gegeben.

In Abb. 4.8 ist ein *unstrukturiertes Netz* gezeigt. Die Punkte sind mehr oder weniger beliebig in der Ebene angeordnet. Jeder Punkt ist mit einigen Nachbarpunkten verbunden, so daß die entstehenden Flächenstücke stets Dreiecksform besitzen.

Der Zusammenhang zwischen Knoten und Elementen wird durch eine *Zuordnungsmatrix* hergestellt. Jedem Dreieckselement mit den *lokalen Knotennummern* A,B und C (im math. positiven Drehsinn definiert) werden darin die *globalen Knotennummern* zugeordnet.

Die Vorteile liegen in der großen Flexibilität und Anpassungsfähigkeit an komplizierte Berandungen. Außerdem kann der Abstand der Netzpunkte ohne Rücksicht

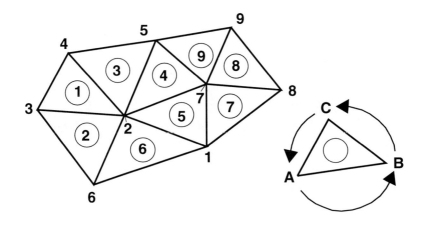

Abb. 4.8: Unstrukturiertes Netz.

auf eine Struktur den lokalen Erfordernissen angepaßt werden, also je nach geforderter numerischer Auflösung vergrößert oder verkleinert werden.

Die Zuordnungsmatrix für das Beispiel in Abb. 4.8 lautet:

	Element-Nr.								
	1	2	3	4	5	6	7	8	9
A	3	6	2	2	1	1	1	7	7
B	2	2	5	7	7	2	8	8	9
C	4	3	4	5	2	6	7	9	5

Die Generierung unstrukturierter Netze ist i. a. aufwendiger als die Generierung strukturierter Netze (außer bei komplexen Berandungen). Auch ist der Speicherplatzbedarf höher, da Nachbarschaftsinformationen explizit abgespeichert werden müssen.

Andere Netztypen sind:

- **blockstrukturierte Netze**:

  Bei kompliziert geformten Berandungen des Berechnungsgebietes fällt es nicht immer leicht, eine Struktur eines Netzes mit einer einzigen indizierten Datenstruktur (*Block*) beizubehalten. Eine Abhilfe dazu bilden *blockstrukturierte Netze*, bei denen mehrere Blöcke zu einem Gesamtnetz zusammengefügt werden. Die Randpunkte müssen zusammenpassen. Hier ist es erforderlich, daß an den Übergängen zwischen den Blöcken die Information des jeweiligen Nachbarblocks übertragen wird (bei expliziten Verfahren: Übertragung der Randinformation des alten Zeitschritts).

- **Chimera-Netze**:

  Diese bestehen aus einzelnen Blöcken, deren Punkte jedoch an den Übergängen <u>nicht</u> zusammenpassen. Die Blöcke überlappen einander. Zur Gewährleistung stetiger Übergänge der Strömungsgrößen sind komplizierte Interpolationsvorschriften erforderlich, welche Strömungsgrößen an den Randpunkten des einen Blocks aus den Größen zwischen Punkten des anderen Blocks berechnen.

- **hybride Netze**:

  Bei *hybriden Netzen* (auch: *zonale Netze*) wird versucht, die Vorteile der strukturierten und unstrukturierten Netze zu verbinden, indem in bestimmten Gebieten des Strömungsfeldes strukturierte (z. B. zur genauen Auflösung der Grenzschicht entlang einer Wand) und sonst unstrukturierte Netze verwendet werden. Die Netzgeneratoren und die dafür geeigneten numerischen Verfahren (*hybride Verfahren, zonale Verfahren*) werden jedoch sehr umfangreich. Eine Abbildung eines hybriden Netzes folgt in Kap. 4.3.5.

4.1.3 Diskretisierung im Raum

Die Diskretisierung der Strömungsgrößen und ihrer Ableitungen bezüglich der Koordinaten x, y und z zu einem konstanten Zeitpunkt t bezeichnet man als *räumliche Diskretisierung*. Voraussetzung ist (außer bei Spektralverfahren) die Definition eines zwei- oder dreidimensionalen Netzes.

Die Diskretisierung kann mit den folgenden unterschiedlichen *Klassen von Methoden* (Methoden = Verfahren) erfolgen:

- **Finite-Differenzen Methoden (FDM)**

  Die Differentialquotienten werden durch *Differenzenquotienten* ersetzt, welche auf den an Gitterpunkten definierten Zustandsgrößen basieren. An jedem dieser Gitterpunkte werden die Grundgleichungen näherungsweise erfüllt.

- **Finite-Volumen Methoden (FVM)**

  Die Differentialgleichung wird über das gesamte Strömungsgebiet integriert. Für jede Zelle des numerischen Netzes (Volumen) wird dieses Volumenintegral in sechs Oberflächenintegrale umgewandelt (jeweils eines für alle sechs Seitenflächen), wobei sich die Ordnung aller Differentialquotienten um eins reduziert. Die Oberflächenintegrale werden durch die in den Zellenmittelpunkten definierten Zustandsgrößen ausgedrückt.

- **Finite-Elemente Methoden (FEM)**

  Der Verlauf der Zustandsgrößen in den Gebieten (Elementen) zwischen den Gitterpunkten (Knoten) wird mittels einfacher *Basisfunktionen* (auch: *Formfunktionen*) approximiert. Die Grundgleichungen werden durch Anwendung der Methode der gewichteten Residuen oder des Galerkin-Verfahrens näherungsweise erfüllt.

- **Spektralmethoden (SM)**

  Der Verlauf der Zustandsgrößen im gesamten Strömungsgebiet wird durch geeignete Funktionensysteme approximiert, deren Koeffizienten die Unbekannten darstellen. Die Koeffizienten werden als *Spektrum* bezeichnet. Die Grundgleichungen werden durch das Kollokations- oder das Galerkin–Verfahren näherungsweise erfüllt.

Diese Begriffe charakterisieren Vorgehensweisen zur Diskretisierung. Innerhalb jeder Klasse existiert eine Vielzahl Methoden, die sich bezüglich der zugrundeliegenden Differentialgleichungen unterscheiden. Innerhalb einer Klasse trifft man oft auch unterschiedliche Varianten desselben Verfahrens an. Ein Verfahren ist erst duch Angabe der räumlichen und zeitlichen Diskretisierung vollständig charakterisiert.

Die Verfahren, welche auf räumlichen Netzen basieren, lassen sich bezüglich Genauigkeit und Flexibilität in dem in Abb. 4.9 gezeigten Korridor einordnen. Finite-Elemente Verfahren besitzen die höchste Flexibilität, da sie auf den sehr flexiblen unstrukturierten Netzen beruhen. Jedoch ist wegen des Fehlens ausgezeichneter Richtungen in diesen Netzen die Genauigkeit beschränkt (dies kann bei FE-Verfahren der Festkörpermechanik anders sein). Finite-Volumen Methoden basieren meistens auf strukturierten Netzen, die keine besonderen Anforderungen erfüllen müssen. Bei Finite-Differenzen Methoden muß das Rechengebiet in einen kartesischen 'Rechenraum' transformiert werden, in dem dann sehr genau approximiert werden kann. Diese Transformation schränkt die Flexibilität u. U. ein. Am genauesten sind Spektralverfahren, da sie auf global definierten Funktionensystemen beruhen, jedoch sind derartige Systeme nur für sehr einfache Geometrien bekannt.

Unsere Systematik vereinfacht absichtlich. In der Literatur sind die Übergänge in der Bezeichnungsweise eher fließend. So gibt es z. B. neuerdings auch Finite-Volumen Methoden auf unstrukturierten Netzen. Auch Kombinationen einzelner Methoden sind möglich, z. B. die *Spektral-Elemente Methode*, die eine Kombination einer Spektralmethode mit der Finite-Elemente Methode bedeutet und Genauigkeits- und Flexibilitätsvorteile miteinander verknüpft.

Im folgenden wird auf die Grundlagen der Diskretisierung unter Verwendung dieser Methoden eingegangen, aber noch ohne konkrete Anwendung auf ein bestimmtes

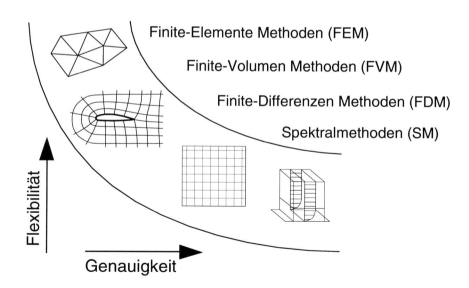

Abb. 4.9: Verfahren zur Diskretisierung im Raum, Übersicht.

strömungsmechanisches Problem. Eine ausführliche Darstellung von Methoden, die zur Lösung bestimmter Grundgleichungen entwickelt wurden, folgt in Kap. 5.

Finite-Differenzen Methoden (FDM)

Diese Verfahren werden auch als *Differenzenverfahren* bezeichnet. Die Diskretisierung in der *Rechenebene* oder im *Rechenraum* basiert auf der Aufteilung in gleiche Intervalle, also auf einem kartesischen Netz

$$(\xi_1)_i = \xi_{1,i} = i \cdot \Delta\xi_1 \quad ; \quad (\xi_2)_j = \xi_{2,j} = j \cdot \Delta\xi_2 \quad ; \quad (\xi_3)_k = \xi_{3,k} = k \cdot \Delta\xi_3 \qquad . (4.8)$$

Dabei sind i, j, k die Indizes entlang der Koordinatenrichtungen und $\Delta\xi_1, \Delta\xi_2, \Delta\xi_3$ die entsprechenden Schrittweiten. Jede beliebige Zustandsgröße u ist am Ort der Gitterpunkte definiert. Die Schreibweise wird durch Indizes verkürzt, also

$$u(\xi_{1i}, \xi_{2j}, \xi_{3k}) = u_{i,j,k} = u_{ijk} \qquad .$$

Man unterscheidet zwischen verschiedenartigen *Differenzenoperatoren* (am Beispiel der ξ_1-Richtung) für erste Ableitungen $\partial u/\partial \xi_1$:

$$\frac{\partial u}{\partial \xi_1} \approx \frac{u_{i+1} - u_i}{\Delta\xi_1} \qquad \text{Vorwärtsdifferenz} \tag{4.9}$$

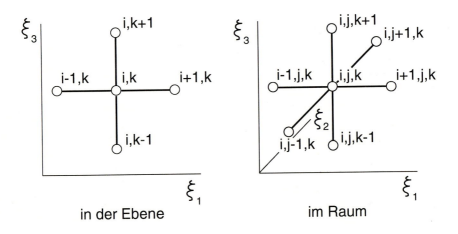

Abb. 4.10: Prinzip der Diskretisierung von Differenzenverfahren.

$$\frac{\partial u}{\partial \xi_1} \approx \frac{u_i - u_{i-1}}{\Delta \xi_1} \qquad \text{Rückwärtsdifferenz} \qquad (4.10)$$

$$\frac{\partial u}{\partial \xi_1} \approx \frac{u_{i+1} - u_{i-1}}{2\Delta \xi_1} \qquad \text{zentrale Differenz} \qquad (4.11)$$

je nachdem ob Punkte in positiver, negativer oder in beiden Achsenrichtungen hinzugezogen werden.

Für zweite Ableitungen $\partial^2 u/\partial \xi_1^2$ gelten die *Dreipunktformeln*

$$\frac{\partial^2 u}{\partial \xi_1^2} \approx \frac{u_i - 2u_{i+1} + u_{i+2}}{(\Delta \xi_1)^2} \qquad \text{Vorwärtsdifferenz} \qquad (4.12)$$

$$\frac{\partial^2 u}{\partial \xi_1^2} \approx \frac{u_i - 2u_{i-1} + u_{i-2}}{(\Delta \xi_1)^2} \qquad \text{Rückwärtsdifferenz} \qquad (4.13)$$

$$\frac{\partial^2 u}{\partial \xi_1^2} \approx \frac{u_{i+1} - 2u_i + u_{i-1}}{(\Delta \xi_1)^2} \qquad \text{zentrale Differenz} \qquad . \qquad (4.14)$$

Es ist jedoch zu beachten, daß das Berechnungsgebiet meist in körperangepaßten, krummlinigen Koordinaten (H-,C- oder O-Netz) definiert ist, also in einem *physikalischen Koordinatensystem* $\mathbf{x}$, die Differenzenoperatoren sind jedoch im Rechenraum ξ, der immer kartesisch ist, definiert. Wir schreiben:

$$\xi = [\xi_1 \quad \xi_2 \quad \xi_3]^T \quad ; \quad \mathbf{x} = [x_1 \quad x_2 \quad x_3]^T \qquad . \qquad (4.15)$$

Die Differentialgleichungen müssen zunächst vom physikalischen Raum in den Rechenraum transformiert werden, d. h. das krummlinige Rechennetz muß in ein kartesisches Netz überführt werden. Zum Beispiel lautet die Euler-Gleichung Gl. (3.22) dann, vgl. Gl. (3.47):

$$J^{-1}\frac{\partial \mathbf{U}}{\partial t} + \sum_{m=1}^{3} \frac{\partial \hat{\mathbf{F}}_m}{\partial \xi_m} = \mathbf{0} \qquad . \qquad (4.16)$$

Darin sind $\hat{\mathbf{F}}_m$ transformierte Flüsse (siehe Gl. (3.49)), in denen die vom Verlauf der Koordinaten ξ_m abhängigen *Metrikkoeffizienten* $\partial \xi_j/\partial x_m$ vorkommen. Diese können aus der Definitionsformel

$$\xi = \xi(\mathbf{x}) \Longleftrightarrow \mathbf{x} = \mathbf{x}(\xi) \qquad (4.17)$$

des numerischen Netzes berechnet werden, indem diese Formel nach den Koordinaten abgeleitet wird.

Für einfache Geometrien ist die Herleitung der Differenzenverfahren für eine bestimmte Differentialgleichung mit wenig Aufwand verbunden. Man kann durch Anwendung genauerer Differenzenformeln, z. B. unter Verwendung mehrerer Nachbarpunkte (Vierpunktformeln, usw.), sogar relativ leicht sehr genaue Differenzenverfahren herleiten. Ein Nachteil ist jedoch, daß bei komplizierten Transformationsformeln zwischen dem Rechen- und physikalischen Raum die Berechnung der Metrikkoeffizienten sehr kompliziert werden und einen entsprechend hohen Programmieraufwand erfordern. Dies führt dazu, daß Differenzenverfahren meist nur für einfache Geometrien angewandt werden.

Durch Anwendung der Differenzenformeln an jedem Gitterpunkt i, j, k und Berücksichtigung der Randbedingungen erhält man algebraische Gleichungen anstelle der Differentialgleichungen. Die Anzahl der Unbekannten (diskreten Variablen) entspricht genau der Anzahl der Gleichungen.

Finite-Volumen-Methoden (FVM)

Es wird direkt im physikalischen Raum diskretisiert, indem das Integrationsgebiet in *finite Volumen* oder *Zellen* unterteilt wird. Diese besitzen die Form allgemeiner Vierecke (2D) oder im Raum allgemeiner Körper mit sechs Seitenflächen (acht Ecken), sog. *Hexaeder*. Dabei ist es gleichgültig, mit welcher Methode dieses Netz erzeugt wurde. Eine Transformationsvorschrift ist nicht notwendig. Abb. 4.11 zeigt die Volumenzelle i, j, k mit den nach außen weisenden Flächennormalen und

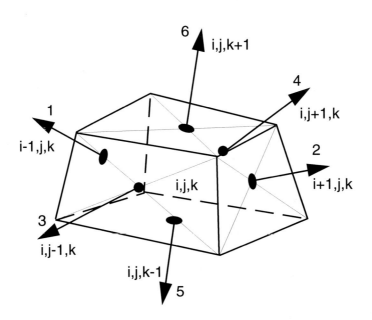

Abb. 4.11: Finite-Volumen Zelle, Normalenvektoren und Indizes der Nachbarzellen.

die Indizes der jeweiligen Nachbarzellen.

Zunächst werden die Grundgleichungen, z. B. die Euler-Gleichungen, über das Volumen des gesamten Integrationsgebietes V integriert:

$$\frac{\partial}{\partial t} \int_V \mathbf{U} dV + \sum_{m=1}^{3} \int_O (\mathbf{F}_m \cdot n_m) \, dO = 0 \quad . \tag{4.18}$$

Dabei wurde für jede Komponente von $\mathbf{F}_m$ der aus der Vektoranalysis stammende *Gauß'sche Integralsatz*

$$\int_V (\nabla \cdot \mathbf{f}) dV = \int_O (\mathbf{f} \cdot \mathbf{n}) dO \quad , \tag{4.19}$$

der für beliebige stetige Funktionen $\mathbf{f}$ gilt, angewandt. Dieser Satz besagt, daß die Divergenz $\nabla \cdot \mathbf{f}$ einer vektoriellen Funktion $\mathbf{f} = [f_1 \ f_2 \ f_3]$ im Innern eines Kontrollvolumens V gleich der durch die Oberfläche dieses Volumens hindurchfließenden

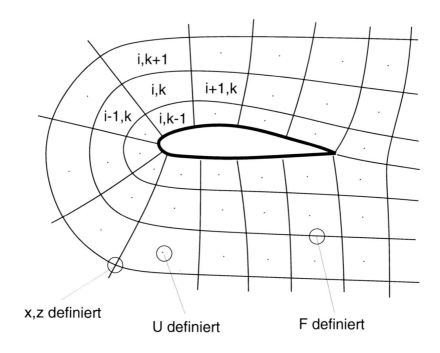

x,z definiert

U definiert

F definiert

Abb. 4.12: Beispiel für die Aufteilung des Strömungsfeldes um ein aerodynamisches Profil in Finite Volumen.

Flüsse ist. O ist die Oberfäche des Berechnungsvolumens und $\mathbf{n} = [n_1 \ n_2 \ n_3]$ der nach außen weisende Normalenvektor.

Das Integral kann in eine Summe über die sechs Seitenflächen einer Volumenzelle (Hexaeder) aufgespalten werden. Der Normalenvektor einer Seitenfläche wird mit $\mathbf{n}_l$ bezeichnet. Der Vektor $\mathbf{O}$ stellt den mit der Fläche multiplizierten Normalenvektor (*Oberflächenvektor*) dar:

$$\mathbf{O}_l = [O_1 \quad O_2 \quad O_3]^T = \mathbf{n}_l \cdot A_l \quad , \quad l = 1 \ldots 6 \quad . \tag{4.20}$$

Darin ist $\mathbf{n}_l$ der Normalenvektor der Fläche l und A_l ihr Flächeninhalt. Für jede einzelne Volumenzelle wird die Grundgleichung approximiert. Sie lautet dann

$$\frac{d}{dt}\mathbf{U}_{ijk}V_{ijk} + \sum_{m=1}^{3}\sum_{l=1}^{6}(\mathbf{F}_{ml}O_{ml})_{ijk} = 0 \quad , \tag{4.21}$$

wobei V_{ijk} das Volumen der Zelle i, j, k ist. Darin ist $\mathbf{F}_{ml}$ der Fluß im Mittelpunkt der Fläche l. Er wird berechnet aus dem Mittelwert der Zustandsgrößen der beiden an die Fläche l angrenzenden Zellen.

Diese Diskretisierung geht davon aus, daß die konservativen Variablen $\mathbf{U}_{ijk}$ in jeder Zelle i, j, k konstant sind. Die Zustandswerte in diesen Zellen (bzw. in den Mittelpunkten der Zellen) repräsentieren den Zustandsvektor. Die Diskretisierung wird also in den Zellmittelpunkten vorgenommen (*Zellenmittelpunktschema*, engl.: *cell centered scheme*). Ein Beispiel zeigt Abb. 4.12. Ergänzend sei erwähnt, daß auch Formulierungen verwendet werden, bei denen die Variablen an den Eckpunkten der Zellen definiert sind (*Zelleneckpunktschema*, engl.: *cell-vertex scheme*).

Anschaulich bedeutet die Gleichung (4.21), daß die zeitliche Änderung der Erhaltungsgrößen in jedem Volumen gleich der über die Volumenränder (Seitenflächen) ein- oder ausströmenden Flüsse ist. Finite-Volumen-Verfahren machen also direkt von der Erhaltungseigenschaft der Differentialgleichungen Gebrauch. Zweite Ableitungen werden durch den Gauß'schen Satz in erste umgewandelt und durch Differenzenverfahren approximiert (Navier-Stokes Gleichungen).

Nach erfolgter Diskretisierung erhält man gekoppelte gewöhnliche Differentialgleichungen in der Zeit für die diskreten Zustandsgrößen in jeder Volumenzelle, die mit einem Zeitintegrationsverfahren (z. B. Runge-Kutta Verfahren, siehe Kap. 4.1.4) gelöst werden.

Die Vorteile der Finite-Volumen Verfahren liegen darin, daß sie bei komplizierteren Netzen und Geometrien besser funktionieren als Differenzenverfahren (sie sind *robust*). Außerdem erfolgt die Formulierung direkt im physikalischen Raum ohne den Umweg über einen Rechenraum, was die Programmierung bei komplizierten Geometrien erleichtert. Daher werden Finite-Volumen Verfahren relativ häufig angewandt.

Finite-Elemente Methoden (FEM)

Finite-Elemente-Methoden sind in der Strukturmechanik weit verbreitet und werden neuerdings auch in der Strömungsmechanik immer häufiger angewandt. Zur Diskretisierung des Integrationsgebietes wird eine Unterteilung in sog. *Elemente* vorgenommen, die meist Dreiecke (in zwei Dimensionen) oder Tetraeder (in drei Dimensionen) sind. Die Eckpunkte dieser Elemente heißen *Knoten*. Es werden unstrukturierte Netze verwendet.

Die Positionen der Knoten im physikalischen Raum sind durch ihre *globalen Koordinaten* gegeben, also in dem kartesischen Koordinatensystem **x**. Man führt nun in jedem Element *lokale Koordinaten ein*, die unabhängig von der tatsächlichen Form des Elementes (z. B. langgestreckt oder annähernd gleichseitig) sind. In diesen lokalen Koordinaten können dann unterschiedlich geformte Elemente formell gleich behandelt werden.

Wir führen als lokale Koordinaten *Flächenkoordinaten* ein:

$$\xi_i = \frac{F_i}{\sum F_i} \qquad , \tag{4.22}$$

die als das Verhältnis der in Abb. 4.13 durch einen beliebigen Punkt abgetrennten Flächen zur Gesamtfläche des Dreiecks gedeutet werden können (analog im Tetraeder). Jeweils zwei Koordinaten verschwinden auf den Knoten des Dreiecks und jeweils eine auf den Seiten. Der Wert der Koordinaten liegt zwischen null und eins, die Summe aller drei Koordinaten ist eins.

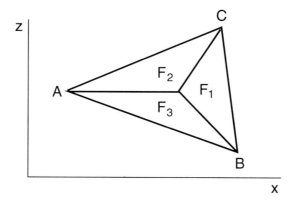

Abb. 4.13: Lokale Koordinaten im Dreieckselement.

Der Zusammenhang der lokalen Koordinaten eines Elementes zu den globalen Koordinaten lautet für einen Tetraeder mit den Eckpunkten A, B, C und D

$$
\begin{pmatrix} x \\ y \\ z \\ 1 \end{pmatrix} = \begin{pmatrix} x_A & x_B & x_C & x_D \\ y_A & y_B & y_C & x_D \\ z_A & z_B & z_C & z_D \\ 1 & 1 & 1 & 1 \end{pmatrix} \cdot \begin{pmatrix} \xi_1 \\ \xi_2 \\ \xi_3 \\ \xi_4 \end{pmatrix} \quad . \tag{4.23}
$$

Die darin vorkommende Matrix heißt *Transformationsmatrix* **T**. Die Gleichung Gl. (4.23) lautet invertiert:

$$
\begin{pmatrix} \xi_1 \\ \xi_2 \\ \xi_3 \\ \xi_4 \end{pmatrix} = \begin{pmatrix} \frac{\partial \xi_1}{\partial x} & \frac{\partial \xi_1}{\partial y} & \frac{\partial \xi_1}{\partial z} & 1 \\ \frac{\partial \xi_2}{\partial x} & \frac{\partial \xi_2}{\partial y} & \frac{\partial \xi_2}{\partial z} & 1 \\ \frac{\partial \xi_3}{\partial x} & \frac{\partial \xi_3}{\partial y} & \frac{\partial \xi_3}{\partial z} & 1 \\ \frac{\partial \xi_4}{\partial x} & \frac{\partial \xi_4}{\partial y} & \frac{\partial \xi_4}{\partial z} & 1 \end{pmatrix} \cdot \begin{pmatrix} x \\ y \\ z \\ 1 \end{pmatrix} \quad . \tag{4.24}
$$

Sie enthält die partiellen Ableitungen der lokalen nach den globalen Koordinaten. Die darin vorkommende inverse Transformationsmatrix $\mathbf{T}^{-1}$ kann nach der Netzgenerierung für jedes Element durch Invertierung von **T** numerisch berechnet und abgespeichert werden. Im zweidimensionalen Fall ist die Invertierung analytisch möglich (3 × 3-Matrix).

Die lokalen Koordinaten werden nun zur Definition von *Basisfunktionen* (auch: *Formfunktionen*) $S_i(\xi)$ (innerhalb eines Elementes definiert) bzw. $S_j(\mathbf{x})$ (innerhalb des gesamten Berechnungsgebietes definiert) verwendet, mit denen dann die endgültige Diskretisierung vorgenommen wird. Finite-Elemente-Basisfunktionen S_i und S_j haben die Eigenschaft, daß sie an einem Knoten i oder j den Wert eins besitzen und an allen anderen Knoten den Wert null.

Eine beliebige Zustandsgröße $u(\mathbf{x})$ kann mit dem Ansatz

$$
u(\mathbf{x}) = \sum_{j=1}^{N_{kn}} u_j \cdot S_j(\mathbf{x}) = \sum_{e=1}^{N_{el}} \sum_{i=1}^{N_{loc}} u_i \cdot S_i(\xi) \tag{4.25}
$$

in den Gebieten zwischen den Knoten approximiert werden (N_{kn} ist die Anzahl der Knoten des Gesamtnetzes, N_{el} die Anzahl der Elemente und N_{loc} ist die Anzahl der Knoten pro Element, d. h. $N_{loc} = 3$ für Dreiecke und $N_{loc} = 4$ für Tetraeder). Dabei sind aufgrund der o. g. Eigenschaft die Ansatzkoeffizienten u_j auch gleichzeitig die Werte der Funktion u an den Knoten j, d. h. $u(\mathbf{x}_j) = u_j$. Es gibt verschiedene Möglichkeiten, die Basisfunktionen zu wählen, z.B. die *lineare Basisfunktionen* $S_i(\xi) = N_i$ im Tetraeder (analog im Dreieck)

$$
\begin{aligned}
N_A &= \xi_1 \\
N_B &= \xi_2 \\
N_C &= \xi_3 \\
N_D &= \xi_4 \quad ,
\end{aligned} \tag{4.26}
$$

wobei die Knoten A, B, C und D die vier Eckpunkte des Tetraeders sind, oder *quadratische Basisfunktionen* (hier für ein Dreieck) $S_i(\xi) = N_i^2$ (mit einem oberen Index 2)

$$
\begin{aligned}
N_A^2 &= 2\xi_1^2 - \xi_1 \\
N_B^2 &= 2\xi_2^2 - \xi_2 \\
N_C^2 &= 2\xi_3^2 - \xi_3 \\
N_D^2 &= 4\xi_1\xi_2 \\
N_E^2 &= 4\xi_2\xi_3 \\
N_F^2 &= 4\xi_3\xi_1 \quad ,
\end{aligned}
\tag{4.27}
$$

wobei die Knoten D, E und F an den Seitenmitten gegenüber den Dreiecksknoten A, B und C definiert sind.

Die Zustandsgrößen werden durch ihre Werte an den Knoten repräsentiert. In den Elementgebieten, also zwischen den Knoten, werden die Basisfunktionen verwendet. Ableitungen werden durch Differentiation von Gl. (4.25) gebildet, also z. B. für eine x-Ableitung

$$
\frac{\partial u}{\partial x_m} = \sum_i^{N_{loc}} u_i \cdot \left(\frac{\partial S_i}{\partial \xi_1} \cdot \frac{\partial \xi_1}{\partial x_m} + \frac{\partial S_i}{\partial \xi_2} \cdot \frac{\partial \xi_2}{\partial x_m} + \frac{\partial S_i}{\partial \xi_3} \cdot \frac{\partial \xi_3}{\partial x_m} + \frac{\partial S_i}{\partial \xi_4} \cdot \frac{\partial \xi_4}{\partial x_m} \right) \quad , \tag{4.28}
$$

d. h. es müssen nur Ableitungen der Basisfunktionen gebildet werden. Die Ableitungen $\partial \xi_i / \partial x_m$ der lokalen nach den globalen Variablen folgen aus Gl. (4.24). Falls höhere als erste Ableitungen vorkommen, so ist darauf zu achten, daß diese auch durch die gewählten Basisfunktionen dargestellt werden können.

Die Differentialgleichung wird nun in einen Integralausdruck umgewandelt, dazu gibt es verschiedene Methoden:

- **Galerkin Verfahren**

  Die mittels Basisfunktionen diskretisierte Differentialgleichung wird mit denselben Basisfunktionen multipliziert und über das gesamte Berechnungsgebiet integriert.

- **Verfahren der gewichteten Residuen**

  oder *Petrov-Galerkin Verfahren*. Die mittels Basisfunktionen diskretisierte Differentialgleichung wird mit anderen geeigneten Funktionen multipliziert und über das gesamte Berechnungsgebiet integriert.

Für die einzelnen Zustandsvariablen können auch unterschiedliche Basisfunktionen verwendet werden. Je nach zugrundeliegenden Gleichungen und Basisfunktionen entsteht innerhalb eines Finite-Elemente Programmsystems ein bestimmter *Elementtyp*, z. B. ein 'inkompressibles Navier-Stokes Dreieckselement mit linearen und quadratischen Basisfunktionen'.

Die Terme der Basisfunktionen und ihrer Ableitungen werden nach folgenden allgemeinen Formeln integriert. Für ein Dreieck:

$$\int\limits_{G_e} (\xi_1^p \cdot \xi_2^q \cdot \xi_3^r)\, dG = 2V \frac{p! \cdot q! \cdot r!}{(p+q+r+2)!} \tag{4.29}$$

und für einen Tetraeder:

$$\int\limits_{G_e} (\xi_1^p \cdot \xi_2^q \cdot \xi_3^r \cdot \xi_4^s)\, dG = 6V \frac{p! \cdot q! \cdot r! \cdot s!}{(p+q+r+s+3)!} \tag{4.30}$$

Darin ist V die Fläche des Dreiecks oder das Volumen des Tetraeders.

Man erhält ein Gleichungssystem, welches bei expliziter Zeitdiskretisierung linear ist. Da aufgrund der Eigenschaften der Basisfunktionen nur Koppelungen zwischen Knoten möglich sind, die einem gemeinsamen Element angehören, ist die Koeffizientenmatrix des Gleichungssystems *dünn besetzt*, d. h. die meisten Matrixelemente sind Null. Diese Eigenschaft wird für effiziente Lösungsalgorithmen genutzt (*Bandspeichertechnik, Hüllspeichertechnik*). Das *Band* beinhaltet alle Elemente der Hauptdiagonale und einer bestimmten Anzahl von Nebendiagonalen, die *Hülle* beinhaltet individuell in jeder Zeile oder Spalte der Matrix alle Elemente von der Hauptdiagonale bis zum letzten nichtverschwindenden Nebendiagonalenelement.

Das Finite-Elemente Verfahren hat den Vorteil, daß aufgrund der unstrukturierten Netze eine sehr flexible Diskretisierung möglich ist, sowohl bezüglich der Approximation komplexer Geometrien als auch bezüglich der Verdichtung der Netzpunkte an besonders interessanten Gebieten im Strömungsfeld (*Netzadaption*).

In der Flexibilität der Methode liegt allerdings auch eine gewisse Schwierigkeit. Die Berechnung von Strömungen innerhalb komplex beranderter Gebiete, z. B. in Behältern oder Rohrleitungssystemen, erfordert auch eine genügende Punktanzahl im Innern des Berechnungsgebietes, damit alle relevanten physikalischen Effekte richtig wiedergegeben werden. Diese Punktanzahl kann von heute existierenden Rechnanlagen oft nicht bewältigt werden. Pro Gitterpunkt ist der Speicherplatzbedarf der Finite-Elemente Methode höher als der von Finite-Differenzen oder Finite-Volumen Verfahren.

Spektralmethoden (SM)

Spektralmethoden beruhen auf der Approximation einer gesuchten Funktion $u(x)$ durch *Funktionensysteme*, die für bestimmte praktische Anwendungen günstige numerische Eigenschaften aufweisen. Anderes als die bisher vorgestellten numerischen Verfahren benötigen Spektralverfahren kein numerisches Netz.

Funktionensysteme approximieren die Funktion $u(x)$ im gesamten Berechnungsgebiet mit Hilfe des *Reihenansatzes*:

$$u(x) = \sum_{k=0}^{N} \hat{u}_k \cdot f_k(x) = \hat{u}_0 \cdot f_0(x) + \hat{u}_1 \cdot f_1(x) + \hat{u}_2 \cdot f_2(x) + \cdots \qquad . \qquad (4.31)$$

Darin bedeuten $\hat{u}_k$ die Ansatzkoeffizienten oder das *Spektrum* (mit dem Index k) von $u(x)$ und $f_k(x)$ die Ansatzfunktionen. Die Abhängigkeit der Funktion u von der unabhängigen Koordinate x ist also in die Ansatzfunktionen übernommen worden. Der obere Index N gibt die um eins reduzierte Anzahl (da die Zählung bei null beginnt) der Reihenglieder an. Je größer N gewählt wird, umso genauer ist die Methode, umso größer aber auch der Rechen- und Speicheraufwand.

Bei der *Fourier-Spektralmethode* sind die Ansatzfunktionen die Sinus/Kosinusfunktionen. Eine zu approximierende Funktion $u(x, z, t)$ (z. B. eine Geschwindigkeitskomponente) wird in eine Fourierreihe in x entwickelt:

$$u(x, z, t) = Real \left\{ \sum_{k=0}^{N} \hat{u}_k(z, t) \cdot \exp(i\ k\ a\ x) \right\} = \sum_{k=0}^{N} \hat{u}_k(z, t) \cdot \cos(k\ a\ x) \qquad (4.32)$$

Darin sind $i = \sqrt{-1}$ die imaginäre Einheit, $a = 2\ \pi/L$ die *Wellenzahl*, L eine vorgegebene Wellenlänge, k der Reihenindex und N der obere Index der mitgenommenen Reihenglieder. Die Amplitudenfunktionen $\hat{u}_k(z, t)$ sind die *Fourier-Koeffizienten*. Diese Koeffizienten sind selbst noch Funktionen von z und t, aber nicht von x. Die x-Abhängigkeit wird durch die *Ansatzfunktionen*, in diesem Falle also von $\exp(i\ k\ a\ x) = \cos(k\ a\ x) + i \cdot \sin(k\ a\ x)$ ausgedrückt.

Die Fourier-Spektralmethode ist besonders für Schwingungen und Wellen geeignet, wobei $\hat{u}_k$ als das Spektrum (Wellenzahlenspektrum) angesehen werden kann. Sie eignet sich nur für räumlich periodische Strömungen. Die p-te Ableitung der o. a. Fourierreihe ist ebenfalls eine Fourierreihe:

$$\frac{\partial^p}{\partial x^p} u(x, z, t) = Real \left\{ \sum_{k=0}^{N-p} i^p\ k^p\ a^p\ \hat{u}_k(z, t) \cdot exp(i\ k\ a\ x) \right\} \qquad . \qquad (4.33)$$

Typischerweise werden nur die Koeffizienten $\hat{u}_k$ anstelle der ursprünglichen Funktionen gespeichert. Am Schluß der Simulation können die Funktionen durch Anwendung der Reihenentwicklung Gl. (4.32) dann aus den Spektral-Koeffizienten berechnet werden. Man spricht in diesem Zusammenhang auch verallgemeinernd vom *physikalischen Raum x* und vom *spektralen Raum k*.

Auch andere Ansatzfunktionen sind für Spektralmethoden geeignet, solange die folgenden Voraussetzungen erfüllt sind:

- **Differenzierbarkeit**

Die Funktionen müssen beliebig oft stetig differenzierbar sein.

- **Orthogonalität**

Es muß innerhalb des Berechnungsgebietes G gelten:

$$\int_G \frac{f_i(x) \cdot f_k(x)}{g(x)} \, dx = \delta_{ik} \cdot const. \qquad (4.34)$$

Dabei ist $g(x)$ eine Gewichtungsfunktion. Dies bedeutet anschaulich, daß sich die einzelnen Funktionen $f_i(x)$ und $f_k(x)$ für $i \neq k$ genügend voneinander unterscheiden müssen.

- **Vollständigkeit**

Es muß innerhalb des Berechnungsgebietes G gelten:

$$\lim_{N \to \infty} \int_G \left[F(x) - \sum_{i=0}^{N} f_i(x) \right]^2 dx \to 0 \qquad (4.35)$$

Dabei ist $F(x)$ eine beliebige Funktion. Dies bedeutet anschaulich, daß eine Approximation aller möglichen Funktionsverläufe möglich sein muß, also nicht z. B. nur symmetrische oder unsymmetrische.

Wenn eine nichtperiodische Funktion, z. B. $w(z)$, approximiert werden soll, so sind Fourier-Ansätze nicht geeignet. Im Intervall $-1 \leq z \leq +1$ sind *Tschebyscheff-Polynome* (siehe L. FOX und I. B. PARKER 1968):

$$T_k(z) = \cos(k \cdot \arccos z) \qquad (4.36)$$

definiert. Die ersten vier Polynome sind (Abb. 4.14):

$$k = 0 \quad : \quad T_0(z) = 1 \qquad (4.37)$$
$$k = 1 \quad : \quad T_1(z) = z \qquad (4.38)$$
$$k = 2 \quad : \quad T_2(z) = 2z^2 - 1 \qquad (4.39)$$
$$k = 3 \quad : \quad T_3(z) = 4z^3 - 3z \quad . \qquad (4.40)$$

Alle weiteren können z.B. mit Hilfe der *Rekursionsformel*

$$T_k = 2z \cdot T_{k-1} - T_{k-2} \qquad (4.41)$$

bestimmt werden. Tschebyscheff-Polynome sind im Intervall $[-1,+1]$ bezüglich der Gewichtungsfunktion $g(z) = (1 - z^2)^{-1/2}$ zueinander orthogonal.

Die Funktionensysteme können durch unterschiedliche Vorgehensweisen zur Approximation der Differentialgleichungen genutzt werden:

- **Kollokationsverfahren.**

  Die Differentialgleichung wird nicht an jeder Stelle des Berechnungsgebietes sondern nur an bestimmten Punkte, den *Kollokationspunkten*, erfüllt.

- **Galerkin Verfahren.**

  Die mit dem Funktionensystem diskretisierte Differentialgleichung wird mit demselben Funktionensystem multipliziert und über das gesamte Berechnungsgebiet integriert.

Man erhält ein System algebraischer Gleichungen, welches mit einem Gleichungslöser behandelt wird. Methoden zur Lösung von Gleichungssytemen werden wir in Kap. 4.1.6 behandeln.

Der Vorteil der Methode liegt in ihrer Genauigkeit bei der Berechnung von Ableitungen. Außerdem können durch geschickte Wahl des Funktionensystems Randbedingungen exakt erfüllt werden, z. B. die Periodizitätsbedingung bei der Fourier-Spektralmethode. Daher werden Spektralmethoden vor allem zur Simulation transitioneller Strömungen eingesetzt, sowie für die direkte numerische Simulation der Turbulenz mit Hilfe der Navier-Stokes Gleichungen. Eine Spektralmethode erlaubt es jedoch nicht, Gebiete mit komplexen Berandungen zu approximieren.

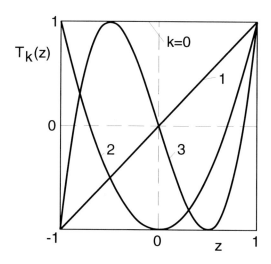

Abb. 4.14: Die ersten vier Tschebyscheff-Polynome.

Beispiel: Tschebyscheff-Matrixmethode.

Die Approximation der Funktion $w(z)$ und ihrer Ableitungen erfolgt nur an den $N+1$ *Kollokationsstellen*

$$z_j = cos\left(\frac{\pi j}{N}\right) \quad , \quad j = 0 \cdots N \quad . \tag{4.42}$$

Mit der Bezeichnung $w_j = w(z_j)$ kann die p-te Ableitung durch die Matrixmultiplikation

$$w_j^{(p)} = \sum_{k=0}^{N} D_{jk}^{(p)} \cdot w_k \quad , \quad j = 0 \cdots N \tag{4.43}$$

oder kurz

$$\mathbf{w}^{(p)} = \mathbf{D}^{(p)} \cdot \mathbf{w} \quad ; \quad \mathbf{D}^{(p)} = \left(\mathbf{D}^{(1)}\right)^p \tag{4.44}$$

berechnet werden.

Die darin vorkommende Matrix $\mathbf{D}^{(1)}$ ist aufgrund der Tschebyscheff-Polynome hergeleitet worden. Ihre Elemente sind

$$D_{00}^{(1)} = \frac{2(2N-1)^2+1}{6} \tag{4.45}$$

$$D_{kj}^{(1)} = \frac{c_k}{c_j}\frac{(-1)^{j+k}}{z_k - z_j} \quad , \quad j \neq k \tag{4.46}$$

$$D_{jj}^{(1)} = -\frac{z_k}{2(1-z^2)} \tag{4.47}$$

$$D_{NN}^{(1)} = -\frac{2(2N-1)^2+1}{6} \tag{4.48}$$

mit $c_0 = 2$ und $c_j = 1$ für $j \neq 0$. Bemerkenswert ist, daß diese Matrix nur von N abhängt.

In Gl. (4.44) sind $\mathbf{w}$ und $\mathbf{w}^{(p)}$ die Vektoren der Funktions- und Ableitungswerte an den Kollokationsstellen. Mit dieser Methode können gewöhnliche lineare Differentialgleichungen im Intervall [-1,+1] sehr genau und effizient gelöst werden. Zudem ist die Programmierung dieser Methode sehr einfach, z. B. wird die *Helmholtzgleichung* mit einer gegebenen Konstanten c auf der rechten Seite

$$\frac{d^2w}{dy^2} - a^2 \cdot w = c \quad ; \quad w(-1) = w(+1) = 0 \tag{4.49}$$

durch die Matrixgleichung

$$\left(\mathbf{D}^{(2)} - a^2\mathbf{I}\right) \cdot \mathbf{w} = \mathbf{c} \qquad (4.50)$$

mit der Einheitsmatrix $\mathbf{I}$ und einem Vektor $\mathbf{c}$ mit $c_i = const$ repräsentiert. Die Lösung ergibt sich durch Auflösung dieser Gleichung nach $\mathbf{w}$, wobei die Matrix $(\mathbf{D}^{(2)} - a^2\mathbf{I})$ invertiert werden muß. Dies ist möglich, nachdem die erste und die letzte Zeile der Matrixgleichung Gl. (4.50) durch die Randbedingungen ersetzt worden sind.

4.1.4 Zeitdiskretisierung

Eine *Diskretisierung* der Zeit, d. h. eine Approximation mit einer bestimmten Anzahl von Stützstellen für die Zeitrichtung t, ist in Abb. 4.15 skizziert.

Ein beliebiger Punkt t^n auf der Zeitachse ist

$$t^n = n \cdot \Delta t \qquad . \qquad (4.51)$$

Dabei ist n der *Zeitindex* (oberer Index, wird wie ein Exponent geschrieben) und Δt eine vorgegebene *Zeitschrittweite*.

Als Beispiel werde die skalare Modellgleichung für eine unbekannte kontinuierliche Funktion $u = u(t)$ betrachtet

$$\frac{du}{dt} = f[u(t)] \quad , \quad u(t = 0) = u_0 \qquad (4.52)$$

mit gegebenem *Anfangswert* u_0 zum Zeitpunkt $t = 0$. Hier bedeutet $f[u(t)]$ der Operator der Differentialgleichung, z. B. $f[u(t)] = u(t)$, $f[u(t)] = 2u^2(t) - 1$ oder $f[u(t)] = \sin[u(t)]$. Die Gleichungen stellen ein *Anfangswertproblem* dar. Die unabhängige Variable ist die Zeit t, die abhängige Variable die Funktion u.

Zur Vereinfachung der Schreibweise wird definiert:

$$u(t^n) = u^n \quad , \quad f[u(t^n)] = f[u^n] = f^n \qquad . \qquad (4.53)$$

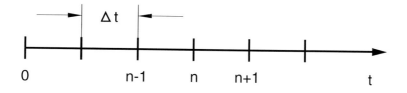

Abb. 4.15: Prinzip der zeitlichen Diskretisierung.

Man geht nun stets davon aus, daß der Funktionswert u^{n+1} zum zukünftigen Zeitpunkt t^{n+1} berechnet werden soll, während u^n zum aktuellen Zeitpunkt t^n und ggf. die Werte u^{n-1}, u^{n-2} usw. zu vergangenen Zeitpunkten bekannt sind. Die Berechnung von u^{n+1} nennt man einen *Zeitschritt*.

Beurteilungskriterien für Zeitschrittverfahren sind neben der Genauigkeit auch die *Stabilität*. Dies wird im Kap. 4.2 noch genau erläutert werden. Es sei jedoch schon hier darauf hingewiesen, daß die Zeitschrittverfahren unterschiedliche Stabilitätseigenschaften aufweisen. Ein Verfahren, das unter bestimmten Umständen (z. B. wenn Δt zu groß gewählt wurde) keine sinnvolle Lösungen mehr liefert, bezeichnet man als *instabil*.

Explizites Euler-Verfahren oder *Euler-Vorwärts Verfahren*:

Der Differentialquotient der Zeitableitung wird durch einen Differenzenquotienten ersetzt und die rechte Seite aus der Zeitschicht n genommen:

$$\frac{u^{n+1} - u^n}{\Delta t} = f^n \qquad \Longleftrightarrow \qquad u^{n+1} = u^n + \Delta t \cdot f[u^n] \qquad . \qquad (4.54)$$

Das Verfahren läßt sich in Abb. 4.16 graphisch interpretieren. Die exakte Funktion $u(t)$ wird an der Stelle (t^n, u^n) durch die Tangente an den Kurvenverlauf von $u(t)$ im Punkt (t^n, u^n) ersetzt (angenähert). Der Wert der Tangentensteigung in diesem Punkt ergibt sich gemäß Gl. (4.52) durch Berechnung des gegebenen Differentialoperators $f[u^n]$ als Funktion der bekannten Werte u^n, u^{n-1}, u^{n-2} usw.

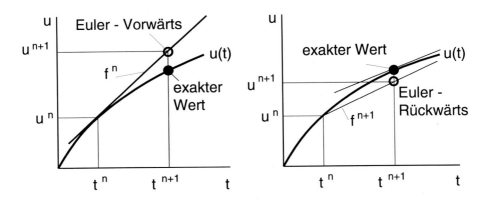

Abb. 4.16: Graphische Interpretation des expliziten Euler-Verfahrens (Euler-Vorwärts-Verfahrens) und des impliziten Euler-Verfahrens (Euler-Rückwärts-Verfahrens).

Man erhält als neuen Wert u^{n+1} nur eine Approximation des exakten Wertes u^{exakt}. Die Differenz $u^{n+1} - u^{exakt}$ bezeichnet man als *Approximationsfehler*. Dieser ist natürlich umso größer, je größer $\Delta t = t^{n+1} - t^n$ ist. Das Verfahren wird als *explizit* bezeichnet, weil sich diese Formel nach der unbekannten Größe u^{n+1} auflösen läßt, während auf der rechten Seite von Gl. (4.55) auschließlich bekannte Werte zu vergangenen Zeitpunkten stehen:

$$u^{n+1} = u^n + \Delta t \cdot f^n \quad . \tag{4.55}$$

Dieses Verfahren hat den Vorteil, daß es sehr einfach zu programmieren ist. Es ist jedoch relativ ungenau und kann leicht instabil werden.

Implizites Euler-Verfahren oder *Euler-Rückwärts Verfahren*:

Der Differentialquotient der Zeitableitung wird durch einen Differenzenquotienten ersetzt und die rechte Seite aus der Zeitschicht $n + 1$, die ebenfalls unbekannt ist, genommen:

$$\frac{u^{n+1} - u^n}{\Delta t} = f^{n+1} \quad \Longleftrightarrow \quad u^{n+1} = u^n + \Delta t \cdot f[u^{n+1}] \quad . \tag{4.56}$$

Graphisch bedeutet dies, daß die Tangente an der Stelle t^{n+1} genommen wird, siehe Abb. 4.16. Das Verfahren wird als *implizit* bezeichnet, weil sich diese Formel im allgemeinen <u>nicht</u> nach der unbekannten Größe u^{n+1} auflösen läßt (implizite Gleichung). Das Verfahren erfordert daher einen größeren Programmieraufwand. Die Genauigkeit entspricht der des expliziten Euler-Verfahrens. Im Gegensatz zu expliziten Verfahren, die leicht numerisch instabil werden können, besitzt dieses Verfahren günstige Stabilitätseigenschaften, die man anhand Abb. 4.16 veranschaulichen kann.

Adams-Bashforth Verfahren:

Um die Genauigkeit zu erhöhen werden die Differentialquotienten durch Differenzenquotienten höherer Ordnung approximiert. Dazu ist es notwendig, Werte zu zwei alten Zeitpunkten u^n und u^{n-1} in die Formel miteinzubeziehen:

$$\begin{aligned} \frac{u^{n+1} - u^n}{\Delta t} &= f^n + \frac{1}{2}(f^n - f^{n-1}) \\ u^{n+1} &= u^n + \Delta t(\frac{3}{2}f^n - \frac{1}{2}f^{n-1}) \quad . \end{aligned} \tag{4.57}$$

Dieses Verfahren ist explizit. Die Genauigkeit gegenüber dem Euler-Verfahren erhöht sich beträchtlich. Allerdings ist der Rechen- und Speicherplatzaufwand höher, da zwei alte Zeitschichten abgespeichert werden müssen.

Prädiktor-Korrektor Verfahren:

Hierbei werden die Genauigkeit und die Stabilität dadurch erhöht, daß eine erhaltene erste Lösung $\overline{u}$ nur als eine grobe Voraussage betrachtet wird (*Prädiktorschritt*), die durch einen zweiten Schritt (*Korrektorschritt*) verbessert wird: Der Prädiktorschritt ist

$$\overline{u}^{n+1} = u^n + \Delta t \cdot f^n \tag{4.58}$$

und der Korrektorschritt

$$u^{n+1} = u^n + \frac{\Delta t}{2}(f^n + \overline{f}^n) \tag{4.59}$$

mit $\overline{f}^n = f[\overline{u}^n]$.

Runge-Kutta Verfahren:

Die Genauigkeit und Stabilität wird dadurch erhöht, daß Werte zwischen der Zeitschicht n und der Zeitschicht $n+1$ berücksichtigt werden. Es gibt verschiedene Varianten, die alle explizit sind. Je höher die Ordnung, desto besser sind neben der Genauigkeit auch die Stabilitätseigenschaften. Das Runge-Kutta Verfahren vierter Ordnung lautet:

$$K_1 = f(u^n) \quad ; \quad K_2 = f(u^n + \frac{1}{2}\Delta t K_1)$$

$$K_3 = f(u^n + \frac{1}{2}\Delta t K_2) \quad ; \quad K_4 = f(u^n + \Delta t K_3)$$

$$u^{n+1} = u^n + \frac{1}{6}\Delta t(K_1 + 2K_2 + 2K_3 + K_4) \quad . \tag{4.60}$$

Dieses Verfahren ist sehr genau, besitzt aber den Nachteil, daß vier Zwischenergebnisse $K_1 \cdots K_4$ abgespeichert werden müssen. Es gibt aber auch Varianten, die bezüglich des Speicheraufwandes optimiert sind (sog. *low-storage Runge-Kutta Verfahren*).

Crank-Nicholson Verfahren:

Genauigkeit zweiter Ordnung wird dadurch erreicht, daß die rechte Seite als arithmetischer Mittelwert aus der alten und neuen Zeitschicht angenommen wird:

$$\frac{u^{n+1} - u^n}{\Delta t} = \frac{1}{2}(f^n + f^{n+1}) \quad . \tag{4.61}$$

Das Verfahren ist implizit und besitzt damit den Vorteil, daß es *unbedingt stabil* ist. Außerdem ist es sehr genau.

4.1.5 Fehlerarten

Die Abweichung der numerisch erhaltenen Lösung von einer gegebenen exakten (analytischen Lösung) eines Problems bezeichnet man als *numerischen Fehler*. Ein Fehler einer gewissen Größe ist bei einer numerischen Berechnung unvermeidlich. Man unterscheidet verschiedene *Fehlerarten*:

Rundungsfehler

Die Genauigkeit und der Bereich der Zahlendarstellung in einem Digitalrechner sind aufgrund der internen Zahlendarstellung begrenzt. Dies bedeutet, daß bei jeder arithmetischen Operation auf- oder abgerundet werden muß. Dabei entsteht der *Rundungsfehler*.

Interne *Zahlendarstellungen* von *Fließkommazahlen* (Zahlen von begrenzter Genauigkeit, Fortran: REAL) sind folgendermaßen aufgebaut:

$$z = z_S \cdot z_M \cdot 2^{z_E} \qquad . \qquad (4.62)$$

Darin ist z_S das Vorzeichen ($+$ oder $-$), z_M die Mantisse und z_E der Exponent der Zahl z. Diese drei Teile werden im Rechner *binär*, also mit Hilfe des *Zweiersystems*, das nur die Ziffern 0 und 1 kennt, dargestellt. Genauigkeit und Bereich der

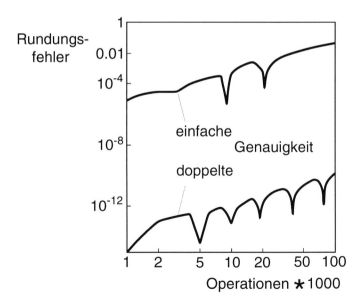

Abb. 4.17: Akkumulation von Rundungsfehlern.

Zahlendarstellung werden dadurch bestimmt, wieviele binäre Ziffern für Mantisse und Exponent verwendet werden.

Beispielsweise ist bei einem Fließkommaformat (einfache Genauigkeit mit 32 bit insgesamt) mit einer 22-bit Mantisse die Genauigkeit ungefähr $1/2^{23}$ oder 7 Dezimalstellen, und der Zahlenbereich mit einem 8-bit Exponenten zwischen 10^{-38} und 10^{38}. Bei doppelter Genauigkeit (Fortran: REAL*8 oder DOUBLE PRECISION) stehen insgesamt 64 bit zur Verfügung.

In der numerischen Strömungsmechanik reicht einfache Genauigkeit (d. h. 32 Bit = 4 Byte) Zahlendarstellung meistens nicht aus, sondern es muß in doppelter Genauigkeit (64 bit = 8 Byte) programmiert werden. Der Grund liegt in der Akkumulation von *Rundungsfehlern* bei einer großen Zahl arithmetischer Operationen. In Abb. 4.17 ist der Rundungsfehler für die n-fache Addition der Zahl Eins über n aufgetragen. Das Ergebnis weicht von dem erwarteten Ergebnis n um den auf der vertikalen Achse logarithmisch aufgetragenen Rundungsfehler ab. Der Rundungsfehler ist bei einfacher Genauigkeit bei einigen tausend Operationen bereits im Promillebereich, also nicht akzeptabel! Dagegen bleibt er bei doppelter Genauigkeit vernachlässigbar klein.

Approximationsfehler

Eine andere Fehlerart entsteht dadurch, daß eine Diskretisierung den genauen Verlauf von Funktionen nur unzureichend (lückenhaft) wiederspiegelt. Dadurch werden Ableitungen nur ungenau berechenbar. Die Differenz zwischen einem numerisch berechneten und dem exakten Wert (falls bekannt) bezeichnet man als *Approximationsfehler*, oder auch *Abbruchfehler*, *Diskretisierungsfehler*.

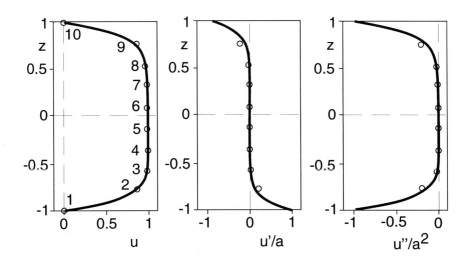

Abb. 4.18: Zum Approximationsfehler einer gegebenen Funktion.

Dies sei an einem Beispiel veranschaulicht: Die analytisch gegebene Funktion

$$u(z) = \frac{\cosh(a \cdot z) - \cosh a}{1 - \cosh a} \tag{4.63}$$

mit $a = 10$ ist in Abb. 4.18 (links) gezeigt. Sie sei an zehn Stellen $z_i = -1 + 2 \cdot i/9$ im Intervall $-1 \le z \le 1$ diskretisiert. Die Funktion besitzt näherungsweise die Form des turbulenten Geschwindigkeitsprofils in einem Kanal. Die Ableitungen, die analytisch bekannt sind, werden mittels zentraler Differenzenformeln berechnet. (Finite-Elemente und Finite-Volumen Verfahren führen in diesem eindimensionalen Fall ebenfalls auf diese Formeln.) Die folgende Tabelle gibt die jeweiligen Werte für die erste und zweite Ableitung an den inneren Punkten an (siehe auch Abb. 4.18):

i	z	u	u'/a	u''/a^2	u'_{num}/a	u''_{num}/a^2
2	-0.7778	0.8917	0.1084	-0.1084	0.2224	-0.1610
3	-0.5556	0.9883	0.0117	-0.0117	0.0241	-0.0174
4	-0.3333	0.9988	0.0013	-0.0013	0.0026	-0.0019
5	-0.1111	0.9999	0.0001	-0.0002	0.0003	-0.0002
6	0.1111	0.9999	-0.0001	-0.0002	-0.0003	-0.0002
7	0.3333	0.9988	-0.0013	-0.0013	-0.0026	-0.0019
8	0.5556	0.9883	-0.0117	-0.0117	-0.0241	-0.0174
9	0.7778	0.8917	-0.1084	-0.1084	-0.2224	-0.1610

Es ist ersichtlich, daß der Diskretisierungsfehler nahe den Rändern am größten ist. Da dort jedoch die Funktions- und Ableitungswerte ebenfalls am größten sind, ist es zweckmäßig, durch den Ableitungswert zu dividieren, also relative Fehler zu betrachten. Der relative Diskretisierungsfehler beträgt überall für die erste Ableitung etwa 100 und für die zweite Ableitung etwa 50 Prozent!

Der genaue Wert des Diskretisierungsfehlers einer bestimmten numerischen Berechnung kann nicht ohne weiteres ermittelt werden, da die exakte Lösung nicht bekannt ist (es sei denn, es handelt sich um ein 'Testproblem', das exakt lösbar ist). Bei praktischen Problemen behilft man sich deshalb mit einer Abschätzung, bzw. mit Erfahrungen über das Verhalten des Approximationsfehlers (siehe nächstes Kapitel).

4.1.6 Lösung von Gleichungssystemen

Die Lösung von Gleichungssystemen gehört zu den grundlegenden numerischen Techniken, auf die in der numerischen Strömungsmechanik zurückgegriffen wird. So resultiert ein implizites Verfahren (z. B. das implizte Euler-Verfahren oder das Crank-Nicholson Verfahren, siehe Kap. 4.1.4) immer in einem Gleichungssystem. Wir setzen voraus, daß durch das jeweils verwendete numerische Verfahren eine Linearisierung der Ausgangsgleichungen (Navier-Stokes- oder Reynoldsgleichungen) durchgeführt wird und behandeln daher nur Methoden zur Lösung *linearer Gleichungssysteme* der Form:

$$\mathbf{A} \cdot \hat{\mathbf{w}} = \hat{\mathbf{r}} \qquad (4.64)$$

mit der Koeffizientenmatrix $\mathbf{A}$, dem Vektor $\hat{\mathbf{w}}$ der M Unbekannten w_i (M ist die *Ordnung des Gleichungssystems* oder die Anzahl der Gleichungen)

$$\hat{w} = [\, w_1 \, w_2 \, w_3 \, \ldots \, w_i \, \ldots \, w_M \,]^T \qquad (4.65)$$

und dem Vektor der rechten Seite

$$\hat{\mathbf{r}} = [\, r_1 \, r_2 \, r_3 \, \ldots \, r_i \, \ldots \, r_M \,]^T \qquad . \qquad (4.66)$$

Wir setzen voraus, daß die Koeffizientenmatrix nicht *singulär* ist, also ihre Determinate nicht verschwindet. Dann kann man schreiben

$$\hat{\mathbf{w}} = \mathbf{A}^{-1} \cdot \hat{\mathbf{r}} \quad ; \quad |A| \neq 0 \qquad . \qquad (4.67)$$

Darin wird $\mathbf{A}^{-1}$ die *Inverse* von $\mathbf{A}$ genannt.

Es kommt oft vor, daß die meisten Elemente der Matrix $\mathbf{A}$ den Wert Null besitzen. Derartige Matrizen bezeichnet man als *schwach besetzt* (andernfalls *voll besetzt*). Man unterscheidet folgende Arten schwach besetzter Matrizen, siehe Abb. 4.19:

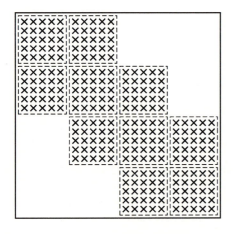

Block-Tridiagonalmatrix

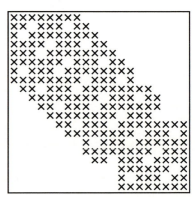

Bandmatrix

Abb. 4.19: Beispiele für die Struktur schwach besetzter Gleichungs-Matrizen.

- **Diagonalmatrix**

  Nur die Elemente a_{ii} der Diagonale von **A** sind von Null verschieden, alle anderen Elemente besitzen den Wert Null.

- **Tridiagonalmatrix**

  Nur die Elemente a_{ii}, $a_{i,i+1}$ und $a_{i,i-1}$ sind von Null verschieden. Insgesamt sind also drei Diagonalen (Hauptdiagonale und zwei Nebendiagonalen) besetzt. Sind die Elemente von **A** selbst Matrizen (Untermatrizen), so heißt die Matrix **A** *block-tridiagonal*.

- **Bandmatrix**

  Nur die Elemente a_{ij}, $|i - j + 1| \leq b/2$, also die Elemente in einem Abstand $b/2$ von der Diagonale sind von Null verschieden. Man bezeichnet b als die *Bandbreite* von **A**. Die Bandbreite ist gleich der maximalen Kontennummer-Differenz (bei einfacher Indizierung der Knoten) multipliziert mit der Anzahl der Unbekannten pro Knoten.

Während die vollbesetzte Matrix M^2 Speicherplätze belegt, kann für schwach besetzte Matrizen der Speicherbedarf durch besondere Speichertechniken reduziert werden. Diagonalmatrizen benötigen dann M, Tridiagonalmatrizen $3M$ und Bandmatrizen etwa $b \cdot M$ Speicherplätze.

Bei Finite-Differenzen-, Finite-Volumen- und Finite-Elemente-Methoden sind die entstehenden Matrizen schwach besetzt, da Verknüpfungen zwischen den Zustandsgrößen an einem Punkt (Knoten) nur mit den jeweils benachbarten Punkten vorkommen.

Wir wollen die Bandbreite und den Speicherbedarf abschätzen, die bei einer Diskretisierung mit einem dreidimensionalen strukturierten Netz mit $N_1 = N_2 = N_3 = N$ Gitterpunkten in allen Richtungen entstehen, mit $M = 5 \cdot N^3$. Die Anzahl der Unbekannten pro Knoten sei 5 (gilt z. B .für die Navier-Stokes Gleichungen oder die Reynoldsgleichungen mit algebraischem Turbulenzmodell):

Berücksichtigt man die Bandstruktur nicht, sondern speichert die Bandmatrix wie eine vollbesetzte Matrix ab, so sind $M^2 = 25 \cdot N^6$ Speicherplätze erforderlich. Mit Berücksichtigung einer Bandstruktur gilt:

$$\text{Speicherbedarf} \approx M \cdot b = 25N^5 \qquad . \tag{4.68}$$

Zum Vergleich: Bei zweidimensionalen Problemen $M = 4 \cdot N^2$ ist der Speicherbedarf bei vollbesetzter Matrix $16 \cdot N^4$ und bei Berücksichtigung der Bandstruktur $16 \cdot N^3$.

Beispiel: Flugzeugtragflügel

Zur Berechnung der Strömung um einen Flugzeugtragflügel benötigt man mindestens $N = 50$ Punkte in jeder Koordinatenrichtung. Nach Gl. (4.68) wären $7.8 \cdot 10^9$ Speicherplätze zur Abspeicherung der Bandmatrix erforderlich. Dies übersteigt die Kapazität der Hochleistungsrechner erheblich. Es müssen daher Methoden verwendet werden, bei denen die Abspeicherung der Koeffizientenmatrizen nicht erforderlich ist.

Wir erkennen, daß selbst bei Berücksichtigung geschickter Speichertechniken die Abspeicherung der Koeffizientenmatrix **A** für praktische dreidimensionale Probleme nicht möglich ist. Damit entfällt, außer in Sonderfällen, auch die Möglichkeit $\mathbf{A}^{-1}$ zu berechnen (z. B. mit einem numerischen Standardverfahren aus einer Programmbibliothek).

Bei expliziten Verfahren ist die Abspeicherung und Lösung eines Gleichungssystems nicht erforderlich, da die Diskretisierung an jedem Gitterpunkt auf Gleichungen führt, die von denjenigen an den Nachbarpunkten entkoppelt sind. Um die Zustandsgrößen zur Zeit $n + 1$ zu berechnen genügt es, diese zur Zeitschicht n (u. U. auch $n - 1$, z. B. beim Adams-Bashforth-Verfahren) abzuspeichern (Beispiele: DuFort-Frankel-Verfahren, McCormack-Verfahren, Finite-Volumen Runge-Kutta Verfahren, Taylor-Galerkin Verfahren).

Bei impliziten Verfahren muß ein Gleichungssystem gelöst werden. Man teilt Verfahren zur Lösung von Gleichungssystemen in Iterationsverfahren und direkte (nichtiterative) Verfahren ein. Direkte Verfahren sind für schwach besetzte Matrizen nicht geeignet, da im Verlauf der Lösung neue Matrixelemente 'entstehen', d. h. nicht besetzte Elemente werden aufgefüllt. Dies ist bei Iterationsverfahren nicht der Fall.

Iterationsverfahren

Iterationsverfahren beruhen darauf, daß vorgegebene Anfangswerte für $\hat{\mathbf{w}}^\nu$ mit $\nu = 0$, die Gl. (4.64) nicht erfüllen, für die Berechnung verbesserter Werte $\hat{\mathbf{w}}^{\nu+1}$ herangezogen werden. Diese werden wiederum als neue Ausgangswerte benutzt. Jede neue Berechnung bezeichnet man als *Iterationsschritt*. Die Iteration wird solange durchgeführt, bis das Residuum

$$R_\nu^{max} = \max_{i,j,k} |w_{\nu;i,j,k} - w_{\nu-1;i,j,k}| \tag{4.69}$$

eine gegebene Schranke unterschreitet. Ein Iterationsverfahren unterliegt ähnlichen Gesetzmäßigkeiten wie ein Zeitschrittverfahren, z. B. bezüglich des Verhaltens von Fehlern (siehe Kap. 4.2.1). Eine Einführung in Iterationsverfahren, die in der Strömungsmechanik gebräuchlich sind, gibt B. NOLL 1993.

Um eine übersichtliche Schreibweise zu erhalten, spalten wir die schwach besetzte Koeffizientenmatrix in eine untere (linke) schwach besetzte Dreicksmatrix **L** mit den Elementen

$$l_{ij} = a_{ij}, \ i < j \quad ; \quad l_{ij} = 0, \ i > j \quad , \tag{4.70}$$

eine Diagonalmatrix **D** mit

$$d_{ii} = a_{ii} \quad ; \quad d_{ij} = 0, \ i \neq j \tag{4.71}$$

und eine obere (rechte) schwach besetzte Dreicksmatrix **U**

$$u_{ij} = a_{ij}, \ i > j \quad ; \quad u_{ij} = 0, \ i < j \tag{4.72}$$

auf:

$$\mathbf{A} = \mathbf{L} + \mathbf{D} + \mathbf{R} \quad . \tag{4.73}$$

Gl. (4.64) lautet dann:

$$(\mathbf{L} + \mathbf{D} + \mathbf{R}) \cdot \hat{\mathbf{w}} = \hat{\mathbf{r}} \quad . \tag{4.74}$$

Folgende Iterationsverfahren sind zur Lösung geeignet:

- **Jakobi-Iteration**

  oder *Gesamtschrittverfahren*. Gl. (4.74) wird nach der Unbekannten $\hat{\mathbf{w}}$ aufgelöst. Die auf der rechten Seite vorkommenden Elemente des Vektors $\hat{\mathbf{u}}$ werden aus dem alten Iterationsschritt ν genommen:

  $$\hat{\mathbf{u}}^{\nu+1} = \mathbf{D}^{-1} \left[\hat{\mathbf{r}} - (\mathbf{L} + \mathbf{R}) \hat{\mathbf{w}}^\nu \right] \tag{4.75}$$

  oder in Komponentenschreibweise

  $$w_i^{\nu+1} = \frac{1}{a_{ii}} \left(r_i - \sum_{\substack{j=1 \\ j \neq i}}^{M} a_{ij} w_j^\nu \right) \quad . \tag{4.76}$$

Die Werte von $\hat{\mathbf{w}}^{\nu+1}$ können somit unabhängig voneinander und in beliebiger Reihenfolge berechnet werden. Eine Bedingung für die Konvergenz dieses Verfahrens ist das *Zeilensummenkriterium*

$$\max |a_{ij}| > \max \sum_{\substack{j=1 \\ j \neq i}}^{M} a_{ij} \quad , \tag{4.77}$$

welches besagt, daß der Betrag des i-ten Hauptdiagonalelementes größer als die Summe der Beträge der restlichen Elemente der i-ten Zeile sein muß. Matrizen, die dieses Kriterium erfüllen, nennt man *diagonal dominant*.

- **Gauss-Seidel Iteration (GS)**

oder *Einzelschrittverfahren*. Hier wird bei der Berechnung der i-ten Unbekannten davon Gebrauch gemacht, daß die Werte w_j; $j < i$ bereits neu berechnet worden sind:

$$\hat{\mathbf{u}}^{\nu+1} = \mathbf{D}^{-1}\left[\hat{\mathbf{r}} - \mathbf{L}\hat{\mathbf{w}}^{\nu+1} - \mathbf{R}\hat{\mathbf{w}}^{\nu}\right] \tag{4.78}$$

oder in Komponentenschreibweise

$$w_i^{\nu+1} = \frac{1}{a_{ii}}\left(r_i - \sum_{j=1}^{i-1} a_{ij}w_j^{\nu+1} - \sum_{j=i+1}^{M} a_{ij}w_j^{\nu}\right) \quad . \tag{4.79}$$

Die Iteration führt schneller zur Konvergenz als bei Verwendung der Jakobi-Iteration.

- **Relaxationsverfahren (SOR)**

(SOR = successive over-relaxation) Eine weitere Beschleunigung läßt sich u. U. durch gewichtete Mittelung der rechten Seite von Gl. (4.78) und der alten Iteration $\hat{\mathbf{w}}^{\nu}$ mit einem *Relaxationsfaktor* ω erreichen:

$$\hat{\mathbf{u}}^{\nu+1} = (1-\omega)\cdot\hat{\mathbf{w}}^{\nu} + \omega\cdot\mathbf{D}^{-1}\left[\hat{\mathbf{r}} - \mathbf{L}\hat{\mathbf{w}}^{\nu+1} - \mathbf{R}\hat{\mathbf{w}}^{\nu}\right] \quad . \tag{4.80}$$

Bei Wahl von $0 < \omega < 1$ wird damit die Änderung in jedem Iterationsschritt abgeschwächt, d.h. Oszillationen im Verlauf der Iterationen gedämpf.

- **Block-Iterationsverfahren**

Diese stellen eine Mischung von direkten Verfahren und Iterationsverfahren dar. Die o. g. Iterationsverfahren lassen sich als *Block-Iterationsverfahren* formulieren, indem bestimmte Gruppen von Variablen (z. B. alle Unbekannten entlang einer Gitterlinie) zu Unbekanntenvektoren $\hat{\mathbf{w}}_k$ zusammengefaßt werden. Diese bilden Untervektoren von $\hat{\mathbf{w}}$:

$$\hat{\mathbf{w}} = [\hat{\mathbf{w}}_1^T\,\hat{\mathbf{w}}_2^T\ldots\hat{\mathbf{w}}_k^T\ldots\hat{\mathbf{w}}_K^T]^T \quad . \tag{4.81}$$

Entsprechend werden $\hat{\mathbf{r}}$ und $\mathbf{A}$ unterteilt. Die Matrix $\mathbf{A}$ muß umgeordnet werden und zerfällt in Untermatrizen:

$$\mathbf{A} = \begin{bmatrix} \mathbf{A}_{11} & \mathbf{A}_{12} & \ldots & \mathbf{A}_{1k} & \ldots & \mathbf{A}_{1K} \\ \mathbf{A}_{21} & \mathbf{A}_{22} & \ldots & \mathbf{A}_{2k} & \ldots & \mathbf{A}_{2K} \\ \vdots & \vdots & \ddots & \vdots & & \vdots \\ \mathbf{A}_{k1} & \mathbf{A}_{k2} & \ldots & \mathbf{A}_{kk} & \ldots & \mathbf{A}_{kK} \\ \vdots & \vdots & & \vdots & \ddots & \vdots \\ \mathbf{A}_{K1} & \mathbf{A}_{K2} & \ldots & \mathbf{A}_{Kk} & \ldots & \mathbf{A}_{KK} \end{bmatrix} \quad . \tag{4.82}$$

Damit lautet beispielsweise das Gauß-Seidel Verfahren Gl. (4.79):

$$\mathbf{w}_k^{\nu+1} = \mathbf{A}_{kk}^{-1} \left(\hat{\mathbf{r}}_k - \sum_{j=1}^{k-1} \mathbf{A}_{kj} \hat{\mathbf{w}}_j^{\nu+1} - \sum_{j=k+1}^{M} \mathbf{A}_{ij} \hat{\mathbf{w}}_j^{\nu} \right) \quad . \tag{4.83}$$

Dabei muß die Untermatrix $\mathbf{A}_{kk}$ invertiert werden. Liegen die zu einem Untervektor zugehörigen Punkte entlang einer Gitterlinie, so bezeichnet man dieses Verfahren als *Linien-Gauß-Seidel-Verfahren* (im Unterschied zum o. a. *Punkt-Gauß-Seidel-Verfahren*).

Blockiterationsverfahren besitzen eine ausgezeichnete Richtung, nämlich diejenige Gitterlinienschar, entlang derer die Punkte in einem Block $\hat{\mathbf{w}}_k$ zusammengefaßt sind. Die Invertierung von $\mathbf{A}_{kk}$ kann mit einem direkten Verfahren (siehe unten) erfolgen, also in einem Schritt ohne Iterationen. Diese Gitterlinienschar wird damit 'bevorzugt'. Die Konvergenz des Gesamtverfahrens wird beschleunigt, wenn man den Vorteil der direkten Lösung wechselweise den drei Gitterlinienscharen eines strukturierten Netzes zugute kommen läßt, also die Aufteilung des Vektors $\hat{\mathbf{w}}$ in Untervektoren nach jeder Iteration erneut vornimmt (umordnen!). Diese Vorgehensweise bezeichnet man als Methode der *alternierenden Richtungen* ADI (alternate direction iteration).

- **andere Iterationsverfahren**

Bei der *unvollständigen L-U-Zerlegung* ILU (incomplete L-U-decomposition) wird die Matrix $\mathbf{A}$ näherungsweise in das Produkt einer unteren und einer oberen Dreiecksmatrix zerlegt. Die Näherung gegenüber der vollständigen L-U-Zerlegung (siehe unten) besteht darin, daß in $\mathbf{L}$ und $\mathbf{U}$ nur diejenigen Matrixelemente berechnet werden, die in $\mathbf{A}$ besetzt sind. Es werden also keine Zwischenräume mit neuen Elementen aufgefüllt.

Verfahren mit *konjugierten Gradienten* (CG-Verfahren) beruhen auf der Darstellung der Lösung als Linearkombination

$$\mathbf{w} = \mathbf{w}_0 + \sum_{i=1}^{M-1} h_i \cdot \mathbf{p}_i \tag{4.84}$$

mit den 'A-konjugierten' Vektoren $\mathbf{p}_i$, welche die Bedingung

$$\mathbf{p}_i \mathbf{A} \mathbf{p}_j = 0 \quad , \qquad i \neq j \tag{4.85}$$

erfüllen. Mit Hilfe dieser Vektoren lassen sich effiziente Iterationsvorschriften konstruieren, näheres siehe B. NOLL 1993.

Direkte Verfahren

Diese Lösungsmethoden finden Anwendung bei Spektralmethoden (da vollbesetzte Matrizen vorliegen), bei den oben beschriebenen Block-Iterationsverfahren und bei Verfahren, die auf tridiagonale oder Block-Tridiagonale Matrizen führen (z. B. das Beam und Warming Verfahren). Wir wollen hier keine ausführliche Beschreibung der direkten Lösungsmethoden angeben, da dies den Rahmen dieses Buches sprengen würde. Diese Algorithmen sind in Unterprogrammbibliotheken verfügbar.

Man unterscheidet:

- **Gauß-Elimination**

  siehe z. B. G. JORDAN-ENGELN, F. REUTTER 1976. Dieses Verfahren benötigt zur Invertierung einer vollbesetzten Matrix $\mathbf{A}$ der Ordnung M eine Anzahl von $O(M^3)$ Operationen. Zu beachten ist, daß sich Rundungsfehler entprechend Abb. 4.17 akkumulieren. Dies kann bei Matrizen mit $M > 400$ zu ungenauen Ergebnissen führen (auch mit doppelter Genauigkeit).

- **L-U-Zerlegung**

  Die Matrix $\mathbf{A}$ wird in das Produkt aus einer unteren und einer oberen Dreiecksmatrix zerlegt. Gl. (4.64) lautet dann

  $$\mathbf{L} \cdot \mathbf{U}\hat{\mathbf{w}} = \hat{\mathbf{r}} \qquad . \qquad (4.86)$$

  Dabei überträgt sich die Struktur der Matrix $\mathbf{A}$ auf $\mathbf{L}$ und $\mathbf{U}$, d. h. wenn $\mathbf{A}$ Bandstruktur besitzt, so ist dies auch für $\mathbf{L}$ und $\mathbf{U}$ der Fall. Mit einer Bandbreite b werden $O(M \cdot b^2)$ Operationen benötigt. Dieses Verfahren wird z.B. bei impliziten Finite-Elemente-Methoden verwendet.

- **Choleski-Zerlegung**

  Die L-U-Zerlegung vereinfacht sich bei symmetrischen Matrizen $\mathbf{A} = \mathbf{A}^T$. Dann wird $\mathbf{U} = \mathbf{L}^T$ und Gl. (4.64) lautet

  $$\mathbf{L} \cdot \mathbf{L}^T \hat{\mathbf{w}} = \hat{\mathbf{r}} \qquad . \qquad (4.87)$$

  Der Rechen- und Speicherplatzaufwand halbiert sich gegenüber der L-U-Zerlegung.

- **Thomas-Algorithmus**

  Ist $\mathbf{A}$ tridiagonal, so vereinfacht sich die L-U-Zerlegung. Es werden nur $O(M)$ Operationen benötigt. Der Algorithmus kann auch auf block-tridiagonale Matrizen angewendet werden.

4.2 Konvergenz, Konsistenz und Stabilität

Die Diskussion der Fehlerarten in Kapitel 4.1.5 hat gezeigt, daß numerische Fehler, insbesondere Approximationsfehler, in einer nicht akzeptablen Größenordnung liegen können. Dies kann dazu führen, daß eine numerische Lösung nicht nur ungenau ist, sondern wichtige physikalische Phänomene falsch wiederspiegelt. Dies führt zur Unbrauchbarkeit der gesamten Lösung.

Auch Rundungsfehler können, selbst bei genauester Zahlendarstellung im Rechner, eine Lösung unbrauchbar machen. Es ist nämlich möglich, daß Rundungsfehler nicht wie in Kap. 4.1.5 gezeigt, additiv akkumuliert werden, sondern durch das numerische Verfahren verstärkt werden (sie 'schaukeln sich auf'). Dies bezeichnet man als *numerische Instabilität*. Es ist nicht selten, daß aufgrund numerischer Instabilitäten der Fehler innerhalb weniger Iterationen um mehrere Größenordnungen ansteigt und dies zum *overflow* (Überschreiten des darstellbaren Zahlenbereichs, Abbruch der Rechnung) führt.

Numerische Fehler lassen sich nie vollständig vermeiden. Sie können aber bei Beachtung bestimmter Grundregeln und Gesetzmäßigkeiten in vertretbaren Grenzen gehalten werden. Um das Verhalten von Fehlern und somit die Brauchbarkeit einer numerischen Berechnung einschätzen zu können, liefert die numerische Mathematik einige Hilfsmittel, die mit den folgenden Begriffen verbunden sind:

- **Konvergenz.**

  Ein Verfahren konvergiert, wenn der numerische Fehler mit größer werdender Anzahl von Diskretisierungsstellen abfällt.

- **Konsistenz.**

  Ein Verfahren ist konsistent, wenn der numerische Fehler mit größer werdender Anzahl von Diskretisierungsstellen gegen null geht.

- **Stabilität.**

  Ein Iterationsverfahren oder ein Zeitschrittverfahren ist stabil, wenn ein einmal vorhandener numerischer Fehler (z. B. Rundungsfehler) durch jede Iteration oder jeden Zeitschritt abgeschwächt wird.

Natürlich ist ein stabiles, konsistentes Verfahren auch konvergent (*Satz von Lax*). Aber ein konvergierendes Verfahren kann instabil sein. Ein stabiles konvergierendes Verfahren ist nicht immer konsistent.

4.2.1 Verhalten des numerischen Fehlers

Zeitliches Verhalten des Fehlers (Residuums $R(n)$), n: Zeitindex

In Abb. 4.20 sind drei Beispiele schematisch angegeben. Dabei ist auf der horizontalen Achse die Anzahl der Zeitschritte (Iterationen) aufgetragen und auf der vertikalen Achse der Fehler (wird als *Residuum* bezeichnet), also der Unterschied zu einer exakten Lösung des stationären Randwertproblems. Das erste Verfahren konvergiert zwar zunächst, wird dann jedoch instabil. Das zweite Verfahren konvergiert und bleibt stabil, jedoch sinkt der Fehler asymptotisch auf einen konstanten Wert, d. h. das Verfahren ist inkonsistent. Nur das dritte Verfahren ist konvergent, konsistent und stabil. An die Stelle der Zeitschritte kann in diesem Diagramm analog auch die Anzahl der räumlichen Diskretisierungsstellen stehen.

Oft wird anstelle des Fehlers (der in der Praxis nicht bekannt ist) wie in Abb. 4.20 das Residuum R aufgetragen, welches ein integrales Maß für die zwischen zwei Zeitschritten eingetretene Änderung der Strömungsgrößen im gesamten Berechnungsgebiet darstellt. Man unterscheidet zwischen dem *maximalen Residuum*

$$\left(\int_G \frac{\partial u}{\partial t} dG\right)^n \approx R_{max}^n = \frac{1}{\Delta t} \cdot \max_{ijk} |u_{ijk}^n - u_{ijk}^{n-1}| \tag{4.88}$$

und der *'L_2-Norm'* des Residuums

$$\left(\int_G \frac{\partial u}{\partial t} dG\right)^n \approx R_{L2}^n = \frac{1}{\Delta t} \cdot \sqrt{\sum_{ijk} \left(u_{ijk}^n - u_{ijk}^{n-1}\right)^2} \quad . \tag{4.89}$$

Darin stehen u für eine beliebige Strömungsgröße und i, j, k für die Indizes eines strukturierten Netzes. n ist der Zeitindex. Das maximale Residuum gibt Aufschluß über lokale zeitliche Schwankungen, wogegen die L_2-Norm ein Maß für Schwankungen an allen Punkten ist. Die Auftragung des Residuums über der Anzahl der Zeitschritte ist für Rechnungen, bei denen der stationäre Endzustand berechnet werden

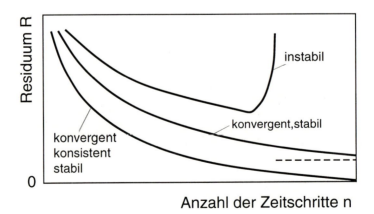

Abb. 4.20: Zur Konvergenz, Konsistenz und Stabilität.

soll (nicht zeitgenaue Rechnungen) sinnvoll, um Aufschluß über die zeitliche Konvergenzrate zu erhalten. Es wird keine Information über Konsistenz geliefert. Bei Instabilität wächst das Residuum mehr oder weniger schnell an. Es gibt heftige numerische Instabilitäten, bei denen das maximale Residuum innerhalb weniger Zeitschritte um mehrere Größenordnungen anwächst.

Eine Rechnung gilt als konvergiert (bezüglich der Zeititeration), wenn das Residuum nicht weiter abfällt und die geforderte Genauigkeit erreicht ist. Verfahren zur Lösung der Euler-Gleichungen konvergieren normalerweise bis auf Rundungsfehlerniveau (also etwa bis $R = 10^{-6}$, einfache Genauigkeit reicht bei Euler-Verfahren meist aus). Dagegen verbleiben erfahrungsgemäß bei Navier-Stokes Verfahren immer sehr kleine Oszillationen (die Existenz von stationären Lösungen ist bisher nicht bewiesen worden). Hier begnügt man sich damit, daß das Residuum um einige Größenordnungen (z. B. vier) absinkt und integrale Werte im Strömungsfeld innerhalb der geforderten Genauigkeit liegen. Das Residuum macht keine Aussage über die Konvergenz bezüglich der räumlichen Diskretisierung.

Verhalten des Fehlers $F(N)$, N: Anzahl der Punkte

Es ist bis heute nicht gelungen, das Verhalten des Fehlers eines numerischen Verfahrens exakt vorauszusagen, obwohl die numerische Mathematik einige Methoden bereitstellt, die dies im Prinzip ermöglichen sollen. Jedoch sind die meisten Verfahren und die zugrundeliegenden Differentialgleichungen und Randbedingungen derart kompliziert, daß vereinfachte Testfälle betrachtet werden müssen und reale Berechnungen mathematisch 'nicht abgesichert' sind. Es hat sich für die Praxis als ausreichend erwiesen, die Konvergenz, Konsistenz und Stabilität anhand vereinfachter Betrachtungen nachzuweisen.

Je nachdem, nach welchem Gesetz der Fehler F (Approximationsfehler) bei einem konvergierenden Verfahren mit der Anzahl der Stüzstellen N absinkt, kann das *Konvergenzverhalten* (auch: *Konvergenzrate*, *Konvergenzgeschwindigkeit*) eingeordnet werden. Falls gilt

$$F \sim N^{-k} \qquad , \tag{4.90}$$

so spricht man von *algebraischer Konvergenz* k-ter Ordnung, also z. B. erster, zweiter (quadratischer) oder dritter Ordnung. Falls

$$F \sim e^{-c \cdot N} \quad , \quad c > 0 \qquad , \tag{4.91}$$

so konvergiert das Verfahren *exponentiell* und damit für große N 'schneller' als jedes Verfahren mit algebraischer Konvergenz.

Für räumliche Diskretisierungen gilt: Finite-Differenzen-, Finite-Volumen- und Finite-Elemente Verfahren konvergieren algebraisch, Spektralverfahren konvergieren exponentiell. Ist ein Verfahren z. B. von vierter Ordnung, so bedeutet dies jedoch nicht, daß bei einer bestimmten Anzahl von Punkten dieses Verfahren automatisch genauer ist als ein Verfahren zweiter Ordnung und ungenauer als ein Spektralverfahren, da die jeweiligen Vorfaktoren der oben angegebenen Proportionalitäten nicht weiter spezifiziert sind. Daher kann die Konvergenzrate nicht alleiniges Kriterium für die Beurteilung sein. Es muß vielmehr auch in Betracht gezogen werden, wieviele Punkte in der Praxis verwendet werden können und ob diese sinnvoll verteilt sind.

Analog können räumliche und zeitliche Konvergenzraten unterschieden werden. In der Praxis gelten folgende Faustregeln:

- Verfahren erster Ordnung im Raum sind sehr ungenau und sollten möglichst nicht verwendet werden.

- *Zeitgenaue* Verfahren müssen bezüglich der Zeitrichtung mindestens von zweiter Ordnung sein. Dies ist nicht notwendig, wenn lediglich der stationäre Endzustand von Interesse ist.

- Für sehr genaue Lösungen (z.B. Wellenausbreitung in einer Grenzschicht) ist mindestens algebraische Konvergenz vierter Ordnung oder exponentielle Konvergenz erforderlich.

- In unmittelbarer Nähe von Verdichtungsstößen (Sprünge einiger Strömungsgrößen) darf ein Verfahren nur von erster Ordnung genau sein (*Satz von Van Leer*), da sonst numerische Oszillationen auftreten. Die Ordnung muß hier also u.U. künstlich reduziert werden.

4.2.2 Nachweis der Konvergenz

Wir beschreiben hier zwei Vorgehensweisen, um das Verhalten des Fehlers $F(N)$ abzuschätzen. Untersuchungen dieser Art werden benötigt, um abzuschätzen, ob ein Verfahren algebraisch oder exponentiell konvergiert und wie groß die räumliche Konvergenzrate (zweiter, vierter Ordnung, usw.) ist.

Analytische Methode

Der Finite-Differenzen Operator (3-Punkt Formel) zur Approximation der zweiten Ableitung einer Funktion $u(z)$ bei *äquidistanter Diskretisierung* (Stützstellenabstand $\Delta z \ll 1$) lautet:

$$\frac{d^2 u}{dz^2}\Big|_i \approx \frac{u_{i+1} - 2u_i + u_{i-1}}{(\Delta z)^2} \qquad . \tag{4.92}$$

Zur Abschätzung des Fehlers nehmen wir die Taylorreihenentwicklung um den Punkt i zu Hilfe:

$$u_{i\pm 1} = u_i \pm \frac{du}{dz}\Big|_i \Delta z + \frac{1}{2}\frac{d^2 u}{dz^2}\Big|_i (\Delta z)^2 \pm \frac{1}{6}\frac{d^3 u}{dz^3}\Big|_i (\Delta z)^3 + \frac{1}{24}\frac{d^4 u}{dz^4}\Big|_i (\Delta z)^4 + \cdots \qquad . \tag{4.93}$$

Weitere Glieder können vernachlässigt werden, da Δz klein ist. Diese Formel wird in die Differenzenapproximation eingesetzt

$$\frac{u_{i+1} - 2u_i + u_{i-1}}{(\Delta z)^2}$$

$$= \frac{1}{(\Delta z)^2}\left(\quad u_i \quad + \frac{du}{dz}\Big|_i \Delta z + \frac{1}{2}\frac{d^2u}{dz^2}\Big|_i (\Delta z)^2 + \frac{1}{6}\frac{d^3u}{dz^3}\Big|_i (\Delta z)^3 + \frac{1}{24}\frac{d^4u}{dz^4}\Big|_i (\Delta z)^4 \right.$$

$$-2\cdot \quad u_i \quad +$$

$$\left. u_i \quad - \frac{du}{dz}\Big|_i \Delta z + \frac{1}{2}\frac{d^2u}{dz^2}\Big|_i (\Delta z)^2 - \frac{1}{6}\frac{d^3u}{dz^3}\Big|_i (\Delta z)^3 + \frac{1}{24}\frac{d^4u}{dz^4}\Big|_i (\Delta z)^4 \right)$$

und es ergibt sich wieder die linke Seite plus einem *Restglied*, welches den numerischen Fehler darstellt:

$$= \frac{d^2u}{dz^2}\Big|_i \quad + \quad \underbrace{\frac{1}{12}\frac{d^4u}{dz^4}\Big|_i (\Delta z)^2 + O\{(\Delta z)^4\}}_{\text{Restglied}} \tag{4.94}$$

Die in der Taylorreihenentwicklung vernachlässigten Terme führen i. a. auf noch kleinere Glieder. Der Approximationsfehler ist somit proportional $(\Delta z)^2$, d. h. die 3-Punkt Formel konvergiert algebraisch von zweiter Ordnung. Man sagt auch: sie ist von zweiter Ordnung genau.

Das Verfahren ist in der Praxis nicht notwendigerweise von zweiter Ordnung genau, da die Diskretisierung meist nur im Rechenraum äquidistant ist. Durch die Transformation vom physikalischen Raum in den Rechenraum können zusätzliche Fehler auftreten, welche je nach Streckung des Netzes die Konvergenzordnung herabsetzen. Die 3-Punkte Formel ist auf gestreckten Netzen streng genommen nur von erster Ordnung. Wenn man jedoch erreichen kann, daß die Gitterweite wenig variiert, so kann näherungsweise von zweiter Konvergenzordnung ausgegangen werden.

Empirische Methode

Durch Variation der Anzahl der Stützstellen N und damit der Schrittweite Δz ist es möglich, die Konvergenz empirisch zu bestimmen. Damit wird überprüft

- ob das Verfahren richtig programmiert ist und sich das erwartete Konvergenzverhalten auch tatsächlich einstellt,

- ob die Konvergenz durch ungenaue Implementierung von Randbedingungen gestört wird,

- ob die Verteilung der Netzpunkte dem physikalischen Problem sinnvoll angepaßt wurde und das Netz an Stellen mit starken Gradienten der Lösung ausreichend glatt ist.

120

Zunächst sollte ein *Testproblem* herangezogen werden, dessen exakte Lösung bekannt ist. Der Fehler $F(N)$ kann somit ermittelt werden und ähnlich, wie in Kap. 4.2.1 für das Residuum beschrieben, als maximaler Fehler oder Fehler in der L_2-Norm ausgedrückt werden. Dann werden verschiedene Rechnungen mit unterschiedlicher Stützstellenanzahl durchgeführt und $F(N)$ in doppelt logarithmischem Maßstab aufgetragen. Die gemessene negative Steigung des Fehlerverlaufs entspricht der algebraischen Konvergenzordnung. Bei exponentieller Konvergenz verwendet man eine einfach logarithmische Darstellung. Bei Erreichen des Rundungsfehlerniveaus oder der Genauigkeit der Referenzlösung (falls diese ebenfalls numerisch berechnet wurde) sinkt der Fehler nicht weiter ab.

Als Beispiel sei die exponentielle Konvergenz anhand des *Helmholtz-Testproblems*

$$w'' - b^2 w = 0 \qquad w(z = 0) = 1 \quad , \quad w(z = \infty) = 0 \qquad (4.95)$$

und das Orr-Sommerfeld-Problem (Kap. 3.4.2 gewählt. Die Ergebnisse einer *Konvergenzuntersuchung* der Tschebyscheff-Matrixmethode, die in Kap. 5.4.1 vorgestellt wird, sind in Abb. 4.21 gezeigt. Beim Helmholtz-Testproblem Gl. (4.95) wurde das Produkt bY (Y: Parameter der Methode, der die Punkteverteilung beeinflußt) zwischen 1 und 1000 variiert. Man erkennt, daß dies einen entscheidenden Einfluß auf die Konvergenz hat. Bei $bY = 1$ ist die Konvergenz sehr schlecht. Dies liegt daran, daß die meisten Kollokationspunkte in Wandnähe liegen und das

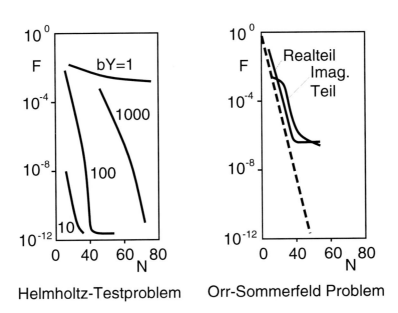

Abb. 4.21: Ergebnisse der empirischen Konvergenzuntersuchung.

Abklingverhalten der Lösung bei großen z nicht richtig wiedergegeben wird. Ist bY sehr groß, so werden zunächst sehr viele Punkte benötigt, um die dünne Grenzschicht zu approximieren. Sind diese vorhanden, so ist die Konvergenz gut. Die beste Konvergenz wird mit $bY = 10$ erzielt.

Exponentielle Konvergenz wird ebenfalls bei der Approximation des ersten Orr-Sommerfeld Eigenwertes, siehe Kap. 5.4.1, erzielt, der schon mit 40 Punkten mit einer Genauigkeit besser als 10^{-6} approximiert wird.

Die angegebene Methode funktioniert nur, wenn eine genaue Referenzlösung bekannt ist. Falls dies nicht der Fall ist, so ist wenigstens zu überprüfen, ob eine erhaltene und für richtig angesehene Lösung noch von der Stützstellenanzahl abhängt. Dies bedeutet, daß das Netz verfeinert werden muß (am besten: Verdoppelung der Netzlinien in jeder Richtung bei strukturierten Netzen) und eine aufwendige Rechnung durchzuführen ist. Die Lösung auf dem groben Netz ist nur dann akzeptabel, wenn sie mit ausreichender Genauigkeit mit der Lösung auf dem feinen Netz übereinstimmt.

4.2.3 Verifikation und Validierung

Oft sind die Rechnerkapazitäten bei Verwendung des groben Netzes schon ausgeschöpft und Verfeinerung ist nicht mehr möglich. In solchen Fällen muß sorgfältig überlegt werden, ob alle Erfahrungen und die z. T. auch in diesem Buch aufgelistete Regeln eingehalten wurden, die darauf schließen lassen, daß die numerische Lösung bezüglich der gestellten Ingenieuraufgabe akzeptabel ist.

Der Ingenieur kennt zwei Vorgehensweisen:

- **Verifikation**

  Es wird überprüft, ob die zugrundeliegenden Gleichungen richtig gelöst werden (im Vergleich mit genauen Lösungen oder theoretisch abgesicherten Experimenten).

- **Validierung**

  Es wird zusätzlich überprüft, ob die richtigen Gleichungen bzw. die richtigen Modelle (Turbulenzmodelle) zugrundegelegt wurden (im Vergleich mit Experimenten). Falls keine Übereinstimmung vorliegt, müssen die physikalischen Modelle angepaßt werden, d. h die zugrundeliegenden Gleichungen oder deren Parameter (Stoffeigenschaften, Parameter des Turbulenzmodells) müssen modifiziert werden.

Bei der Verifikation kann davon ausgegangen werden, daß die verwendeten Grundgleichungen das numerisch zu simulierende technische Problem mit ausreichender Genauigkeit beschreiben.

Die Validierung erfordert ein Experimentalprogramm (Windkanal, Flugversuche, Versuchsmotor) und ist vor allem bei Problemen der Forschung und Entwicklung angesiedelt. Da sie kein rein numerisches Werkzeug ist, wird sie hier nicht weiter behandelt. Ein Validierungskonzept für den Entwurf von Wiedereintrittskapseln in der Raumfahrt haben wir in dem Band **Aerothermodynamik** (H. OERTEL jr., M. BÖHLE, J. DELFS, D. HAFERMANN, H. HOLTHOFF 1994) dargestellt.

4.2.4 Nachweis der Stabilität

Numerische Instabilitäten treten durch Anfachung der Rundungsfehler oder anderer z. B. in der Anfangsverteilung enthaltener *Störungen* in Erscheinung. Wir gehen in diesem Kapitel davon aus, daß die betrachtete Strömung physikalisch stabil ist, d. h. alle evtl. auftretenden Instabilitäten sind numerischer Natur und müssen unterdrückt werden.

Wird ein numerisches Verfahren zur Lösung eines Strömungsproblems neu entwickelt, so ist zunächst nicht bekannt, ob es numerisch stabil oder instabil ist. Numerische Instabilitäten lassen sich, ebenso wie physikalische, niemals vollständig ausschließen. Oft sind Verfahren nur unter Einhaltung bestimmter Bedingungen stabil (*bedingt stabil*), andernfalls *unbedingt stabil* (mathematisch auch *A-stabil*). Die Methode zum Nachweis der Stabilität oder Herleitung der Stabilitätsbedingungen bezeichnet man als *mathematische Stabilitätsanalyse.*

Diese soll am Beispiel eines einfachen Verfahrens zur Lösung der Euler-Gleichungen erläutert werden. Es handelt sich um ein sehr einfaches Verfahren: Das explizite Einschrittverfahren mit zentraler Differenz. Wieder spielt es keine Rolle, ob es sich dabei um ein Finite-Differenzen, Finite-Volumen oder Finite-Elemente Verfahren handelt, da in diesem einfachen Fall alle diese Verfahren auf identische Gleichungen führen.

Dimensionsspaltung

Zunächst werden die Euler-Gleichungen (dreidimensional) durch Anwendung der Kettenregel umgeformt

$$\frac{\partial \mathbf{U}}{\partial t} + \sum_{m=1}^{3} \frac{\partial \mathbf{F}_m(\mathbf{U})}{\partial x_m} = \frac{\partial \mathbf{U}}{\partial t} + \sum_{m=1}^{3} \frac{\partial \mathbf{F}_m}{\partial \mathbf{U}} \frac{\partial \mathbf{U}}{\partial x_m} = 0 \qquad . \tag{4.96}$$

Die darin vorkommenden Ableitungen des Vektors der konvektiven Flüsse $\mathbf{F}_m(\mathbf{U})$ nach dem Zustandsgrößenvektor $\mathbf{U}$ bezeichnet man als *Jakobi-Matrizen*. Nimmt man an, daß diese konstant (unabhängig von $\mathbf{U}$) sind, so entspricht dies einer *Linearisierung* der Grundgleichungen. Die Betrachtung gilt also nur für kleine Abweichungen vom Ausgangszustand.

Es ist eine in der numerischen Strömungsmechanik oft verwendete Vereinfachung, daß die Richtungsabhängigkeit in der obigen Gleichung vernachlässigt und die Gleichung (4.96) durch die folgenden drei unabhängigen Gleichungen ersetzt wird:

$$\frac{\partial \mathbf{U}}{\partial t} + \underbrace{\frac{\partial \mathbf{F}_m}{\partial \mathbf{U}}}_{\mathbf{A}_m} \frac{\partial \mathbf{U}}{\partial x_m} = \mathbf{0} \; ; \quad m = 1, 2, 3 \tag{4.97}$$

mit der Jakobi-Matrix

$$\frac{\partial \mathbf{F}_m}{\partial \mathbf{U}} = \mathbf{A}_m = \begin{pmatrix} 0 & 1 & 0 \\ (\kappa - 3)u_m^2/2 & (3 - \kappa)u_m & \kappa - 1 \\ (\kappa - 1)u_m^3 - \kappa e u_m/\rho & \kappa e/\rho - 3(\kappa - 1)u_m^2/2 & \gamma u_m \end{pmatrix} \tag{4.98}$$

Dies bedeutet, daß die Stabilität des Verfahrens in jeder räumlichen Dimension getrennt betrachtet werden kann. Die Strömung wird in dieser Richtung angenommen. Dies ist insofern gerechtfertigt, als damit der für die Stabilität ungünstigste Fall (Koordinatenrichtung und Strömungsrichtung stimmen überein) vorliegt. Die Vorgehensweise wird i. A. als *Dimensionsspaltung* bezeichnet. Es reicht aus, nur eine Dimension zu betrachten und den Index m im folgenden wegzulassen:

$$\frac{\partial \mathbf{U}}{\partial t} + \mathbf{A} \frac{\partial \mathbf{U}}{\partial x} = 0 \qquad . \tag{4.99}$$

Transformation auf charakteristische Variablen

Als weiterer Schritt wird die Jakobi-Matrix auf Diagonalform gebracht (siehe J. L. STEGER und R. F. WARMING 1981). Es gilt:

$$\mathbf{A} = \mathbf{Q} \cdot \Lambda \mathbf{Q}^{-1} \qquad . \tag{4.100}$$

Darin ist Λ die Diagonalmatrix der Eigenwerte von $\mathbf{A}$ und $\mathbf{Q}$ die Spaltenmatrix der Eigenvektoren, also:

$$\Lambda = \begin{pmatrix} u - a & 0 & 0 \\ 0 & u & 0 \\ 0 & 0 & u + a \end{pmatrix} \tag{4.101}$$

und

$$\mathbf{Q} = \begin{pmatrix} 1 & 1 & 1 \\ u - a & u & u + a \\ (e + p)\rho - ua & u^2/2 & (e + p)\rho + ua \end{pmatrix} \qquad . \tag{4.102}$$

Eingesetzt in Gl. (4.99) und von links mit $\mathbf{Q}^{-1}$ durchmultipliziert führt dies auf

$$\frac{\partial(\mathbf{Q}^{-1}\mathbf{U})}{\partial t} + \Lambda\mathbf{Q}^{-1}\mathbf{U} = \mathbf{0} \qquad . \tag{4.103}$$

Betrachtet man $\mathbf{Q}^{-1}\mathbf{U}$ als neuen Variablenvektor (*charakteristische Variablen*, Index c), so ist ersichtlich, daß die drei Komponenten dieser Gleichung voneinander entkoppelt sind. Es reicht also aus, die skalare Modellgleichung

$$\frac{du_c}{dt} + \lambda_c\frac{du_c}{dx} = 0 \quad ; \quad c = 1,2,3 \tag{4.104}$$

für die drei charakteristischen Variablen und die drei Eigenwerte

$$\lambda_1 = u - a \quad ; \quad \lambda_2 = u \quad ; \quad \lambda_3 = u + a \tag{4.105}$$

als Vorfaktoren zu betrachten. Der Index c wird im folgenden weggelassen.

Neumann'sche Stabilitätsanalyse

Das zu betrachtende explizite Verfahren mit zentraler Differenz lautet dann

$$u_j^{n+1} = u_j^n - \lambda\frac{\Delta t}{2\Delta x}(u_{j+1}^n - u_{j-1}^n) \qquad . \tag{4.106}$$

Anstelle von u kann diese Gleichung auch für einen der Lösung überlagerten Fehler ϵ geschrieben werden:

$$\epsilon_j^{n+1} = \epsilon_j^n - \lambda\frac{\Delta t}{2\Delta x}(\epsilon_{j+1}^n - \epsilon_{j-1}^n) \qquad . \tag{4.107}$$

Für diesen Fehler wird der folgende Ansatz eingeführt :

$$\epsilon(x,t) = Real\left\{e^{\alpha t} \cdot e^{im\pi x}\right\} \quad ; \quad i = \sqrt{-1} \quad ; \quad m = 1,2,3\cdots \qquad . \tag{4.108}$$

Es wird also angenommen, daß sich der Fehler wie eine periodisch oszillierende Funktion verhält, wobei die Wellenlänge beliebig ist. Da die gesamte Analyse linear ist, beeinflussen sich Störungen mit unterschiedlichen Wellenlängen nicht gegenseitig, sondern verhalten sich unabhängig voneinander. Die Annahme, daß die Oszillationen sich exponentiell in der Zeit verhalten, wie mit dem Faktor $e^{\alpha t}$ ausgedrückt wird, ist für lineare Probleme sinnvoll.

Setzt man diesen Ansatz in die Differenzengleichung Gl. (4.107) ein, so folgt

$$e^{\alpha\Delta t} = 1 - \lambda\frac{\Delta t}{2\Delta x}\left(e^{im\pi\Delta x} - e^{-im\pi\Delta x}\right) \tag{4.109}$$

und mit der trigonometrischen Beziehung

$$\left(e^{im\pi\Delta x} - e^{-im\pi\Delta x}\right) = 2i\sin(m\pi\Delta x) \tag{4.110}$$

ergibt sich

$$e^{\alpha\Delta t} = 1 - i\frac{\lambda\Delta t}{\Delta x}\sin(m\pi\Delta x) \qquad . \tag{4.111}$$

Dieser Ausdruck ist der zeitliche Anfachungsfaktor des von uns untersuchten expliziten Verfahrens mit zentraler Differenz. Die *Neumann'sche Stabilitätsbedingung* lautet nun:

$$|e^{\alpha\Delta t}| < 1 \qquad , \tag{4.112}$$

denn nur dann wird nach unserem Ansatz Gl. (4.108) der Fehler bei jeder Iteration abklingen. Ansonsten schaukelt er sich auf oder bleibt gleich. Für unser Verfahren ergibt sich:

$$|e^{\alpha\Delta t}| = |1 - i\frac{\lambda\Delta t}{\Delta x}\sin(m\pi\Delta x)| > 1 \qquad . \tag{4.113}$$

Die Stabilitätsbedingung ist damit <u>nicht</u> erfüllt, da der Betrag der komplexen linken Seite mindestens eins ist. Durch die Stabilitätsanalyse wird deutlich, daß das von uns gewählte explizite Differenzenverfahren für die Euler-Gleichungen stets instabil ist. Dies bedeutet also, daß vorhandene Störungen (z. B. aufgrund von Rundungsfehlern) exponentiell angefacht werden. Die Stabilitätsanalyse hat gezeigt, daß dieses Verfahren unbrauchbar ist.

Wir betrachten nun das implizite Verfahren mit zentraler Differenz

$$u_j^{n+1} = u_j^n - \frac{\lambda\Delta t}{2\Delta x}(u_{j+1}^{n+1} - u_{j-1}^{n+1}) \qquad . \tag{4.114}$$

Analog zu Gl. (4.109) erhält man

$$e^{\alpha\Delta t} = 1 - \frac{\lambda\Delta t}{2\Delta x}e^{\alpha\Delta t}\left(e^{im\pi\Delta x} - e^{-im\pi\Delta x}\right) \qquad . \tag{4.115}$$

oder

$$|e^{\alpha\Delta t}| = \frac{1}{|1 + i\frac{\lambda\Delta t}{\Delta x}\sin(m\pi\Delta x)|} < 1 \qquad . \tag{4.116}$$

Die Stabilitätsbedingung für das implizite Verfahren mit zentraler Differenz ist für die Euler-Gleichungen damit erfüllt, da der Nenner von Gl. (4.116) mindestens Eins ist. Das Verfahren ist unbedingt stabil.

Insgesamt ist die Neumann'sche Stabilitätsanalyse ein geeignetes Hilfsmittel, um Stabilität oder Instabilität eines Verfahrens nachzuweisen, da sich die Vorhersagen in der Praxis bestätigen.

Oft ergibt sich aus der Stabilitätsbedingung, daß Stabilität nur dann vorliegt, wenn für die Zeitschrittweite Δt eine obere Grenze eingehalten wird, z. B. für die Euler-Gleichungen

$$|e^{\alpha t}| < 1 \quad \text{wenn} \quad \Delta t < CFL\frac{\Delta x}{\lambda} \quad . \tag{4.117}$$

Der Vorfaktor CFL ist verfahrensabhängig. Er wird als *CFL-Zahl* (Courant-Friedrich-Levy-Zahl) bezeichnet und Gl. (4.117) als *CFL-Bedingung*.

Da λ die Ausbreitungsgeschwindigkeit von kleinen Störungen ist, bedeutet die Bedingung Gl. (4.117) anschaulich, daß die 'numerische Ausbreitungsgeschwindigkeit' $CFL\frac{\Delta x}{\Delta t}$ von Informationen größer als die physikalische sein muß. Dies ist einleuchtend, da ein physikalischer Vorgang nur dann richtig approximiert werden kann, wenn er die Leistungsfähigkeit des numerischen Modells nicht überfordert.

Die Neumann'sche Stabilitätsanalyse wird in Kap. 5 auf verschiedene Verfahren angewendet, z. B. auf das Lax-Wendroff Verfahren Gl. (5.34) und die Taylor-Galerkin Finite-Elemente Methode Gl. (5.171).

4.3 Methoden zur Netzgenerierung

4.3.1 Kartesische Netze mit Verdichtung

Äquidistantes kartesisches Netz

Wir generieren zunächst ein *äquidistantes kartesisches Netz* mit Hilfe der Formeln

$$
\begin{aligned}
x_i &= x_i^* \cdot L_x \quad ; \quad x_i^* = \frac{i-1}{N_x - 1} \\
y_j &= y_j^* \cdot L_y \quad ; \quad y_j^* = \frac{j-1}{N_y - 1} \\
z_k &= z_k^* \cdot L_z \quad ; \quad z_k^* = \frac{k-1}{N_z - 1}
\end{aligned}
\quad . \tag{4.118}
$$

Dabei sind die Koordinaten x^*, y^* und z^* jeweils im Intervall zwischen 0 und 1 definiert. Die Anzahl der Punkte in den drei Koordinatenrichtungen werden mit N_x, N_y und N_z bezeichnet.

Nichtäquidistantes kartesisches Netz

Oft ist ein äquidistantes Netz jedoch nicht geeignet, sondern es ist notwendig, in bestimmten Bereichen des Berechnungsgebietes (z. B. in der Nähe eines umströmten Körpers) die Punkte dichter anzuordnen als in den übrigen Bereichen. Einen glatten Übergang zwischen groben und feinen Netzbereichen erhält man durch die Verwendung von eindimensionalen *algebraischen Verdichtungsfunktionen* im Intervall zwischen 0 und 1,

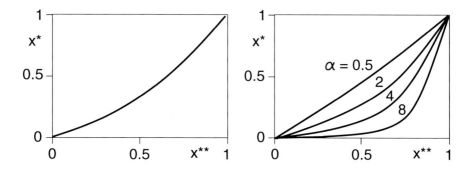

Abb. 4.22: Algebraische und exponentielle Verdichtungsfunktionen

z. B. in z-Richtung mit der Definition

$$z_k^* = \frac{2}{2 - z_k^{**}} - 1 \quad ; \quad z_k^{**} = \frac{k-1}{N_z - 1} \qquad . \qquad (4.119)$$

Die endgültige Koordinate z berechnet sich wie in Gl. (4.118). Die algebraische Verdichtungsfunktion ist in Abb. 4.22 dargestellt. Sie führt zu einer Verdichtung nahe der Position $x = 0$, also z. B. einer längsangeströmten Platte.

Eine andere Möglichkeit ist die *exponentielle Verdichtungsfunktion*

$$z_k^* = \frac{e^{\alpha z_k^{**}} - 1}{e^\alpha - 1} \quad ; \quad z_k^{**} = \frac{k-1}{N_z - 1} \qquad (4.120)$$

die ebenfalls in in Abb. 4.22 dargestellt ist. Dabei kontrolliert der Parameter α die Verdichtung nahe der Position $x = 0$. Dieser Parameter wird typischerweise so gewählt, daß etwa die Hälfte der Punkte innerhalb der Grenzschichtdicke liegt.

Zwei in z-Richtung verdichtete kartesische Netze sind in Abb. 4.23 dargestellt. Es wurde die exponentielle Formel mit $\alpha = 4$ angewendet. Da die Verdichtungsfunktionen im Einheitsquadrat $0 \le z^* \le 1$ und $0 \le z^{**} \le 1$ definiert sind, ändert sich die relative Dichte der Punkte nicht, wenn die Punktanzahl verändert wird. Wie gezeigt, wird bei Erhöhung der Punktanzahl um $N_z - 1$, d. h. bei etwaiger Verdoppelung, in jedem Zwischenraum zwischen zwei Netzlinien eine neue eingefügt, ohne die alten zu verändern.

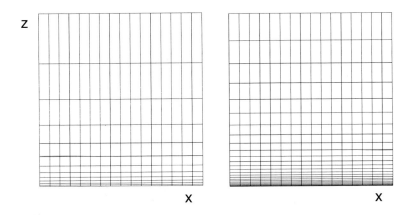

Abb. 4.23: Kartesische Netze, in z-Richtung mit $\alpha = 4$ verdichtet, linkes Netz: $N_x = 17, N_z = 13$, rechtes Netz: $N_x = 17, N_z = 25$.

Kartesische Netze können nur auf geradlinige und rechtwinklige Körpergeometrien angewendet werden.

4.3.2 Interpolationsmethode

Die Netzgenerierung in allgemeinen Berechnungsgebieten geht von *körperange-paßten Koordinaten* aus, d. h. das Koordinatensystem wird so gewählt, daß eine Netzlinienschar auf der Körperkontur und eine andere auf dem *Fernfeldrand*, d. h. der äußeren Begrenzung des Rechengebietes liegt.

Die folgende Transformation gewährleistet dies, siehe dazu Abb. 4.24:

$$x(\xi,\eta) \; = \; (1-\eta) \cdot x_K(\xi) + \eta \cdot x_F(\xi) \qquad (4.121)$$

$$z(\xi,\eta) \; = \; (1-\eta) \cdot z_K(\xi) + \eta \cdot z_F(\xi) \qquad . \qquad (4.122)$$

Dabei sind die Funktionen $x_K(\xi)$, $y_K(\xi)$ die *Körperkontur* bzw. $x_F(\xi)$, $y_F(\xi)$ der *Fernfeldrand*. Diese gegebenen Funktionen beinhalten den Kurvenparameter ξ. Es kann angenommen werden daß ξ Werte zwischen Null und Eins annimmt, d. h. entlang der Linie A-D gilt $\xi = 0$ und entlang B-C gilt $\xi = 1$. Der Abstand zwischen Körperkontur und Fernfeldrand wird mit Hilfe der Koordinate η, die ebenfalls zwi-

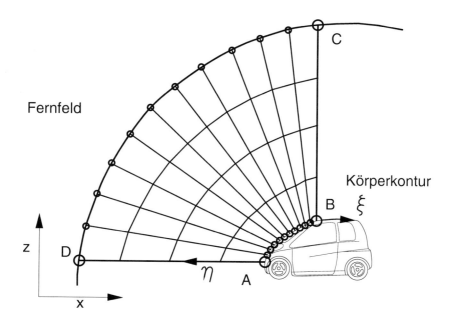

Abb. 4.24: Netzgenerierung nach der Interpolationsmethode.

schen Null und Eins läuft, parametrisiert. Entlang der Linie A-B ist $\eta = 0$ und entlang C-D ist $\eta = 1$. Die durch ξ und η definierte Ebene ist die *Rechenebene*

Man benötigt nun folgende Schritte:

1. Zunächst werden die durch die Geometriedefinition gegebenen Linien A-B und C-D in diskrete Intervalle unterteilt, wobei die Anzahl gleich sein muß. Jeder Punkt auf der Körperoberfläche entspricht somit einem Punkt auf dem Fernfeld. Die Koordinate ξ (Bogenlänge) kann auch dazu benutzt werden, bestimmte Verdichtungen vorzunehmen.

2. Danach werden die Abstände sich jeweils entsprechender Punkten berechnet und die geradlinigen Verbindungslinien unterteilt. Dabei ist es sinnvoll, die im vorangegangenen Kapitel eingeführten Verdichtungsfunktionen zu verwenden.

Oft ist es hilfreich, eine *Bereichseinteilung* durch Zusammenfügen mehrerer viereckiger Bereiche vorzunehmen (siehe Abb. 4.25), insbesondere dann, wenn Verdichtungsfunktionen für die verschiedenen Bereiche unterschiedlich gewählt werden sollen. Auch die Geometriedefinition durch stückweise gegebene Funktionen kann eine solche Bereichseinteilung nahelegen. Die Anzahl und Positionen der Punkte an den Grenzen der Bereiche müssen übereinstimmen. Mit dieser Vorgehensweise werden im Prinzip, jedoch nicht notwendigerweise, auch blockstrukturierte Netze erzeugt.

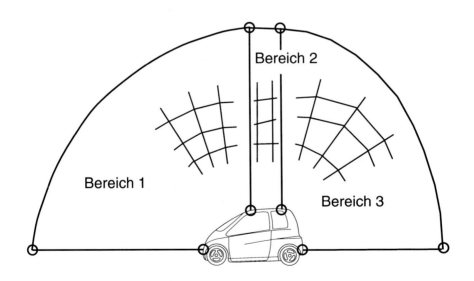

Abb. 4.25: Netzgenerierung duch Einteilung in viereckige Bereiche.

Da die Netzlinienschar ξ = const. immer geradlinig ist, kann die Verformung des Netzes als eine Scherung angesehen werden. Man bezeichnet diese Methode der Netzgenerierung daher auch als *Schertransformationsmethode.*

4.3.3 Transfinite Interpolation

Bei dieser Interpolationsmethode sind beide Netzlinienscharen gekrümmt. Gegeben seien die gekrümmten Berandungen A-B, B-C, C-D und D-A eines allgemeinen Vierecks (siehe Abb. 4.26) durch die Funktionen

$$\mathbf{x}_{AB}(\xi_1)\,, \quad \mathbf{x}_{AD}(\xi_1)\,, \quad \mathbf{x}_{BC}(\xi_2)\,, \quad \mathbf{x}_{DC}(\xi_2) \tag{4.123}$$

mit den Kurvenparametern ξ_1 und ξ_2. Diese Funktionen sind derart konstruiert, daß sich mit $\xi_1 = 0$ bzw. $\xi_2 = 0$ jeweils der Anfangspunkt (erster als Index angegebener Punkt) und mit $\xi_1 = 1$ bzw. $\xi_2 = 1$ der Endpunkt (zweiter als Index angegebener Punkt) im Koordinatensystem x, z ergibt.

Die Schertransformationen in der Richtung ξ_1 lautet

$$\mathbf{x}_1(\xi_1, \xi_2) \;=\; (1 - \xi_1) \cdot \mathbf{x}_{AD} + \xi_1 \cdot \mathbf{x}_{BC} \tag{4.124}$$

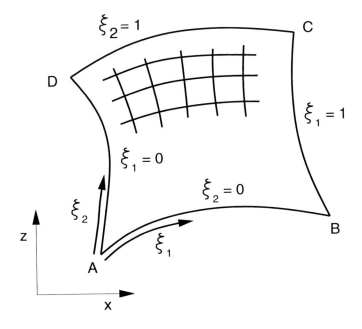

Abb. 4.26: Zur Netzgenerierung nach der transfiniten Interpolation.

132

mit den oberen und unteren Seiten

$$\mathbf{x}_{1AB} \;=\; \mathbf{x}_A + \xi_1(\mathbf{x}_B - \mathbf{x}_A) \qquad (4.125)$$

$$\mathbf{x}_{1DC} \;=\; \mathbf{x}_D + \xi_1(\mathbf{x}_C - \mathbf{x}_D) \qquad . \qquad (4.126)$$

Diese Ausdrücke beschreiben jeweils an zwei gegenüberliegenden Rändern krummlinig begrenzte Netze. Die Verknüpfung erfolgt durch

$$\begin{aligned} \mathbf{x}(\xi_1, \xi_2) = \mathbf{x}_1 \;+\; & (1 - \xi_2) \;\; (\mathbf{x}_{AB} - \mathbf{x}_{1AB}) \\ + \;\; & \xi_2 \;\;\;\;\; (\mathbf{x}_{DC} - \mathbf{x}_{1DC}) \qquad . \qquad (4.127) \end{aligned}$$

Damit wird das Gebiet an allen Seiten von krummlinigen Rändern begrenzt.

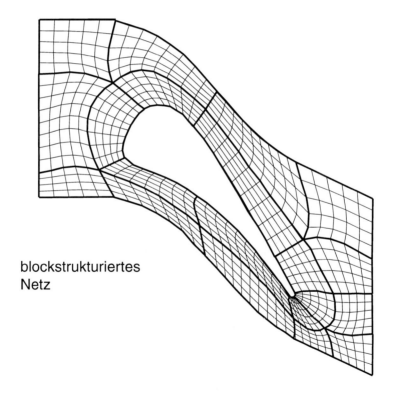

blockstrukturiertes
Netz

Abb. 4.27: Beispiel zur Netzgenerierung nach der transfiniten Interpolation (Turbinenschaufel).

Die transfinite Interpolation eignet sich zur Generierung komplexer, blockstrukturierter Netze um Körper mit gekrümmten Oberflächen, wie z. B. das in Abb. 4.27 gezeigte Netz um eine Turbinenschaufel. Dabei sind nicht nur die Ränder des Berechnungsbegietes mit vorgegebener Geometrie gekrümmt, sondern auch interne Blockgrenzen. Dadurch wird die Glattheit des Netzes verbessert.

4.3.4 Schießverfahren

Oft ist es wünschenswert, Kontrolle über den Verlauf der Netzlinien am Rand des Berechnungsgebietes ausüben zu können. Beispielsweise muß innerhalb einer turbulenten Grenzschicht die vertikale Schar senkrecht zur Körperoberfläche verlaufen, wenn ein algebraisches Turbulenzmodell verwendet werden soll.

Beim Schießverfahren geht man von einem Punkt $\mathbf{x}_K(\xi)$ auf der Körperoberfläche aus und generiert zunächst eine Netzlinie entlang der Oberflächennormalen, siehe dazu Abb. 4.28:

$$\mathbf{x}_{normal}(\xi, \eta) = \mathbf{x}_K(\xi) + \eta \cdot \mathbf{x}_n \quad . \tag{4.128}$$

Jeder Oberflächenpunkt besitzt einen korrespondierenden Punkt auf dem Fernfeld, an dem eine Netzlinie enden soll. Dies wird für die Netzlinie nach Gl. (4.128) i. a. nicht der Fall sein. In einiger Entfernung sind außerdem Überschneidungen der Netzlinien unvermeidbar, wenn der Körper konkave Abschnitte hat. Dieses Netz ist jedoch in Körpernähe brauchbar.

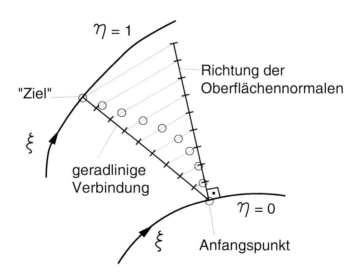

Abb. 4.28: Zur Netzgenerierung nach dem Schießverfahren.

Ein im gesamten Bereich brauchbares Netz erhält man durch Kombination dieser Vorgehensweise mit einem durch Interpolation erhaltenen Netz (bezeichnet mit x_{inter}, y_{inter}) nach

$$x = (1 - \eta) \cdot x_{normal} + \eta \cdot x_{inter} \qquad . \qquad (4.129)$$

Die Netzlinien werden also senkrecht zur Oberfläche 'geschossen' und biegen sich anschließend, um ihr 'Ziel', den Fernfeldpunkt, zu erreichen. Daher wird auch der Name *Schießverfahren* verwendet. Abb. 4.29 zeigt als Beispiel ein Netz um das aerodynamische Profil NACA-0012.

4.3.5 Delaunay-Triangularisierung

Im Unterschied zur bisher behandelten Generierung strukturierter Netze führt die Unterteilung des Berechnungsgebietes in dreieckige Untergebiete zu *unstrukturierten* Netzen. Hier werden die Punkte in beliebiger Reihenfolge eindimensional durchnumeriert. Die Anordnung der Punkte ist zunächst beliebig.

Methoden zur Bestimmung der Dreiecke, die einer gegebenen Punktmenge zugeordnet werden können, bezeichnet man als *Triangularisierungsmethoden*. Das Problem kann auf verschiedene Weise gelöst werden und es sind zu jeder gegebenen Punktmenge verschiedene Lösungen möglich. Diejenige Triangularisierung, welche

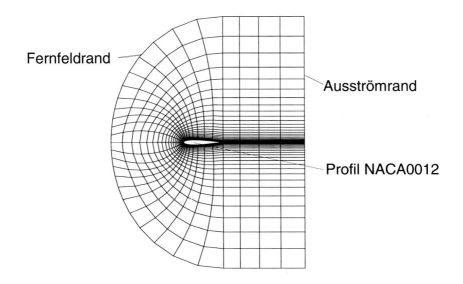

Abb. 4.29: Netz um das aerodynamische Profil NACA-0012.

Dreiecke ergibt, die gleichseitigen Dreiecken am nächsten kommen, bezeichnet man als *Delaunay-Triangularisierung*. Diese ergibt ein relativ gleichmäßiges Netz und möglichst große Innenwinkel der Dreiecke. Sehr schlanke Dreiecke werden so weit wie möglich vermieden.

Der Algorithmus geht von einer vorhandenen Delaunay-Triangularisierung aus, die zum Beispiel nur aus wenigen aus der Gesamtmenge ausgewählten Punkten oder aus einem einzigen alles umschließenden Dreieck besteht. Neue Punkte werden sukzessive eingefügt, wobei die nach jedem Einfügen entstandene Triangularisierung wieder die *Delaunay-Eigenschaft* besitzt. Das Einfügen wird in folgenden Schritten durchgeführt, siehe Abb. 4.30:

1. Löschen derjenigen Dreiecke, innerhalb deren Umkreis (Kreis, welcher durch die Dreiecks-Eckpunkte bestimmt ist) der neu einzufügende Punkt liegt. Es entsteht ein 'Hohlraum' innerhalb der urprünglichen Triangularisierung.

2. Verbinden der Ecken des Hohlraums mit dem neuen Punkt. Die entstehenden neuen Dreiecke decken den Hohlraum wieder vollständig ab.

Man kann zeigen, daß der Hohlraum immer konvex ist und somit keine Überschneidungen möglich sind. Ungeachtet der Reihenfolge, in der die Punkte eingefügt werden, wird immer dieselbe Lösung erreicht.

Im Dreidimensionalen sind die Dreiecke durch Tetraeder und die Umkreise durch die umschreibende Kugel (durch die vier Tetraederecken bestimmt) ersetzt. Der Hohlraum bekommt die Form eines konvexen durch viele Tetraeder-Seitenflächen begrenzten *Simplex* (Vielflächenkörper).

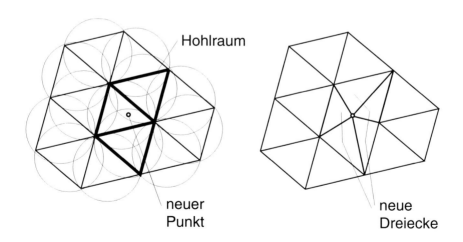

Abb. 4.30: Prinzip der Delaunay-Triangularisierung.

Der Rechenaufwand ist proportional zum Quadrat der Punktanzahl, da für jeden einzuordnenden Punkt alle Umkreise abgesucht werden müssen. Dies ist in der Praxis nicht akzeptabel. Eine Reduktion des Aufwandes ist jedoch möglich, indem die Suche dadurch verkürzt wird, daß die Punkte, die eingeordnet werden sollen, in einer bestimmten Ordnung abgespeichert sind, z. B. entsprechend ihrer x-Koordinate. Die Suche nach Umkreisen beginnt in der Nachbarschaft des vorangegangenen Punktes und führt damit schneller zum Ziel. Weitere Dreiecke können dann aus ebenfalls abgespeicherter Nachbarschaftsinformation schnell gefunden werden. Im Raum hat jeder Tetraeder vier Nachbarn, und diese wiederum vier Nachbarn usw. Die Suche muß entsprechend eines 'Baumes' mit '4-fach-Verästelungen' durchgeführt werden (*quadtree-Algorithmus*). In der Praxis muß mit einem Aufwand proportional $N^{1.5}$ gerechnet werden.

Wenn das Berechnungsgebiet konkave Begrenzungsseiten besitzt, so werden innerhalb des (konvexen) Körpers Dreiecke generiert, siehe Abb. 4.31. Diese müssen nach erfolgter Triangularisierung wieder gelöscht werden.

Da das Innere eines umströmten Körpers ebenfalls in Dreiecke unterteilt wird, der Algorithmus aber nicht weiß, welche Kanten auf der Körperkontur liegen, kann es zu *konturbrechenden Dreiecken* kommen, wie in Abb. 4.31 rechts dargestellt. Der entstehende Fehler kann durch Vertauschen von Diagonalen in Vierecken, die mit benachbarten Dreiecken gebildet werden, behoben werden.

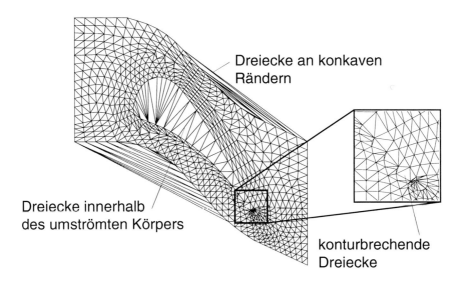

Abb. 4.31: Besonderheiten der Delaunay-Triangularisierung: konturbrechende Dreiecke und Dreiecke innerhalb konkaver Ränder.

Abb. 4.32 zeigt nach der Delaunay-Triangularisierung erzeugte Netze.

Die Methode hat den Vorteil, daß die Triangularisierung von der Generierung der Punkte getrennt ist. Es ist somit möglich, die Punkte mit vorhandenen Netzgeneratoren, die z. B. strukturierte Netze erzeugen, zu verwenden und anschließend zu modifizieren. Im Prinzip kann jede Punktmenge (*Punktwolke*) triangularisiert werden.

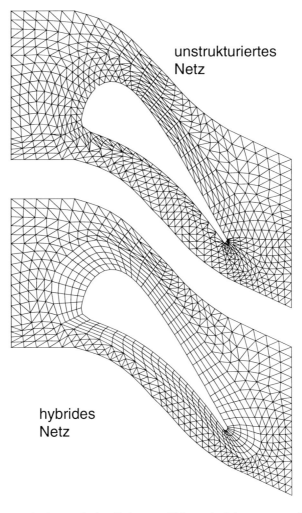

Abb. 4.32: Beispiele für nach der Delaunay-Triangularisierung generierte Netze.

4.3.6 Front-Generierungsmethode

Diese Methode (engl: *advancing front method*) dient, wie die vorangegangene, zur Unterteilung des Rechengebiets in Dreiecke oder Tetraeder. Hier wird jedoch nicht von einer vorhandenen Punktmenge ausgegangen, sondern Punkte und Dreiecke werden simultan erzeugt.

Zunächst wird eine Punkteverteilung auf dem Rand vorgegeben. Im Gebiet befinden sich anfangs keine Punkte. Die Randkurve bildet die Anfangsposition einer *Front* entlang derer neue Dreiecke erzeugt werden. Neue Dreiecke sollen möglichst gleichseitig sein oder andere gewünschte Eigenschaften besitzen. Ein Stück der Front bildet jeweils eine Kante eines neuen Dreiecks. Nach dessen Erzeugung wird es in die Front eingefügt, vgl. Abb. 4.33.

Die Front trennt also stets dasjenige Gebiet, welches bereits mit Dreiecken abgedeckt wurde, von dem noch freien Gebiet. Im Verlauf der Generierung bewegt sich die Front in das freie Gebiet hinein bis das Netz das gesamte Berechnungsgebiet überdeckt.

Bei der Generierung eines neuen Punktes (Dreiecks) muß überprüft werden, ob schon ein geeigneter Punkt in der Nähe vorhanden ist, der anstelle des neuen Punktes verwendet werden muß. Ist dies der Fall, so werden zwei Seiten der Front für das

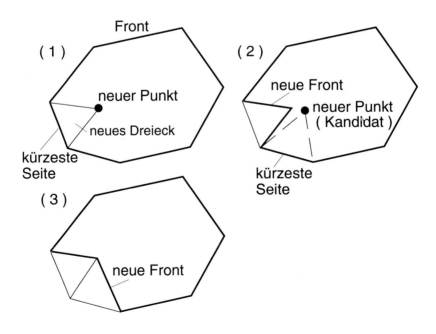

Abb. 4.33: Zur Netzgenerierung nach der Front-Generierungsmethode.

neue Dreieck verwendet. Das neue Dreieck ist dann nicht mehr notwendigerweise gleichseitig.

Um Überschneidungen im Netz zu vermeiden, hat es sich als sinnvoll herausgestellt, stets mit der kürzesten Seite in der Front zu beginnen, damit zunächst kleine und so spät wie möglich die großen Dreiecke erzeugt werden. Dennoch besteht stets die Gefahr von Überschneidungen, wenn ein Punkt generiert wird. Die numerische Überprüfung, ob Überschneidung vorliegt ist, vor allem im Raum, eine rechenaufwendige Aufgabe. Weitere Schwierigkeiten bei der Programmierung der Methode entstehen durch *Abschnürung* nicht triangularisierter Gebiete voneinander. Dadurch kann es u. U. mehrere Fronten geben, die sukzessive abgearbeitet werden müssen. Abb. 4.34 zeigt ein nach der Frontgenerierungsmethode erzeugtes Netz.

Es ist in der Praxis möglich, den neu generierten Dreiecken bestimmte erwünschte Eigenschaften zuzuweisen, z. B. die Gleichseitigkeit. In bestimmten Fällen, wie in Grenzschichten, können aber auch andere Eigenschaften erwünscht sein, z. B. daß der *Schlankheitsgrad* (Verhältnis von Umkreis- zu Inkreisradius) einen bestimmten

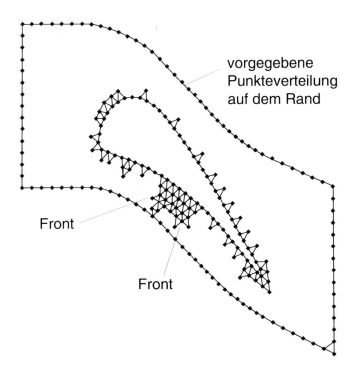

Abb. 4.34: Beispiel für ein nach der Front-Generierungsmethode generiertes Netz.

Wert annehmen soll. So können also auch *gestreckte Netze* erzeugt werden. Die erwünschten Netzeigenschaften können im Gebiet beliebig variiert werden.

Die Methode hat den Vorteil der guten Kontrolle über gewünschte Netzeigenschaften in Abhängigkeit von lokal gegebenen Parametern. Außerdem können beliebig komplizierte Geometrien, auch mit mehreren eigebetteten Körpern, vernetzt werden.

4.3.7 Netzadaption

Unter *Netzadaption* versteht man die Anpassung des Netzes an die Strömung, d. h. die numerische Auflösung ist dort groß, wo starke *Gradienten* der Strömungsgrößen vorhanden sind, und dort gering, wo die Strömungsgrößen konstant sind oder sich nur schwach ändern. Damit wird einerseits der Rechenaufwand so gering wie möglich gehalten, andererseits die Genauigkeit erhöht.

Man unterscheidet unterschiedliche Methoden der Netzadaption

- **bewegte Netze**

  Ein vorhandenes Netz wird durch Verschiebung der Punkte innerhalb des Rechengebietes und ggf. Verschiebung der Randpunkte auf dem Rand an die Strömung angepaßt. Dazu wird die Strömung zunächst auf einem Ausgangsnetz berechnet, dann die Netzpunkte verschoben und dann die Strömung auf dem adaptierten Netz neu berechnet.

- **lokale Netzverfeinerung**

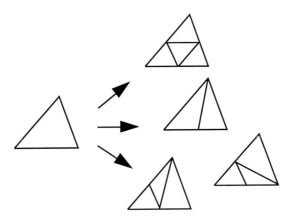

Abb. 4.35: Netzadaption durch Unterteilung von Dreiecksseiten.

Zunächst wird die Strömung auf einem relativ groben Netz berechnet, dann werden in bestimmten Gebieten zusätzliche Punkte eingefügt. Die Strömungsgrößen werden auf die neuen Punkte interpoliert. Dann wird die Strömung, ausgehend von der interpolierten Verteilung, erneut berechnet.

● **Neugenerierung**

Die Strömung wird auf einem vorläufigen Netz berechnet. Dann wird ein vollständig neues Netz erzeugt und eine erneute Berechnung vorgenommen. Dabei verwendet man zweckmäßigerweise die alte Lösung als Ausgangsverteilung, wobei diese auf die neuen Netzpunkte interpoliert werden muß.

Es gibt verschiedene Möglichkeiten, neue Punkte in eine vorhandene Netzstruktur einzufügen. Beispielsweise können die Seiten der Dreiecke durch Einführung eines neuen Punktes in der Mitte unterteilt werden, siehe Abb. 4.35. Die resultierenden Unterdreiecke sind dann dem ursprünglichen geometrisch ähnlich, d. h. die günstigen Netzeigenschaften des Ausgangsnetzes werden auf das verfeinerte Netz übertragen. An den Grenzen zwischen verfeinerten und nicht verfeinerten Gebieten kommt es vor, daß nicht alle drei Seiten eines Dreiecks, sondern nur zwei oder eine Seite unterteilt werden. Hier müssen Sonderfälle berücksichtigt werden, wie in Abb. 4.35 gezeigt.

Es können auch neue Punkte in der Mitte von Dreiecken eingefügt werden. Die neu entstehenden Dreiecke sind dann schlanker als die ursprünglichen. Sonderfälle im Randbereich treten nicht auf. Es kann jedoch notwendig sein, die Eigenschaften des verfeinerten Netzes durch Vertauschen von Diagonalen zu verbessern.

Die Strömungsgrößen des groben Netzes müssen auf das feinere Netz interpoliert werden. Diese Prozedur ist durch Ausnutzung der Seiten- oder Elementinformationen wenig aufwendig. Lineare Interpolation ist ausreichend.

Bei der Neugenerierung wird ein komplett neues Netz generiert, ohne auf Informationen oder Strukturen des alten Rücksicht zu nehmen. Allein die auf dem alten Netz erzeugte Lösung ist entscheidend für die Generierung des neuen Netzes. Bei dieser Methode können die Gradienten der auf dem groben Netz bekannten Strömung als Maß für die zu generierende Netzfeinheit verwendet werden, beispielsweise in Kombination mit der Front-Generierungsmethode.

5 Numerische Lösungsmethoden

In diesem Kapitel werden einige wichtige Lösungsmethoden beschrieben, wie sie heute und in Zukunft in Forschung und Industrie für die in Kap. 2 ausgewählten technischen Probleme angewendet werden.

Wir streben an, die Darstellung kurz und übersichtlich zu halten, um das Verständnis der wesentlichen Vorgehensweisen zu fördern und auf Besonderheiten der einzelnen Methoden aufmerksam zu machen. Es ist nicht beabsichtigt, eine genaue Programmieranleitung bereitzustellen. Die Aspekte der Programmierung numerischer Methoden der Strömungsmechanik werden anhand von Software-Beispielen in unserem **Übungsbuch Numerische Strömungsmechanik** eingehend beschrieben.

5.1 Finite-Differenzen Methoden (FDM)

5.1.1 DuFort-Frankel Verfahren

Wir wollen in diesem Kapitel in die numerische Behandlung von Konvektionsströmungen einführen. Außerdem soll das vorgestellte Verfahren als Beispiel dienen, um die Schwierigkeiten bei der numerischen Behandlung inkompressibler Strömungen aufzuzeigen.

Beispiel: Konvektion in einem rechteckigen Behälter

Das DuFort-Frankel Verfahren ist zur Lösung der Boussinesq-Gleichungen in rechteckigen Behältern von H. OERTEL jr. 1979 verwendet worden. Ein entsprechendes kartesisches Netz ist in Abb. 5.1 gezeigt. Es wurden Probleme der *thermischen Zellularkonvektion* behandelt, bei denen sich stationäre oder instationäre (oszillierende) Konvektionsrollen ausbilden. Nach Ausbildung der Konvektionsrollen weicht die Temperaturverteilung stark vom linearen Verlauf der Wärmeleitung ab, da der Wärmetransport zunehmend durch Konvektion bestimmt wird.

Es liegen die Boussinesq-Gleichungen zugrunde. Wir verwenden ein dreidimensionales kartesisches Gitter (Indizes i, j, k) mit äquidistanten Gitterpunkten. Die jeweiligen Gitterweiten sind Δx, Δy und Δz. Die verwendeten Zustandsvariablen sind die Geschwindigkeitskomponenten u, v und w, zusammengefaßt in dem Vektor **u** und die Temperatur T. Eine zusätzliche Variable ist der Druck p. Man bezeichnet die hier verwendeten Variablen als die *primitiven Variablen* (im Gegensatz dazu stehen konservative oder abgeleitete Variablen).

Wie bereits in Kap. 3.2.4 diskutiert, stellt die Kontinuitätsgleichung in Gl. (3.36), Gl. (3.42) und Gl. (3.45) eine Nebenbedingung dar, die keine Zeitableitung enthält. Daher muß für jedes Zeitschrittverfahren mittels einer numerischen Technik sichergestellt werden, daß die Kontinuitätsgleichung zu jedem Zeitschritt erfüllt wird.

Mit diesem Problem direkt verbunden ist die Druckberechnung. Der Druck ist zusätzlich zu den drei Geschwindigkeitskomponenten und der Temperatur diejenige Variable, die das Differentialgleichungssystem entsprechend der fünf Differentialgleichungen (Kontinuitätsgleichung, drei Impulsgleichungen und Energiegleichung) mathematisch schließt. Wenn keine Randbedingungen an den Druck gestellt werden (außer der Vorgabe einer Konstanten zur Festlegung des Druckniveaus), so ist das Druckfeld ausschließlich Ergebnis der Rechnung. Wir schließen daraus, daß der Druck zu jedem Zeitschritt derart bestimmt werden muß, daß die Kontinuitätsgleichung erfüllt ist.

Es können nur für die Geschwindigkeits- und Temperaturfelder Randbedingungen formuliert werden. Das Problem ist durch diese Variablen auch vollständig beschrieben. Dennoch ist es erforderlich, den Druck in jedem Zeitschritt zu berechnen und als zusätzliche 'Hilfsgröße' mitzuführen.

Berechnung des Druckes

Das Geschwindigkeitsfeld zum Zeitpunkt n sei gegeben. Zunächst ist die Bestimmung des Druckes zum Zeitpunkt n erforderlich. Dazu differenzieren wir die Impulsgleichungen von Gl. (3.36) nach der jeweiligen Koordinate und addieren die drei Komponenten. Eine solche Operation bezeichnet man als *Divergenzbildung*:

$$\nabla \cdot \left[(\mathbf{u}^T \cdot \nabla) \mathbf{u} \right] = \nabla \cdot Ra \cdot T \begin{pmatrix} 0 \\ 0 \\ 1 \end{pmatrix} - \nabla \cdot \nabla p + \nabla \cdot \Delta \mathbf{u} \qquad (5.1)$$

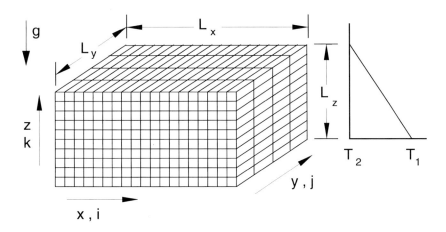

Abb. 5.1: Kartesisches Netz in einem rechteckigen Behälter der Kantenlängen L_x, L_y und L_z mit aufgeprägtem Temperaturgradienten $\Delta T = T_2 - T_1$; $T_1 > T_2$.

144

Darin sind

$$\nabla \cdot \nabla p = \Delta p \tag{5.2}$$

(Δ ist der Laplace-Operator) und

$$\nabla \cdot \Delta \mathbf{u} = \Delta(\nabla \cdot \mathbf{u}) = 0 \qquad \text{wegen} \qquad \nabla \cdot \mathbf{u} = 0 \qquad . \tag{5.3}$$

Es ergibt sich also

$$\Delta p = -\nabla \cdot \left[(\mathbf{u}^T \cdot \nabla)\mathbf{u}\right] + \nabla \cdot Ra \cdot T \begin{pmatrix} 0 \\ 0 \\ 1 \end{pmatrix} \tag{5.4}$$

oder ausgeschrieben

$$
\begin{aligned}
\Delta p = - & \left[\left(\frac{\partial u}{\partial x}\right)^2 + u\frac{\partial^2 u}{\partial x^2} + \frac{\partial v}{\partial x}\frac{\partial u}{\partial y} + v\frac{\partial^2 u}{\partial x \partial y} + \frac{\partial w}{\partial x}\frac{\partial u}{\partial z} + w\frac{\partial^2 u}{\partial x \partial z} + \right. \\
& \frac{\partial u}{\partial y}\frac{\partial v}{\partial x} + u\frac{\partial^2 v}{\partial x \partial y} + \left(\frac{\partial v}{\partial y}\right)^2 + v\frac{\partial^2 v}{\partial y^2} + \frac{\partial w}{\partial y}\frac{\partial v}{\partial z} + w\frac{\partial^2 v}{\partial y \partial z} + \\
& \left. \frac{\partial u}{\partial z}\frac{\partial w}{\partial x} + u\frac{\partial^2 w}{\partial x \partial z} + \frac{\partial v}{\partial z}\frac{\partial w}{\partial y} + v\frac{\partial^2 w}{\partial y \partial z} + \left(\frac{\partial w}{\partial z}\right)^2 + w\frac{\partial^2 w}{\partial z^2} \right] \\
& + \quad Ra\,\frac{\partial T}{\partial z} \qquad .
\end{aligned}
\tag{5.5}
$$

Diese Gleichung kann unter Benutzung von

$$u\frac{\partial}{\partial x}(\nabla \cdot \mathbf{u}) = v\frac{\partial}{\partial y}(\nabla \cdot \mathbf{u}) = w\frac{\partial}{\partial z}(\nabla \cdot \mathbf{u}) = 0 \tag{5.6}$$

und

$$(\nabla \cdot \mathbf{u})^2 = \left(\frac{\partial u}{\partial x} + \frac{\partial v}{\partial y} + \frac{\partial w}{\partial z}\right)^2 = 0 \tag{5.7}$$

$$\left(\frac{\partial u}{\partial x}\right)^2 + \left(\frac{\partial v}{\partial y}\right)^2 + \left(\frac{\partial w}{\partial z}\right)^2 = -2\frac{\partial u}{\partial x}\frac{\partial v}{\partial y} - 2\frac{\partial u}{\partial x}\frac{\partial w}{\partial z} - 2\frac{\partial v}{\partial y}\frac{\partial w}{\partial z} \tag{5.8}$$

vereinfacht werden zu:

$$
\begin{aligned}
\Delta p = \; & 2\left(\frac{\partial u}{\partial x}\frac{\partial v}{\partial y} + \frac{\partial u}{\partial x}\frac{\partial w}{\partial z} + \frac{\partial v}{\partial y}\frac{\partial w}{\partial z} - \frac{\partial v}{\partial x}\frac{\partial u}{\partial y} - \frac{\partial w}{\partial x}\frac{\partial u}{\partial z} - \frac{\partial w}{\partial y}\frac{\partial v}{\partial z}\right) \\
& + \quad Ra\,\frac{\partial T}{\partial z} \qquad .
\end{aligned}
\tag{5.9}
$$

Diese Gleichung bezeichnet man als die *Poissongleichung für den Druck*. Die Randbedingung besteht in der nach ∇p aufgelösten Impulsgleichung an der Wand

$$\frac{\partial p}{\partial x_m}\Big|_w = \left[-\frac{1}{Pr}\left(\frac{\partial \mathbf{u}}{\partial t} + (\mathbf{u}^T \cdot \nabla)\mathbf{u}\right) + Ra \cdot T \begin{pmatrix} 0 \\ 0 \\ 1 \end{pmatrix} + \Delta \mathbf{u}\right]_w \quad . \tag{5.10}$$

Darin ist x_m die zur jeweiligen Wand normale Koordinate ($m = i$ für die x-Richtung, $m = j$ für die y-Richtung und $m = k$ für die z-Richtung). Der Druck p ist nun bis auf eine frei wählbare Konstante aus dem bekannten Geschwindigkeitsfeld zum Zeitpunkt n berechenbar.

Die Lösung einer Poissongleichung unter Neumann-Randbedingungen auf einem äquidistanten Gitter ist eine Standardaufgabe und soll hier nicht im Detail behandet werden. Man verwendet Routinen aus einer *Unterprogramm-Bibliothek*. Da die Lösung in jedem Zeitschritt einmal erfolgt, ist es wichtig, effiziente Routinen zu verwenden, die mit einem Minimum an Rechenaufwand auskommen. Methoden zur Lösung linearer Gleichungssyteme wurden in Kap. 4.1.6 behandelt.

Wie am Anfang dieses Kapitels diskutiert, sind Druckberechnung und Erfüllung der Kontinuitätsgleichung miteinander verknüpft. Wir stellen fest, daß bei dem vorliegenden Verfahren die Kontinuitätsgleichung nicht zwingend erfüllt sein muß, denn die Poissongleichung ist lediglich eine *notwendige*, jedoch keine *hinreichende Bedingung* für $\nabla \cdot \mathbf{u} = 0$. Die Praxis zeigt, daß diese relativ 'schwache' Bedingung ausreicht und das Verfahren akzeptable Lösungen liefert.

Beschreibung des Verfahrens

Mit Kenntnis des Druckes zum Zeitpunkt n kann nun das DuFort-Frankel Differenzenschema angewendet werden. Es lautet für die x-Impulsgleichung:

$$\begin{aligned}
&\frac{1}{Pr}\frac{u_{i,j,k}^{n+1} - u_{i,j,k}^{n-1}}{2\Delta t} = \frac{1}{Pr}(\mathbf{u}\nabla\mathbf{u})_x\Big|_{i,j,k} - \frac{p_{i+1,j,k}^n - p_{i-1,j,k}^n}{2\Delta x} \\
&+ \frac{u_{i+1,j,k}^n - u_{i,j,k}^{n+1} - u_{i,j,k}^{n-1} + u_{i-1,j,k}^n}{\Delta x^2} + \frac{u_{i,j+1,k}^n - u_{i,j,k}^{n+1} - u_{i,j,k}^{n-1} + u_{i,j-1,k}^n}{\Delta y^2} \\
&+ \frac{u_{i,j,k+1}^n - u_{i,j,k}^{n+1} - u_{i,j,k}^{n-1} + u_{i,j,k-1}^n}{\Delta z^2}
\end{aligned} \tag{5.11}$$

für die y-Impulsgleichung:

$$\begin{aligned}
&\frac{1}{Pr}\frac{v_{i,j,k}^{n+1} - v_{i,j,k}^{n-1}}{2\Delta t} = \frac{1}{Pr}(\mathbf{u}\nabla\mathbf{u})_y\Big|_{i,j,k} - \frac{p_{i,j+1,k}^n - p_{i,j-1,k}^n}{2\Delta y} \\
&+ \frac{v_{i+1,j,k}^n - v_{i,j,k}^{n+1} - v_{i,j,k}^{n-1} + v_{i-1,j,k}^n}{\Delta x^2} + \frac{v_{i,j+1,k}^n - v_{i,j,k}^{n+1} - v_{i,j,k}^{n-1} + v_{i,j-1,k}^n}{\Delta y^2} \\
&+ \frac{v_{i,j,k+1}^n - v_{i,j,k}^{n+1} - v_{i,j,k}^{n-1} + v_{i,j,k-1}^n}{\Delta z^2}
\end{aligned} \tag{5.12}$$

und für die z-Impulsgleichung:

$$\frac{1}{Pr}\frac{w_{i,j,k}^{n+1}-w_{i,j,k}^{n-1}}{2\Delta t} = \frac{1}{Pr}\left(\mathbf{u}\nabla\mathbf{u}\right)_z\Big|_{i,j,k} - \frac{p_{i,j,k+1}^n - p_{i,j,k-1}^n}{2\Delta z}$$

$$+\frac{w_{i+1,j,k}^n - w_{i,j,k}^{n+1} - w_{i,j,k}^{n-1} + w_{i-1,j,k}^n}{\Delta x^2} + \frac{w_{i,j+1,k}^n - w_{i,j,k}^{n+1} - w_{i,j,k}^{n-1} + w_{i,j-1,k}^n}{\Delta y^2}$$

$$\frac{w_{i,j,k+1}^n - w_{i,j,k}^{n+1} - w_{i,j,k}^{n-1} + w_{i,j,k-1}^n}{\Delta z^2} + Ra\,\frac{T_{i,j,k+1}^n - T_{i,j,k-1}^n}{2} \quad . \qquad (5.13)$$

Der Druck und die Zeitableitung werden durch zentrale Differenzen approximiert. Für die zweiten Ableitungen wird ein spezieller Operator verwendet, der einer zentralen Differenz (siehe Kap. 4.1.3) ähnlich ist. Anstelle des zentralen Wertes $u_{i,j,k}^n$ wird der Mittelwert aus den beiden Zeitschichten $n+1$ und $n-1$ verwendet. Die Verwendung eines Zustandswertes an der Stelle i,j,k wird zum Zeitpunkt n vermieden.

In diesen Ausdrücken lautet die x-Komponente des nichtlinearen Terms an der Stelle i,j,k:

$$\left(\mathbf{u}\nabla\mathbf{u}\right)_x\Big|_{i,j,k} = \frac{u_{i+1/2,j,k}^n u_{i+1,j,k}^n - u_{i-1/2,j,k}^n u_{i-1,j,k}^n}{2\Delta x} \quad +$$

$$\frac{v_{i,j+1/2,k}^n u_{i,j+1,k}^n - v_{i,j-1/2,k}^n u_{i,j-1,k}^n}{2\Delta y} \quad +$$

$$\frac{w_{i,j,k+1/2}^n u_{i,j,k+1}^n - w_{i,j,k-1/2}^n u_{i,j,k-1}^n}{2\Delta z} \quad , \qquad (5.14)$$

die y-Komponente:

$$\left(\mathbf{u}\nabla\mathbf{u}\right)_y\Big|_{i,j,k} = \frac{u_{i+1/2,j,k}^n v_{i+1,j,k}^n - u_{i-1/2,j,k}^n v_{i-1,j,k}^n}{2\Delta x} \quad +$$

$$\frac{v_{i,j+1/2,k}^n v_{i,j+1,k}^n - v_{i,j-1/2,k}^n v_{i,j-1,k}^n}{2\Delta y} \quad +$$

$$\frac{w_{i,j,k+1/2}^n v_{i,j,k+1}^n - w_{i,j,k-1/2}^n v_{i,j,k-1}^n}{2\Delta z} \quad , \qquad (5.15)$$

und die z-Komponente:

$$\left(\mathbf{u}\nabla\mathbf{u}\right)_z\Big|_{i,j,k} = \frac{u_{i+1/2,j,k}^n w_{i+1,j,k}^n - u_{i-1/2,j,k}^n w_{i-1,j,k}^n}{2\Delta x} \quad +$$

$$\frac{v_{i,j+1/2,k}^n w_{i,j+1,k}^n - v_{i,j-1/2,k}^n w_{i,j-1,k}^n}{2\Delta y} \quad +$$

$$\frac{w_{i,j,k+1/2}^n w_{i,j,k+1}^n - w_{i,j,k-1/2}^n w_{i,j,k-1}^n}{2\Delta z} \quad . \qquad (5.16)$$

Die in den nichtlinearen Termen vorkommenden ersten Ableitungen werden durch zentrale Differenzen zum Zeitpunkt n approximiert. Wieder wird kein Wert an der Stelle i, j, k zum Zeitpunkt n verwendet, sondern Mittelwerte wie z. B.

$$u^n_{i\pm 1/2,k,j} = \frac{u^n_{i+1,j,k} + u^n_{i,j,k}}{2} \quad . \tag{5.17}$$

Die diskretisierte Energiegleichung lautet entsprechend:

$$\frac{T^{n+1}_{i,j,k} - T^{n-1}_{i,j,k}}{2\Delta t} = \left(\mathbf{u} \cdot \nabla \mathbf{T}\right)\Big|_{i,j,k}$$
$$+ \frac{T^n_{i+1,j,k} - T^{n+1}_{i,j,k} - T^{n-1}_{i,j,k} + T^n_{i-1,j,k}}{\Delta x^2} + \frac{T^n_{i,j+1,k} - T^{n+1}_{i,j,k} - T^{n-1}_{i,j,k} + T^n_{i,j-1,k}}{\Delta y^2}$$
$$+ \frac{T^n_{i,j,k+1} - T^{n+1}_{i,j,k} - T^{n-1}_{i,j,k} + T^n_{i,j,k-1}}{\Delta z^2} \tag{5.18}$$

mit

$$\left(\mathbf{u} \cdot \nabla \mathbf{T}\right)\Big|_{i,j,k} = \frac{u^n_{i+1/2,j,k} T^n_{i+1,j,k} - u^n_{i-1/2,j,k} T^n_{i-1,j,k}}{2\Delta x} +$$
$$\frac{v^n_{i,j+1/2,k} T^n_{i,j+1,k} - v^n_{i,j-1/2,k} T^n_{i,j-1,k}}{2\Delta y} +$$
$$\frac{w^n_{i,j,k+1/2} T^n_{i,j,k+1} - w^n_{i,j,k-1/2} T^n_{i,j,k-1}}{2\Delta z} \quad . \tag{5.19}$$

Genauigkeit und Stabilität

Die Vermeidung des Wertes i, j, k zum Zeitpunkt n hat zur Folge, daß das Verfahren bezüglich der Zeit von zweiter Ordnung genau ist, siehe L. LAPIDUS und G. F. PINDER 1982. Damit ist es für die Simulation instationärer Strömungen geeignet. Die räumliche Genauigkeitsordnung ist aufgrund der zentralen Differenzen ebenfalls zwei.

Nach einer Stabilitätsanalyse für eine eindimensionale Modellgleichung ist das Verfahren *unbedingt stabil*, d. h. es unterläge theoretisch keiner Zeitschrittbeschränkung (siehe L. LAPIDUS und G. F. PINDER 1982). Dies trifft jedoch für die dreidimensionalen Gleichungen nicht zu. Der Zeitschritt kann in der Praxis nicht beliebig groß gewählt werden. Dies liegt daran, daß numerische Fehler, insbesondere bei der Lösung der Poissongleichung Gl. (5.9) zusätzliche numerische Instabilitäten, die nicht durch eine Stabilitätsanalyse erfaßt werden, induzieren.

Die Erfüllung der Kontinuitätsgleichung erfordert einige Diskussion. Bei der Herleitung der Poissongleichung Gl. (5.9) wird die Kontinuitätsgleichung verwendet,

d. h. es wird sichergestellt, daß der Druck aus einem divergenzfreien Geschwindigkeitsfeld berechnet wird, selbst wenn dies zum Zeitpunkt n nur näherungsweise der
Fall ist. Da somit der Druck sinnvoll berechnet wurde, nimmt man an, daß er bei
der Integration der Impulsgleichungen für Divergenzfreiheit zum Zeitpunkt $n + 1$
sorgen wird. Die Überprüfung der Divergenzfreiheit des Geschwindigkeitsfeldes
währed des Ablaufs der Rechnung ist eine geeignete Kontrollmöglichkeit.

In der Praxis hat sich gezeigt, daß die Kontinuitätsgleichung näherungsweise erfüllt
ist, wenn der Zeitschritt genügend klein gewählt wird. Bei der Simulation ther-
mischer Zellularkonvektion wurden Zeitschrittweiten von $\Delta t = 10^{-3}$ (Luft) bis
10^{-5} (Silikonöl) gute Erfahrungen gemacht. Diese unterschiedlichen Zeitschrittweiten müssen aufgrund der unterschiedlichen Prandtl-Zahlen (Luft 0.71, Silikonöl $\approx$
1800) gewählt werden. Diese Zeitschrittbeschränkung begrenzt die Berechnung der
realen Zeit auf einige Minuten. Dies reicht nicht aus, um instationäre Vorgänge in
Öl zu simulieren.

Randbedingungen

Als Randbedingungen müssen die Haftbedingung Gl. (3.38) an allen Wänden, die
Bedingung der isothermen Wand Gl. (3.39) an der oberen und unteren Wand und
die adiabate Randbedingung Gl. (3.40) an den seitlichen Wänden erfüllt werden.
Hinzu kommt die Randbedingung für den Druck Gl. (5.10). Die ersten beiden Bedingungen stellen die Vorgabe eines Wertes, also Dirichlet'sche Randbedingungen
dar, die letzten beiden bedeuten die Vorgabe einer Ableitung senkrecht zum Rand,
also Neumann-Randbedingungen.

Dirichlet'sche Randbedingungen werden dadurch berücksichtigt, daß an den entsprechenden Punkten die Berechnung der jeweiligen Strömungsgrößen (also der
Geschwindigkeit im Falle der Haftbedingungen) nicht durchgeführt wird, da diese
Größe vorgegeben ist. Die diskreten Werte an diesen Punkten können am Anfang
einer Rechnung gesetzt werden und bleiben anschließend unverändert. Die Randwerte werden zur Berechnung der Zustandsgrößen in den Nachbarpunkten benötigt
und gehen so in die Rechnung ein.

Im Falle der Neumann-Randbedingungen wird der Operator der Differentialgleichung Gln. (5.14) - (5.19) an den entsprechenden Punkten für die Berechnung
der jeweiligen Strömungsgrößen (also z.B. die Temperatur im Falle der adiabaten
Wand) nicht verwendet. Stattdessen gelten die Formeln für die Vorwärtsdifferenz
Gl. (4.9) z.B. für die x-Richtung am linken Rand ($i = 1$) oder die Rückwärtsdiffe-
renz Gl. (4.10) am rechten Rand ($i = N_x$) :

$$\frac{T_{i+1} - T_i}{\Delta x} = 0 \qquad \text{oder} \qquad \frac{T_i - T_{i-1}}{\Delta x} = 0 \qquad . \qquad (5.20)$$

Es ist jedoch zu beachten, daß diese Operatoren nur von erster Ordnung genau sind,
die Operatoren im Innern jedoch von zweiter Ordnung. Dies würde die Genauigkeit
des Gesamtverfahrens herabsetzen. Daher sollten besser die genaueren Operatoren

$$\frac{-T_{i+2} + 4T_{i+1} - 3T_i}{2\Delta x} \approx \frac{\partial T}{\partial x}\Big|_i = 0 \qquad \text{Vorwärtsdifferenz 2. Ordnung} \qquad (5.21)$$

und

$$\frac{3T_i - 4T_{i-1} + T_{i-2}}{2\Delta x} \approx \frac{\partial T}{\partial x}\Big|_i = 0 \qquad \text{Rückwärtsdifferenz 2. Ordnung} \qquad (5.22)$$

verwendet werden. Entsprechendes gilt für die Poissongleichung für den Druck.

Anfangsbedingungen

Zu Beginn einer Rechnung $t^n = n\Delta t = 0$ sei eine Geschwindigkeits- und Temperaturverteilung vorgegeben, die die Grundgleichungen erfüllt. Dies bedeutet für das Geschwindigkeitsfeld, daß es *divergenzfrei* (quellenfrei) sein muß. Das Verfahren erfordert außerdem die Kenntnis der Strömungsgrößen **u** und T zum Zeitpunkt $n - 1$. Diese können anfangs gleich denjenigen zum Zeitpunkt n gewählt werden.

t = 0

t = T/2

t = T

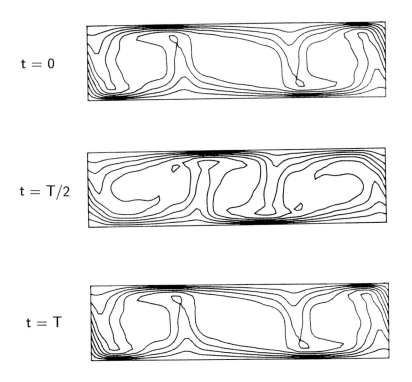

Abb. 5.2: Ergebnis einer Simulation der oszillatorischen Konvektion.

Es ist sinnvoll, am Anfang ein ruhendes Fluid mit linearer Temperaturverteilung zu betrachten. Da sich die Konvektionsströmung aufgrund einer Instabilität einstellt, die angeregt werden muß, kann eine kleine Störströmung (z. B. aus einer linearen Stabilitätstheorie) überlagert werden. Aber auch die Vorgabe einer 'Zufallsverteilung' ist möglich.

Diskussion

Das DuFort-Frankel Verfahren ist ein zeitgenaues Differenzenverfahren zweiter Ordnung zur Behandlung inkompressibler Strömungen. Es unterliegt einer Zeitschrittbeschränkung. Die Divergenzfreiheit muß während der Zeitintegration überprüft werden.

Beispiel: Konvektion in einem rechteckigen Behälter (Fortführung)

Das DuFort-Frankel Verfahren wird auf die numerische Simulation der oszillatorischen Konvektion in einem von unten beheizten rechteckigen Behälter mit dem Seitenverhältnis 4:2:1 angewendet. Als Medium befindet sich in dem Behälter Luft (Pr = 0.72).

Ein Ergebnis ist in Abb. 5.2 gezeigt.

Das Verfahren hat sich für die zeitgenaue Simulation oszillatorischer Konvektionsströmungen bewährt.

Die Vorteile des Verfahrens liegen in seiner Genauigkeit, welche mit geringem Programmieraufwand und ohne Korrektorschritt erreicht wird. Außerdem kann auf bewährte Lösungsmethoden (Poissonlöser) zurückgegriffen werden, was u. U. den Entwicklungsaufwand reduziert.

Das Verfahren ist ein Beispiel, um die Problematik der Erfüllung der Kontinuitätsgleichung als Nebenbedingung bei inkompressiblen Strömungen aufzuzeigen.

5.1.2   Lax-Wendroff- und MacCormack-Verfahren

Die Verfahren dienen zur Lösung der Euler-, Navier-Stokes oder Reynoldsgleichungen (kompressible Strömung).

Diese beiden Verfahren sind einander ähnlich und werden dehalb in einem gemeinsamen Kapitel behandelt. Es handelt sich um *Prädiktor-Korrektor Verfahren*, bei denen jeder Zeitschritt aus zwei Teilschritten, dem *Prädiktorschritt* (erster Teilschritt) und dem *Korrektorschritt* (zweiter Teilschritt) besteht. Durch diese Aufteilung wird unter anderem die Genauigkeit gegenüber Einschrittverfahren erhöht und die numerische Stabilität sichergestellt.

Es handelt sich um *explizite* Differenzenverfahren, d. h. die Zustandsgrößen der Zeitschicht $n+1$ werden an jedem Gitterpunkt aus den Zustandsgrößen der Zeitschicht n berechnet. Die Lösung eines Gleichungssystems ist nicht erforderlich. Bei expliziten Verfahren besteht jedoch, wie wir aus Kap. 4.2.4 wissen, das Problem der numerischen Instabilität. Die beiden hier behandelten Verfahren sind Beispiele dafür, wie die numerische Stabilität hergestellt werden kann. Gleichzeitig wird jeweils eine räumliche Genauigkeit zweiter Ordnung gewährleistet.

Beispiel: Stoß-Grenzschicht Wechselwirkung

Die Wechselwirkung eines Verdichtungsstoßes mit einer laminaren oder turbulenten Grenzschicht entlang einer ebenen wärmeisolierenden Wand tritt in folgenden technischen Anwendungen auf: transsonischer Tragflügel, transsonische Verdichter- und Turbinengitter. Das Phänomen kann mit der in Abb. 5.3 gezeigten Anordnung untersucht werden: In einer Überschallströmung entlang einer ebenen Platte wird durch einen in der Außenströmung befindlichen Keil ein schiefer Stoß erzeugt. Entlang der Platte bildet sich eine Grenzschicht aus und es kommt zur Stoß-Grenzschicht Wechselwirkung.

Die ankommende Grenzschicht wird durch den Druckanstieg im Wechselwirkungsgebiet verzögert. Bei hinreichend starkem Stoß löst die Grenzschicht ab. Durch die Verdrängungswirkung der Ablöseblase bilden sich stromauf Kompressionswellen. An ihrer dicksten Stelle beginnt ein Expansionsfächer, der die Strömung zur Wand richtet. Stromab bildet sich aufgrund der Umlenkung ein zweites Kompressionsgebiet.

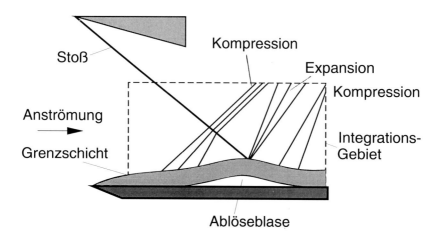

Abb. 5.3: Anordnung zur Untersuchung der Stoß-Grenzschicht Wechselwirkung.

152

Zur numerischen Behandlung dieses Problems wird ein rechteckiges Integrationsgebiet oberhalb der Platte definiert, siehe Abb. 5.4. Der einfallende Stoß kann durch einen vorgegebenen Drucksprung am oberen Ende des Einströmrandes aufgeprägt werden.

Die Gitterlinien werden in x-Richtung äquidistant und zur Wand hin verdichtet gewählt. Die Beziehungen zwischen dem physikalischen Raum x (stromab), y (quer) und z (senkrecht zur Wand) und dem Rechenraum ξ_1 (Index i), ξ_2 (Index j) und ξ_3 (Index k) lauten dann folgendermaßen:

$$\xi_1 = x \quad ; \quad \xi_2 = y \quad ; \quad \xi_3 = f(z) \quad , \tag{5.23}$$

wobei f die Verdichtungsfunktion des Netzes ist, siehe Kap. 4.3.1. Bei Übertragung der Grundgleichungen in den Rechenraum sind daher die Koordinaten x und y durch ξ_1 und ξ_2 in den Ableitungsoperatoren zu ersetzen. Für die dritte Richtung gilt nach der Kettenregel:

$$\frac{\partial}{\partial z} = \frac{\partial \xi_3}{\partial z} \cdot \frac{\partial}{\partial \xi_3} = \frac{\partial f(z)}{\partial z} \cdot \frac{\partial}{\partial \xi_3} \quad . \tag{5.24}$$

Die Grundgleichungen sind entsprechend zu modifizieren. Wir wollen jedoch im weiteren Verlauf dieses Kapitels diese Modifikation nicht weiter in Betracht ziehen und die beiden Verfahren anhand der ursprünglichen Gleichungen beschreiben.

Wir beginnen mit der Beschreibung der Verfahren für die Euler-Gleichungen, die wir zunächst eindimensional betrachten (Koordinate x, Index der Dimension m weglassen):

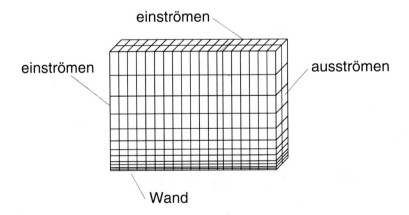

Abb. 5.4: Netz zur numerischen Simulation der Stoß-Grenzschicht Wechselwirkung mit dem MacCormack-Verfahren (schematisch).

Beschreibung des Lax-Wendroff-Verfahrens

Beim Lax-Wendroff Verfahren wird zunächst nur ein 'halber' Zeitschritt (erster Teilschritt, Prädiktorschritt) durchgeführt, bezeichnet mit dem Zeitindex $n + 1/2$. Als Ergebnis dieses Teilschritts werden die Funktionswerte $\mathbf{U}_{i+1/2}$ und $\mathbf{U}_{i-1/2}$ berechnet, die jeweils in der Mitte von zwei Gitterpunkten liegen. In diesem Zusammenhang spricht man auch von einem *versetzten Gitter*. Zur Bildung dieser Zwischenwerte werden Vorwärts- oder Rückwärtsdifferenzen verwendet:

$$\mathbf{U}_{i+1/2}^{n+1/2} = \frac{1}{2}\left(\mathbf{U}_{i+1}^{n} + \mathbf{U}_i^{n}\right) - \frac{\Delta t}{2\Delta x}\left(\mathbf{F}_{i+1}^{n} - \mathbf{F}_i^{n}\right) \tag{5.26}$$

$$\mathbf{U}_{i-1/2}^{n+1/2} = \frac{1}{2}\left(\mathbf{U}_{i-1}^{n} + \mathbf{U}_i^{n}\right) - \frac{\Delta t}{2\Delta x}\left(\mathbf{F}_i^{n} - \mathbf{F}_{i-1}^{n}\right) \quad . \tag{5.27}$$

In einem zweiten Teilschritt (*Korrektorschritt*) werden die endgültigen Werte für $\mathbf{U}$ mit Hilfe von

$$\mathbf{F}_{i\pm1/2}^{n+1/2} = \mathbf{F}(\mathbf{U}_{i\pm1/2}^{n+1/2}) \tag{5.28}$$

berechnet. Dabei folgt die räumliche Ableitung aus einer Differenzbildung mit den zuvor berechneten Zwischenwerten:

$$\mathbf{U}_i^{n+1} = \mathbf{U}_i^{n} - \frac{\Delta t}{\Delta x}\left(\mathbf{F}_{i+1/2}^{n+1/2} - \mathbf{F}_{i-1/2}^{n+1/2}\right) \quad . \tag{5.29}$$

Eine Erweiterung auf drei Dimensionen erhält man durch Anwendung entlang jeder Gitterlinienschar, also für die y- und z-Richtungen im Prädiktorschritt:

$$\mathbf{U}_{i,j\pm1/2,k}^{n+1/2} = \frac{1}{2}\left(\mathbf{U}_{i,j\pm1,k}^{n} + \mathbf{U}_{ijk}^{n}\right) - \frac{\Delta t}{2\Delta y}\left(\pm\mathbf{F}_{y\,i,j\pm1,k}^{n} \mp \mathbf{F}_{y\,ijk}^{n}\right) \tag{5.30}$$

$$\mathbf{U}_{i,j,k\pm1/2}^{n+1/2} = \frac{1}{2}\left(\mathbf{U}_{i,j,k\pm1}^{n} + \mathbf{U}_{ijk}^{n}\right) - \frac{\Delta t}{2\Delta z}\left(\pm\mathbf{F}_{z\,i,j,k\pm1}^{n} \mp \mathbf{F}_{z\,ijk}^{n}\right) \tag{5.31}$$

und im Korrektorschritt

$$\begin{aligned}
\mathbf{U}_{ijk}^{n+1} = \mathbf{U}_{ijk}^{n} &- \frac{\Delta t}{\Delta x}\left(\mathbf{F}_{x\,i+1/2,j,k}^{n+1/2} - \mathbf{F}_{x\,i-1/2,j,k}^{n+1/2}\right) \\
&- \frac{\Delta t}{\Delta y}\left(\mathbf{F}_{y\,i,j+1/2,k}^{n+1/2} - \mathbf{F}_{y\,i,j-1/2,k}^{n+1/2}\right) \\
&- \frac{\Delta t}{\Delta z}\left(\mathbf{F}_{z\,i,j,k+1/2}^{n+1/2} - \mathbf{F}_{z\,i,j,k-1/2}^{n+1/2}\right) \quad .
\end{aligned} \tag{5.32}$$

Die Punkte des versetzten Gitters liegen dann jeweils auf den Seitenmitten, siehe Abb. 5.5.

Abschätzung des Fehlers

Durch Anwendung des Lax-Wendroff-Verfahrens auf die Modellgleichung (4.104) (d. h. $\mathbf{F} \to \lambda u$) für eine charakteristische Variable (d. h. $\mathbf{U} \to u$) kann der numerische Fehler quantifiziert werden. Für das Lax-Wendroff Verfahren ergibt sich aus Gln. (5.26)- (5.27) und Gl. (5.29):

$$u_i^{n+1} = u_i^n - \frac{\Delta t}{\Delta x}\left[\frac{\lambda}{2}(u_{i+1}^n + u_i^n) - \frac{\lambda\Delta t}{2\Delta x}(u_{i+1}^n - u_i^n)\right.$$
$$\left. -\frac{\lambda}{2}(u_{i-1}^n + u_i^n) + \frac{\lambda\Delta t}{2\Delta x}(u_i^n - u_{i-1}^n)\right] \quad . \tag{5.33}$$

Dieser Ausdruck läßt sich zusammenfassen zu

$$u_i^{n+1} = u_i^n - \Delta t\left[\lambda\frac{u_{i+1}^n - u_{i-1}^n}{2\Delta x} - \frac{\Delta t\lambda^2}{2}\frac{u_{i+1}^n - 2u_i^n + u_{i-1}^n}{\Delta x^2}\right] \tag{5.34}$$

oder

$$\frac{u_i^{n+1} - u_i^n}{\Delta t} + \lambda\frac{u_{i+1}^n - u_{i-1}^n}{2\Delta x} - \frac{\Delta t\lambda^2}{2}\frac{u_{i-1}^n - 2u_i^n + u_{i+1}^n}{\Delta x^2} = 0 \quad . \tag{5.35}$$

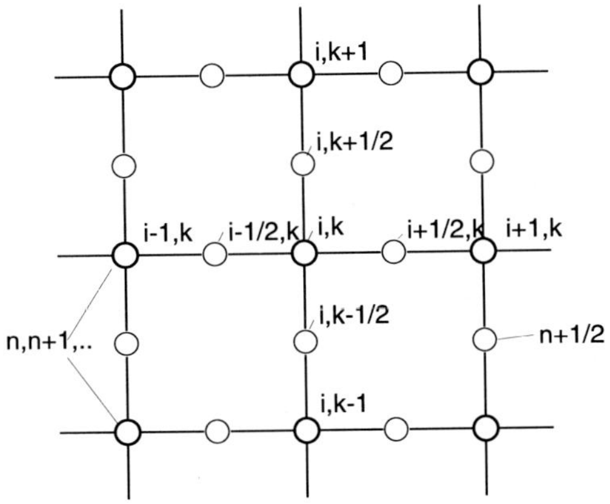

Abb. 5.5: Versetztes Gitter beim Lax-Wendroff-Verfahren.

Dies ist eine Differenzenapproximation der Gleichung

$$\frac{du}{dt} + \lambda \frac{du}{dx} - \mu_{num} \frac{d^2u}{dx^2} = 0 \quad , \tag{5.36}$$

welche die um eine zweite Ableitung ergänzte Modellgleichung Gl. (4.104) darstellt. Durch Vergleich mit Gl. (5.35) können folgende Schlußfolgerungen gezogen werden:

Der zweite Term von Gl. (5.35) ist die Approximation des Konvektionsterms (zentrale Differenz). Der dritte ist durch das Verfahren hinzugekommen. Er hat die Form eines Reibungsterms (mit zweiter Ableitung), approximiert durch eine zentrale Differenz (Dreipunktformel).

Der Vorfaktor

$$\mu_{num} = \frac{\Delta t \lambda^2}{2} \tag{5.37}$$

des zusätzlichen Reibungsterms ist nicht, wie bei der physikalischen Reibung ein Parameter unseres Strömungsproblems, sondern er hängt ab von dem numerischen Parameter Δt, welcher wiederum von Δx abhängt, siehe unten. Man bezeichnet diesen Term daher als *verfahrenseigene numerische Dissipation*. Sie hat zur Folge, daß die erzielte Lösung von der Zeitschrittweite und von der Gitterweite abhängt. Für kleine Δt oder Δx kann diese Abhängigkeit jedoch vernachlässigt werden (Verfahren ist konsistent).

Stabilitätsanalyse

Wir wollen die Neumann'sche Stabilitätsanalyse auf Gl. (5.34) anwenden. Der Ansatz für den Fehler ϵ von Gl. (4.108) führt für das Lax-Wendroff Verfahren auf

$$e^{\alpha \Delta t} = 1 - \frac{1}{2} \frac{\lambda \Delta t}{\Delta x} \left[\left(e^{im\pi\Delta x} - e^{-im\pi\Delta x} \right) - \frac{\lambda \Delta t}{\Delta x} \left(e^{im\pi\Delta x} - 2 + e^{-im\pi\Delta x} \right) \right] \quad . \tag{5.38}$$

Dieser Ausdruck läßt sich unter Benutzung von

$$e^{im\pi\Delta x} - e^{-im\pi\Delta x} = 2i \sin(m\pi\Delta x) \tag{5.39}$$

$$e^{im\pi\Delta x} + e^{-im\pi\Delta x} = 2 \cos(m\pi\Delta x) \tag{5.40}$$

umformen in den Ausdruck für den Anfachungsfaktor

$$\left| e^{\alpha \Delta t} \right|^2 = 1 + \left(\frac{\lambda \Delta t}{\Delta x} \right)^2 \cdot \left[2(\cos(m\pi\Delta x) - 1) + \sin^2(m\pi\Delta x) \right] + \left(\frac{\lambda \Delta t}{\Delta x} \right)^4 \cdot (\cos(m\pi\Delta x) - 1)^2 \quad . \tag{5.41}$$

Dieser muß nach der Neumann'schen Stabilitätsbedingung kleiner als eins sein:

$$\left| e^{\alpha \Delta t} \right|^2 < 1 \quad , \tag{5.42}$$

also

$$\left[2(\cos(m\pi\Delta x) - 1) + \sin^2(m\pi\Delta x) \right] + \left(\frac{\lambda \Delta t}{\Delta x} \right)^2 (\cos(m\pi\Delta x) - 1)^2 < 0 \tag{5.43}$$

und nach Δt aufgelöst

$$\Delta t < \frac{\Delta x}{\lambda} \sqrt{\frac{2(1 - \cos(m\pi\Delta x)) - \sin^2(m\pi\Delta x)}{(\cos(m\pi\Delta x) - 1)^2}} \quad . \tag{5.44}$$

Der Wert des Wurzelausdrucks ist eins. Der größte Wert, den λ annehmen kann, ist $|u + a|$.

Daher lautet die Stabilitätsbedingung

$$\Delta t < \frac{\Delta x}{|u + a|} \quad . \tag{5.45}$$

Das Verfahren besitzt somit eine CFL-Zahl von eins.

Beschreibung des MacCormack-Verfahrens

Beim expliziten MacCormack-Verfahren (es gibt auch eine implizite Variante) werden abwechselnd Vorwärts- und Rückwärtsdifferenzen verwendet. Der Prädiktorschritt ist

$$\overline{\mathbf{U}}_i^{n+1} = \mathbf{U}_i^n - \Delta t \left(\frac{\mathbf{F}_{i+1}^n - \mathbf{F}_i^n}{\Delta x} \right) \tag{5.46}$$

und mit

$$\bar{\mathbf{F}}_i^n = \mathbf{F}(\bar{\mathbf{U}}_i^n) \tag{5.47}$$

lautet der Korrektorschritt

$$\mathbf{U}_i^{n+1} = \frac{1}{2} \left(\mathbf{U}_i^n + \overline{\mathbf{U}}_i^n \right) - \frac{\Delta t}{2} \left(\frac{\overline{\mathbf{F}_i^n} - \overline{\mathbf{F}_{i-1}^n}}{\Delta x} \right) \quad . \tag{5.48}$$

Ein versetztes Gitter ist nicht notwendig.

Die Stabilitätsbedingung ist mit derjenigen des Lax-Wendroff-Verfahrens identisch. Obwohl die einseitigen Differenzen für sich genommen jeweils nur von erster Ordnung genau sind, wird durch ihre zweimalige Anwendung das Gesamtverfahren von zweiter Ordnung genau.

Das MacCormack-Verfahren lautet dreidimensional:

$$\overline{\mathbf{U}}_{ijk}^{n+1} = \mathbf{U}_{ijk}^{n} \qquad (5.49)$$
$$- \Delta t \left(\frac{\mathbf{F}_{x\,i+1,j,k}^{n} - \mathbf{F}_{x\,ijk}^{n}}{\Delta x} + \frac{\mathbf{F}_{y\,i,j+1,k}^{n} - \mathbf{F}_{y\,ijk}^{n}}{\Delta y} + \frac{\mathbf{F}_{z\,i,j,k+1}^{n} - \mathbf{F}_{z\,ijk}^{n}}{\Delta z} \right)$$

und

$$\mathbf{U}_{ijk}^{n+1} = \frac{1}{2} \left(\mathbf{U}_{ijk}^{n} + \overline{\mathbf{U}}_{ijk}^{n} \right) \qquad (5.50)$$
$$- \frac{\Delta t}{2} \left(\frac{\overline{\mathbf{F}}_{x\,ijk}^{n} - \overline{\mathbf{F}}_{x\,i-1,j,k}^{n}}{\Delta x} + \frac{\overline{\mathbf{F}}_{y\,ijk}^{n} - \overline{\mathbf{F}}_{y\,i,j-1,k}^{n}}{\Delta y} + \frac{\overline{\mathbf{F}}_{z\,ijk}^{n} - \overline{\mathbf{F}}_{z\,i,j,k-1}^{n}}{\Delta z} \right) \quad .$$

$$(5.51)$$

Erweiterungen

Folgende Erweiterungen sind für beide Verfahren noch erforderlich:

- **zusätzliche numerische Dissipation**

  Falls sich Verdichtungsstöße im Strömungsfeld befinden, so werden beide Verfahren aufgrund starker Oszillationen in der Nähe des Stoßes numerisch instabil. Dies kann durch eine zusätzliche Korrektur, die nach jedem Zeitschritt durchgeführt wird, verhindert werden. Für jede Variable Φ wird ein endgültiger (d. h. korrigierter) Wert $\tilde{\Phi}^{n+1}$ berechnet:

  $$\tilde{\Phi}_{i}^{n+1} = \Phi_{i}^{n+1} + \nu \frac{\Delta t}{\Delta x} \frac{\Phi_{i-1}^{n+1} - 2\Phi_{i}^{n+1} + \Phi_{i+1}^{n+1}}{\Delta x^2} \quad . \qquad (5.52)$$

  Es handelt sich also um das Hinzufügen *zusätzlicher numerischer Dissipation*, da in Gl. (5.52) der Operator der zweiten Ableitung verwendet wird. Der Vorfaktor ν sorgt dafür, daß die Korrektur nur am Stoß durchgeführt wird (*Stoß-Detektor*).

  Man wählt eine geeignet normierte zweite Ableitung des Druckes:

  $$\nu = \frac{p_{i-1}^{n+1} - 2p_{i}^{n+1} + p_{i+1}^{n+1}}{|p_{i-1}^{n+1}| + 2|p_{i}^{n+1}| + |p_{i+1}^{n+1}|} \quad . \qquad (5.53)$$

  Durch die Korrektur werden sehr steile Gradienten der Strömungsgrößen, wie sie am Verdichtungsstoß auftreten, vermieden (Strömungsgrößen werden

158

geglättet). Abb. 5.6 zeigt schematisch eine oszillierende Lösung und das Ergebnis einer Lösung mit zusätzlicher numerischer Dissipation.

- **Berücksichtigung der Reibung**

Die durch die Reibung hinzukommenden zusätzlichen Terme Gl. (3.11)
müssen in Gl. (5.25) berücksichtigt werden, die dann lautet:

$$\frac{\partial \mathbf{U}}{\partial t} = -\frac{\partial [\mathbf{F}(\mathbf{U}) - \frac{1}{Re_\infty}\mathbf{G}(\mathbf{U})]}{\partial x} \qquad . \tag{5.54}$$

Die Reibung wird berücksichtigt, indem $\mathbf{F}$ jeweils im Prädiktor- und Korrektorschritt durch $\mathbf{F} + \mathbf{G}$ ersetzt wird. Beim Lax-Wendroff Verfahren erfordert
dies die Berechnung der Reibungsterme sowohl auf dem ursprünglichen als
auch auf dem versetzten Gitter.

Beim MacCormack-Verfahren kann die zweimalige Berechnung der Reibungsterme umgangen werden. Wenn zeitliche Genauigkeit nicht gefordert wird
(Berechnung stationärer Strömungen), ist die Aufspaltung des Zeitschrittes
in Prädiktor- und Korrektorschritt für die Reibungsterme nicht erforderlich.
Gln. (5.50) und (5.51) müssen dann <u>mit</u> Reibung um die Terme

$$-\left[\frac{1}{Re_\infty}\sum_{m=1}^{3}\frac{\partial \mathbf{G}_m^n}{\partial x_m}\right]_{ijk} \tag{5.55}$$

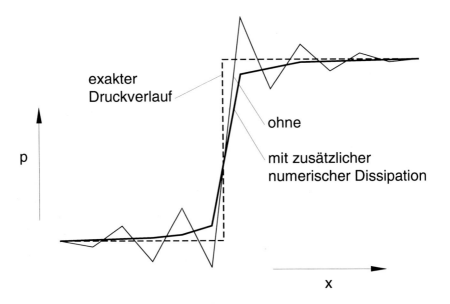

Abb. 5.6: Oszillierende Lösung und durch numerische Dissipation geglättete
Lösung über einen Verdichtungsstoß hinweg (schematisch).

erweitert werden. Die Terme enthalten Ausdrücke mit unterschiedlichen oder gleichen ersten Ableitungen, z. B.

$$\frac{\partial}{\partial x}\left(\mu\frac{\partial u}{\partial z}\right) \quad \text{oder} \quad \frac{\partial}{\partial x}\left(\mu\frac{\partial u}{\partial x}\right) \quad . \tag{5.56}$$

Die Terme mit unterschiedlichen Ableitungen werden nach P. ROACHE 1972 jeweils durch zentrale Differenzen von zweiter Ordnung genau approximiert, also

$$\frac{\partial}{\partial x}\left(\mu\frac{\partial u}{\partial z}\right)\bigg|_{i,j,k} = \frac{\left(\mu\frac{\partial u}{\partial z}\right)_{i+1,j,k} - \left(\mu\frac{\partial u}{\partial z}\right)_{i-1,j,k}}{2\Delta x} =$$
$$\frac{\mu_{i+1,j,k}\left(u_{i+1,j,k+1} - u_{i+1,j,k-1}\right) - \mu_{i-1,j,k}\left(u_{i-1,j,k+1} - u_{i-1,j,k-1}\right)}{4\Delta x \Delta z} \quad . \tag{5.57}$$

Sind die äußeren und inneren Ableitungsvariablen gleich, so wählt man anstelle der wiederholten Ableitung mit zentralen Differenzen zweckmäßig:

$$\frac{\partial}{\partial x}\left(\mu\frac{\partial u}{\partial x}\right)\bigg|_{i,j,k} = \frac{\left(\mu\frac{\partial u}{\partial x}\right)_{i+1/2,j,k} - \left(\mu\frac{\partial u}{\partial x}\right)_{i-1/2,j,k}}{\Delta x} =$$
$$\frac{(\mu_{i+1,j,k} + \mu_{i,j,k})(u_{i+1,j,k} - u_{i,j,k}) - (\mu_{i,j,k} + \mu_{i-1,j,k})(u_{i,j,k} - u_{i-1,j,k})}{2\cdot(\Delta x)^2} \tag{5.58}$$

Die Reibungsterme können die Stabilität der Verfahren zusätzlich beeinflussen, so daß weitere Stabilitätsbedingungen einzuhalten sind.

Randbedingungen

Am Einströmrand werden alle Strömungsgrößen vorgegeben. Diese Vorgabe entspricht in der Überschallströmung außerhalb der Grenzschicht (kein Reibungseinfluß) genau den in der Tabelle in Kap. 3.2.2 angegebenen Bedingungen (Störungen breiten sich nur stromab aus), ist also gerechfertigt. Innerhalb der Grenzschicht, insbesondere innerhalb ihres Unterschallteils, sind diese Bedingungen exakt nicht mehr gültig. Jedoch kann in der Paxis ebenfalls angenommen werden daß sich Störungen hier nur stromab ausbreiten (bei Verwendung der Grenzschichtgleichungen wäre dies sogar gewährleistet). Eine Reflektion von stromauf laufenden Störungen am Rand ist daher ausgeschlossen, da diese Störungen nicht existieren.

Da die Strömung sich hinter der einfallenden Stoßwelle zur Wand hin richtet, ist auch der obere Rand ein Einströmrand. Der Sprung von Dichte und Geschwindigkeit senkrecht zum Stoß und der Sprung der inneren Energie muß entsprechend der für einen schiefen Verdichtungsstoß geltenden Beziehungen vorgegeben werden.

Am Ausströmrand ist die Vorgabe aller Strömungsgrößen nicht möglich, da diese nicht bekannt sind. Es muß eine Randbedingung gewählt werden, die ein freies Einstellen aller Strömungsgrößen erlaubt. In einer angenommenen reibungslosen

Strömung (z. B. auch im Außenbereich unseres Beispiels) ist die Angabe von Randbedingungen nicht erforderlich, da es sich um eine Überschallströmung handelt, siehe Kap. 3.2.2. Je weiter wir uns der Wand nähern, desto weniger ist die Annahme der Reibungsfreiheit jedoch gerechtfertigt. In der Praxis hat es sich bewährt, die erste Ableitung in Stromabrichtung zu Null zu setzen, also am Randpunkt N_x anstelle der Differentialgleichung zu fordern:

$$
\begin{aligned}
\frac{\partial \rho}{\partial x} &\approx \frac{\rho_{N_x} - \rho_{N_x-1}}{\Delta x} = 0 \\
\frac{\partial(\rho u)}{\partial x} &\approx \frac{(\rho u)_{N_x} - (\rho u)_{N_x-1}}{\Delta x} = 0 \\
\frac{\partial(\rho v)}{\partial x} &\approx \frac{(\rho v)_{N_x} - (\rho v)_{N_x-1}}{\Delta x} = 0 \\
\frac{\partial(\rho w)}{\partial x} &\approx \frac{(\rho w)_{N_x} - (\rho w)_{N_x-1}}{\Delta x} = 0 \\
\frac{\partial(\rho e_{tot})}{\partial x} &\approx \frac{(\rho e_{tot})_{N_x} - (\rho e_{tot})_{N_x-1}}{\Delta x} = 0 \quad .
\end{aligned}
\tag{5.59}
$$

Diese Rückwärtsdifferenzen müssen nur noch nach den Größen am Randpunkt aufgelöst werden. Die Verwendung der relativ ungenauen Differenzen erster Ordnung ist ausreichend, da das Verschwinden der ersten Ableitung nicht tatsächlich erzwungen werden soll. Sie sollen vielmehr als 'numerische Randbedingung' die Lösbarkeit des gestellten Anfangs-Randwertproblems gewährleisten.

Die Randbedingungen an der Wand sind die Haftbedingung und die Bedingung der adiabaten Wand Gl. (3.20). Die in dieser Gleichung vorkommende Temperatur muß in die Zustandsvariablen umgerechnet werden. Mit Gln. (3.12) und (3.14) folgt unter Verwendung von $\mathbf{u} = 0$ (Haftbedingung):

$$
T = (\kappa - 1)\kappa M_\infty^2 e_{tot} \qquad \text{an der Wand}
\tag{5.60}
$$

und die Wand-Randbedingung für ρe_{tot} lautet

$$
\frac{\partial(\rho e_{tot})}{\partial z} = 0 \approx \frac{3(\rho e_{tot})_{k=1} - 4(\rho e_{tot})_{k=2} + (\rho e_{tot})_{k=3}}{2\Delta z} \qquad ,
\tag{5.61}
$$

wobei, wie schon in Kap. 5.1.1 die Vorwärtsdifferenz zweiter Ordnung verwendet werden muß.

Anfangsbedingungen

Als Anfangsverteilung für die Strömungsgrößen wird die ungestörte Parallelströmung gewählt. Da diese die Randbedingungen nicht erfüllt, werden im ersten Zeitschritt im Bereich des vorgegebenen Drucksprunges zur Erzeugung der einfallenden Stoßwelle und im Bereich der Wand, wo Haftbedingung erzwungen wird, sehr große Gradienten auftreten.

Da die Berechnung nicht zeitgenau zu erfolgen braucht, ist die Wahl der Anfangsbedingungen allein dadurch bestimmt, daß sich im Verlauf der Rechnung die gewünschte Strömung einstellt, d.h. die Rechnung konvergiert. Dies ist nicht immer garantiert und es kann ratsam sein, die Anfangsbedingung zu verändern, wenn keine Konvergenz der Zeitintegration erzielt wird.

Diskussion

Der Vorteil von expliziten Prädiktor/Korrektorverfahren ist ihre Genauigkeit zweiter Ordnung in Raum und Zeit. Die zeitliche Genauigkeit und Stabilität wird ohne zusätzlichen Speicheraufwand (etwa der Schicht $n - 2$ wie beim Adams-Bashforth-Verfahren) erreicht.

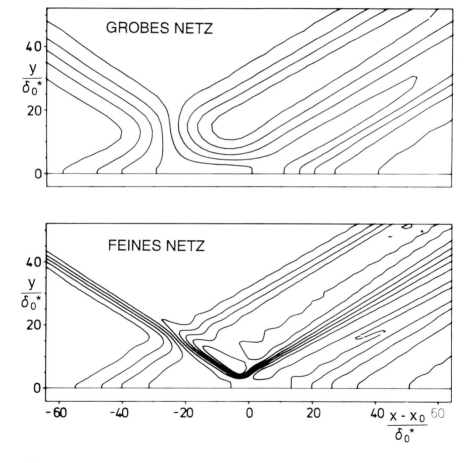

Abb. 5.7: Ergebnis (Isobaren) der Simulation der Stoß-Grenzschicht-Wechselwirkung, oben: auf einem groben Netz mit 51×41 Punkten, unten: auf einem feinen Netz mit 151×101 Punkten.

Beispiel: Stoß-Grenzschicht Wechselwirkung (Fortführung)

Der Einfluß der verfahrenseigenen numerischen Dissipation auf das Ergebnis der Simulation der Stoß-Grenzschicht-Wechselwirkung ist in Abb. 5.7 gezeigt. Die Koordinaten wurden auf die Verdrängungsdicke der ankommenden Grenzschicht bezogen.

Man erkennt den Druckanstieg über den einfallenden Stoß hinweg sowie die Kompressions- und Expansionsgebiete. Aufgrund der numerischen Dissipation des groben Netzes nehmen alle diese Effekte einen sehr breiten Raum ein. Der Stoß sowie die Kompressions- und Expansionsgebiete sind über mehrere Grenzschichtdicken 'verschmiert'. Dies führt zur Unbrauchbarkeit der Lösung auf dem groben Netz für die Untersuchung der Stoß-Grenzschicht Wechselwirkung.

Die Lösung auf dem feinen Netz zeigt die Kompressions- und Expansionsgebiete in ihrer tatsächlichen Breite (ändert sich bei Netzverfeinerung nicht mehr). Der Stoß besitzt noch eine endliche Breite, welche eine Folge der zusätzlichen numerischen Dissipation ist. Lage des Stoßes und Änderung der Strömungsgrößen über den Stoß hinweg werden genau wiedergegeben. Dies gilt ebenfalls für die Wandschubspannung und die Verdrängungsdicke der Grenzschicht (hier nicht gezeigt).

Wir ziehen folgende Schlußfolgerung: Die numerische Dissipation (verfahrenseigene und zusätzliche) ist unvermeidlich aber auch notwendig, um ein numerisches Verfahren zu stabilisieren. Sie wirkt sich durch eine Verringerung der Gradienten wie eine Glättung aus. Dadurch werden Stöße verschmiert und Grenzschichten aufgedickt. Die numerische Dissipation kann erst dann als klein angesehen werden, wenn überprüft worden ist, daß die Lösung nicht mehr von der Punkteanzahl des Netzes abhängt.

5.1.3 Beam und Warming Verfahren

Mit diesem Verfahren wird die Lösung der Euler-, Navier-Stokes- oder Reynoldsgleichungen für kompressible Strömungen *implizit* durchgeführt, also durch Formulierung der linken und rechten Seite der Gleichungen zur neuen Zeitschicht $n + 1$. Zur Reduzierung des Rechenaufwandes wird eine Technik der *Faktorisierung* angewendet.

Dem Problem liegen die Reynoldsgleichungen zugrunde, z. B. mit dem Baldwin-Lomax Turbulenzmodell, siehe Kap. 3.3.2. Als Einführung in das Problem wollen wir jedoch zunächst von laminarer Strömung ausgehen (bei einer reduzierten Reynoldszahl) und die Navier-Stokes Gleichungen zugrunde legen.

Die Randbedingungen im physikalischem Raum x, z sind in Abb. 5.8 links gezeigt. Das Integrationsgebiet erstreckt sich von der Profiloberfläche zum Fernfeld (Einströmrand) und stromab entlang des Nachlaufs bis zum Ausströmrand.

Beispiel: NACA-0012 Profilumströmung

Es soll die Strömung um das aerodymanische Profil NACA-0012 bei einer Anströmmachzahl $M_\infty = 0.7$ einem Anstellwinkel $\alpha = 1.49°$ und bei einer Reynoldszahl (gebildet mit der Profiltiefe) $Re_\infty = 9 \cdot 10^6$ berechnet werden (Testfall in T. L. HOLST 1987).

Beschreibung des Verfahrens

Zunächt wird ein äquidistantes Netz im Rechenraum ξ_1, ξ_3 mit den Gitterweiten $\Delta\xi_1$ und $\Delta\xi_3$ definiert. Die Transformation zwischen physikalischem Raum und Rechenraum ist in Abb. 5.8 schematisch gezeigt. Nachlauf und Profil werden auf eine Linie ξ_1 = const. abgebildet, ebenso das Fernfeld. Oberer und unterer Ausströmrand entsprechen Linien ξ_1 = const. Die Transformation kann z. B. mit der Methode der transfiniten Interpolation, siehe Kap. 4.3.3, durchgeführt werden.

Die in den Rechenraum transformierten Navier-Stokes Gleichungen wurden in Gl. (3.47) angegeben. Die in diesen Gleichungen auftretenden

$$\text{Metrikkoeffizienten} \qquad \frac{\partial \xi_i}{\partial x_m} \qquad ; \qquad m = 1,2,3 \qquad ; \qquad i = 1,2,3$$

sind nun an jeder Stelle im Integrationsgebiet aus der Transformation bekannt.

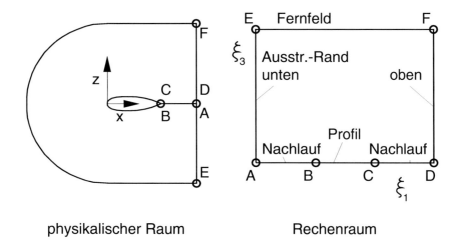

Abb. 5.8: Physikalischer Raum und Rechenraum bei der Berechnung der Umströmung eines Profils mit dem Beam und Warming Verfahren (schematisch).

Wir gehen aus von der einseitigen Differenzenformel zur Approximation der Zeit-ableitung mit einer Genauigkeit zweiter Ordnung, die wir auf $\mathbf{U}$ anwenden:

$$\frac{\partial \mathbf{U}}{\partial t}\bigg|^{n+1} = \frac{1}{\Delta t}\left(\frac{3}{2}\mathbf{U}^{n+1} - 2\,\mathbf{U}^n + \frac{1}{2}\,\mathbf{U}^{n-1}\right) + O(\Delta t^2) \qquad . \qquad (5.62)$$

Diese Formel wird auf eine *Deltaform* gebracht ($O(\Delta t^2)$ vernachlässigt):

$$\Delta \mathbf{U}^n = \frac{2\Delta t}{3}\frac{\partial}{\partial t}\Delta \mathbf{U}^n + \frac{2\Delta t}{3}\frac{\partial}{\partial t}\mathbf{U}^n + \frac{1}{3}\Delta \mathbf{U}^{n-1} \qquad (5.63)$$

mit der unbekannten Größe

$$\Delta \mathbf{U}^n = \mathbf{U}^{n+1} - \mathbf{U}^n \qquad (5.64)$$

und den aus dem letzten Zeitschritt bekannten Größen $\mathbf{U}^{n-1}$ und

$$\Delta \mathbf{U}^{n-1} = \mathbf{U}^n - \mathbf{U}^{n-1} \qquad . \qquad (5.65)$$

Anstelle der Zeitableitungen wird nun die zu behandelnde Differentialgleichung eingesetzt. Um die Darstellung überschaubar zu halten, wollen wird das Verfah-ren anhand der Navier-Stokes Gleichung im kartesischen Koordinatensystem x_m erklären. Das Vorgehen in krummlinigen Koordinaten ist analog. Die Ausgangs-gleichung lautet:

$$\frac{\partial \mathbf{U}}{\partial t} = -\sum_{m=1}^{3}\frac{\partial \mathbf{F}_m}{\partial x_m} + \frac{1}{Re_\infty}\sum_{m=1}^{3}\frac{\partial \mathbf{G}_m}{\partial x_m} \qquad (5.66)$$

oder in Deltaform

$$\frac{\partial \Delta \mathbf{U}}{\partial t} = -\sum_{m=1}^{3}\frac{\partial \Delta \mathbf{F}_m}{\partial x_m} + \frac{1}{Re_\infty}\sum_{m=1}^{3}\frac{\partial \Delta \mathbf{G}_m}{\partial x_m} \qquad . \qquad (5.67)$$

Durch Einsetzen in Gl. (5.63) folgt für zweidimensionale Strömung $x_1 = x$ und $x_2 = z$

$$\begin{aligned}
\Delta \mathbf{U}^n =\ & \frac{2\Delta t}{3}\left[\frac{\partial}{\partial x}\left(-\Delta \mathbf{F}_x^n + \frac{1}{Re_\infty}\Delta \mathbf{G}_x^n\right) + \frac{\partial}{\partial z}\left(-\Delta \mathbf{F}_z + \frac{1}{Re_\infty}\Delta \mathbf{G}_z^n\right)\right] \\
& + \frac{2\Delta t}{3}\left[\frac{\partial}{\partial x}\left(-\mathbf{F}_x^n + \frac{1}{Re_\infty}\mathbf{G}_x^n\right) + \frac{\partial}{\partial z}\left(-\mathbf{F}_z^n + \frac{1}{Re_\infty}\mathbf{G}_z^n\right)\right] \\
& + \frac{1}{3}\Delta \mathbf{U}^{n-1} \qquad .
\end{aligned} \qquad (5.68)$$

Diese Gleichung läßt sich nicht ohne weiteres nach $\Delta \mathbf{U}^n$, welches noch nichtlinear in den Größen $\Delta \mathbf{F}_m^n$, $\Delta \mathbf{G}_m^n$ sowie $\mathbf{F}_m^n$, $\mathbf{G}_m^n$ enthalten ist, auflösen.

Es gilt aber näherungsweise

$$\Delta \mathbf{F}_i^n = \left(\frac{\partial \mathbf{F}_m}{\partial \mathbf{U}}\right)^n \Delta \mathbf{U}^n = \mathbf{A}_m^n \Delta \mathbf{U}^n \qquad . \tag{5.69}$$

Die Ableitung der Operatoren $\mathbf{F}_m$ nach dem Zustandsgrößenvektor bezeichnet man als *Jakobi-Matrizen* $\mathbf{A}_m$. Diese lauten (Zeitindex n weggelassen):

$$\mathbf{A}_x = \begin{bmatrix} 0 & -1 & 0 & 0 \\ \frac{3-\kappa}{2}u^2 + \frac{1-\kappa}{2}w^2 & (\kappa - 3)u & (\kappa - 1)w & 1 - \kappa \\ uw & -w & -u & 0 \\ \frac{\kappa e u}{\rho} + (1 - \kappa)u(u^2 + w^2) & -\frac{\kappa e}{\rho} + \frac{\kappa-1}{2}(3u^2 + w^2) & (\kappa - 1)uw & -\kappa u \end{bmatrix} \tag{5.70}$$

und

$$\mathbf{A}_z = \begin{bmatrix} 0 & 0 & -1 & 0 \\ uw & -w & -u & 0 \\ \frac{3-\kappa}{2}w^2 + \frac{1-\kappa}{2}u^2 & (\kappa - 1)u(\kappa - 3)u & 1 - \kappa \\ \frac{\kappa e w}{\rho} + (1 - \kappa)w(u^2 + w^2) & (\kappa - 1)uw & -\frac{\kappa e}{\rho} + \frac{\kappa-1}{2}(3w^2 + u^2) & -\kappa w \end{bmatrix} \tag{5.71}$$

Die entsprechende Abspaltung von $\Delta \mathbf{U}$ aus den Reibungstermen führt auf komplizierte Ausdrücke. Wir führen daher die Reibungsterme in der weiteren Beschreibung des Verfahrens nicht mehr mit, siehe jedoch R. M. BEAM und F. WARMING 1978.

In Gl. (5.68) kann nun $\Delta \mathbf{U}$ ausgeklammert werden:

$$\left[\mathbf{I} + \frac{2\Delta t}{3}\left(\frac{\partial \mathbf{A}_x^n}{\partial x} + \frac{\partial \mathbf{A}_z^n}{\partial z}\right)\right]\Delta \mathbf{U}^n = -\frac{2\Delta t}{3}\left(\frac{\partial \mathbf{F}_x^n}{\partial x} + \frac{\partial \mathbf{F}_z^n}{\partial z}\right) + \frac{1}{3}\Delta \mathbf{U}^{n-1} = RHS \qquad . \tag{5.72}$$

Die rechte Seite zum Zeitschritt n ist bekannt. Die eckige Klammer auf der linken Seite stellt eine Matrix dar, welche zur Berechnung der Unbekannten $\Delta \mathbf{U}^n$ invertiert werden muß. Die Ordnung der Matrix ist nach entsprechender Diskretisierung an $N \cdot N$ Gitterpunkten (N Punkte in jeder Koordinatenrichtung) $4 \cdot N^2$. Die Invertierung würde einen sehr hohen Rechenaufwand erfordern.

Faktorisierungsmethode

Um den Aufwand zu reduzieren, wird die linke Seite der Gleichung Gl. (5.72) *faktorisiert*. Sie lautet dann:

$$\left[\mathbf{I} + \frac{2\Delta t}{3}\frac{\partial \mathbf{A}_x^n}{\partial x}\right] \cdot \left[\mathbf{I} + \frac{2\Delta t}{3}\frac{\partial \mathbf{A}_z^n}{\partial z}\right] \cdot \Delta \mathbf{U}^n = RHS \qquad . \tag{5.73}$$

Die erste Klammer enthält nur Ableitungen nach x, die zweite Klammer nur Ableitungen nach z. Die zeitliche Genauigkeit geht dabei nicht verloren, da der Fehler bei der Faktorisierung $O(\Delta t^2)$ ist. Dies kann durch Ausmultiplizieren und Vergleich mit Gl. (5.72) verifiziert werden.

Das faktorisierte System Gl. (5.73) kann durch die Sequenz

$$\left[\mathbf{I} + \frac{2\Delta t}{3}\frac{\partial \mathbf{A}_x^n}{\partial x}\right] \cdot \Delta \mathbf{U}^* = RHS \tag{5.74}$$

$$\left[\mathbf{I} + \frac{2\Delta t}{3}\frac{\partial \mathbf{A}_z^n}{\partial z}\right] \cdot \Delta \mathbf{U}^n = \Delta \mathbf{U}^* \tag{5.75}$$

gelöst werden. Dabei treten in den zu invertierenden Matrizen (eckige Klammern) jeweils nur Ableitungen nach x oder nach z auf.

Der Diskretisierung wird mit zentralen Differenzen durchgeführt. Schreibt man die Gln. (5.74) und (5.75) für jeden Gitterpunkt unter Zuhilfenahme der zentralen ersten Ableitung Gl. (4.11) auf (aus den Reibungstermen kommen noch zweite Ableitungen hinzu) und wählt die Reihenfolge der Punkte jeweils entlang derjenigen Richtung, in der nicht abgeleitet wird, so erhält man lineare block-tridiagonale Gleichungssysteme.

Randbedingungen

Die Gleichungssysteme Gln. (5.74) und (5.75) sind erst nach Berücksichtigung der Randbedingungen in den Gleichungsmatrizen lösbar. Die Berücksichtigung erfolgt durch Modifikation des Gleichungssystems, indem an den Randpunkten anstelle der diskretisierten Differentialgleichung die Randbedingungen berücksichtigt werden. Die Gleichungssysteme können dann mit dem in Kap. 4.1.6 erwähnten Thomas-Algorithmus gelöst werden.

Die Behandlung der Wand-Randbedingungen erfolgt wie im vorangegangenen Kapitel. Am Einströmrand sowie am Ausströmrand kann reibungslose Strömung angenommen werden. Damit gelten die entsprechenden in Kap. 3.2.2 bei den Euler-Gleichungen angegebenen Bedingungen. Da es sich um einen Unterschall-Einströmrand handelt, müssen vier Strömungsgrößen vorgegeben werden (z. B. die Dichte und der Geschwindigkeitsvektor) und eine (z. B. die Gesamtenergie) berechnet werden. Am Ausströmrand werden vier Größen berechnet (z. B. die Gesamtenergie und der Geschwindigkeitsvektor) und eine vorgegeben (z. B. die Dichte wie im Fernfeld).

Die Anwendung des Differenzenoperators am Rand ist nicht erforderlich und auch schwierig, da Nachbarpunkte nicht in allen Richtungen vorhanden sind. Es reicht aus, die am Rand zu berechnenden Strömungsgrößen aus dem Feld heraus zu extrapolieren.

Anfangsbedingungen
Als Anfangsverteilung für die Strömungsgrößen wird wie im vorangegangenen Kapitel die ungestörte Parallelströmung gewählt.

Genauigkeit und Stabilität

Wegen der Verwendung zentraler Differenzen ist das Verfahren von zweiter Ordnung genau im Raum. Die zeitliche Genauigkeitsordnung ist ebenfalls zwei, kann jedoch bei Verwendung genauerer Differenzenformeln auch gesteigert werden. Daher eignet sich das Verfahren auch zur Berechnung instationärer Strömungen.

Das Beam und Warming Verfahren ist unbedingt stabil, d. h. die Zeitschrittweite kann beliebig groß gewählt werden. Zur Erzielung der optimalen Konvergenz zu einem stationären Endzustand hat es sich bewährt, den Zeitschritt nach der zur CFL-Bedingung analogen Gleichung

$$\Delta t = c \cdot \min_{ijk} \left(\frac{\Delta x}{|u + a|}, \frac{\Delta y}{|u + a|}, \frac{\Delta z}{|u + a|} \right) \tag{5.76}$$

zu bestimmen. Die Zeitschrittweite orientiert sich also auch hier an der Ausbreitungsgeschwindigkeit $u + a$ von Störungen und an der Gitterweite. Die Konstante c (entpricht der CFL-Zahl) wird im Bereich 100 bis 1000 gewählt.

Wenn Verdichtungsstöße im Strömungsfeld vorhanden sind, treten wie bei allen Verfahren mit zentraler Diskretisierung, die im vorangegangenen Kapitel diskutierten Oszillationen auf, welche auch die Stabilität herabsetzen. Die Stabilisierung mit Hilfe von zusätzlicher numerischer Dissipation ist auch bei diesem Verfahren möglich.

Diskussion

Der Vorteil des Verfahrens liegt in der Möglichkeit, durch große Zeitschrittweiten den stationären Endzustand schnell und effizient zu erreichen. Dies ist insbesondere dann ein Vorteil gegenüber expliziten Verfahren, wenn stark gestreckte Gitter mit sehr kleinem $\Delta z|_{min}$ zur Approximation dünner Grenzschichten verwendet werden.

Die Formulierung des Verfahrens ist jedoch mit einem hohen mathematischen Aufwand verbunden.

5.2 Finite-Volumen Methoden (FVM)

5.2.1 Finite-Volumen Runge-Kutta Verfahren

Dieses Verfahren dient zur Berechnung stationärer kompressibler Strömungen bei hohen Reynoldszahlen auf strukturierten Netzen. Es wird in der Aerodynamik häufig angewendet und ist heute in einer Vielzahl von Implementierungen und Modifikationen verfügbar. Wie die meisten aerodynamischen Verfahren wurde auch dieses Verfahren zuerst zur Lösung der Euler-Gleichungen entwickelt.

Wir beschreiben das Verfahren für die Lösung der Reynoldsgleichungen mit algebraischem Turbulenzmodell, auf die Einzelheiten der Implementierung des Turbulenzmodells wird jedoch nicht näher eingegangen.

Beispiel: Flugzeugtragflügel

Die Strömung um einen Flugzeugtragflügel, der sich in freier Anströmung (Freiflugbedingungen) befindet, soll berechnet werden. Wir definieren ein genügend großes Integrationsgebiet um den Flügel, so daß am äußeren Rand ungestörte Strömung angenommen werden kann. Diesen Rand bezeichnen wir als *Fernfeldrand*. Das Problem sei zur Mittelebene in Spannweitenrichtung symmetrisch.

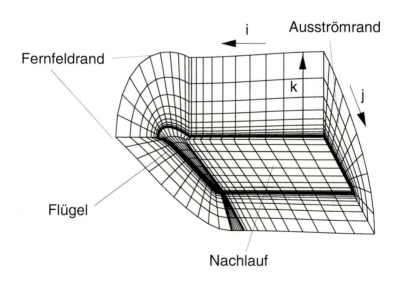

Abb. 5.9: Integrationsgebiet, C-O-Netz und Bezeichnung der Ränder bei der Umströmung eines Flugzeugtragflügels (nur obere Hälfte gezeigt).

Das Integrationsgebiet sowie ein C-O-Netz (C-Netz in der Symmetrieebene und spannweitigen Netzflächen, O-Netz im Ausströmquerschnitt und in den stromabwärtigen Netzflächen) sind in Abb. 5.9 gezeigt. Der Index i läuft von der unteren Ausströmfläche nach vorne um den Flügel herum und auf der Oberseite zurück zum Ausströmrand. Der Index j bezeichnet die spannweitigen Netzflächen und der Index k beginnt auf der Flügeloberfläche mit dem Wert 1 und endet am Fernfeldrand mit dem Wert N_k.

Beschreibung des Verfahrens

Wir gehen aus von der Flußbilanz über die sechs Seiten einer Volumenzelle nach Gl. (4.21), angewendet auf die Reynoldsgleichungen mit algebraischem Turbulenzmodell aus Gl. (3.67):

$$\frac{d}{dt}\bar{\mathbf{U}}_{ijk}V_{ijk} + \sum_{m=1}^{3}\sum_{l=1}^{6}\left(\bar{\mathbf{F}}_{ml}O_{ml}\right)_{ijk} - \frac{1}{Re_\infty}\sum_{m=1}^{3}\sum_{l=1}^{6}\left(\bar{\mathbf{G}}_{ml}^{alg}O_{ml}\right)_{ijk} = \mathbf{0} \qquad . \quad (5.77)$$

Die Flüsse $\bar{\mathbf{F}}_{il}$ und $\bar{\mathbf{G}}_{il}^{alg}$ werden nun im Mittelpunkt jeder Seitenfläche approximiert. Zu ihrer Berechnung werden die konservativen Variablen zwischen den beiden an eine Fläche angrenzenden Zellen gemittelt, z. B. für eine beliebige Variable Φ: (Der die zeitliche Mittelung anzeigende Balken wird in diesem Kapitel weggelassen.)

$$(\Phi_{l=1})_{i,j,k} = \frac{1}{2}\left(\Phi_{i,j,k} + \Phi_{i-1,j,k}\right) \quad ; \quad (\Phi_{l=2})_{i,j,k} = \frac{1}{2}\left(\Phi_{i+1,j,k} + \Phi_{i,j,k}\right)$$

$$(\Phi_{l=3})_{i,j,k} = \frac{1}{2}\left(\Phi_{i,j,k} + \Phi_{i,j-1,k}\right) \quad ; \quad (\Phi_{l=4})_{i,j,k} = \frac{1}{2}\left(\Phi_{i,j+1,k} + \Phi_{i,j,k}\right)$$

$$(\Phi_{l=5})_{i,j,k} = \frac{1}{2}\left(\Phi_{i,j,k} + \Phi_{i,j,k-1}\right) \quad ; \quad (\Phi_{l=6})_{i,j,k} = \frac{1}{2}\left(\Phi_{i,j,k+1} + \Phi_{i,j,k}\right) \quad (5.78)$$

Bei Variablen, welche als Ableitungen vorkommen, z.B. bei der Berechnung der Schubspannungen und des Wärmestroms in $\bar{\mathbf{G}}_{ml}^{alg}$, muß eine *lokale Transformation* für jede Seitenfläche l vorgenommen werden. Die Richtungen der Gitterlinien mit konstanten Indizes i, j, k werden mit ξ, η und ζ bezeichnet.

Das totale Differential einer beliebigen Variablen Φ ergibt dann:

$$\begin{pmatrix} \frac{\partial\Phi}{\partial\xi} \\[2mm] \frac{\partial\Phi}{\partial\eta} \\[2mm] \frac{\partial\Phi}{\partial\zeta} \end{pmatrix}_l = \begin{pmatrix} \frac{\partial x}{\partial\xi} & \frac{\partial y}{\partial\xi} & \frac{\partial z}{\partial\xi} \\[2mm] \frac{\partial x}{\partial\eta} & \frac{\partial y}{\partial\eta} & \frac{\partial z}{\partial\eta} \\[2mm] \frac{\partial x}{\partial\zeta} & \frac{\partial y}{\partial\zeta} & \frac{\partial z}{\partial\zeta} \end{pmatrix}_l \cdot \begin{pmatrix} \frac{\partial\Phi}{\partial x} \\[2mm] \frac{\partial\Phi}{\partial y} \\[2mm] \frac{\partial\Phi}{\partial z} \end{pmatrix}_l \qquad , \qquad (5.79)$$

wobei die darin vorkommende Matrix mit $\mathbf{T}_l$ bezeichnet wird (*Transformations-matrix*). Die Invertierung dieser Gleichung liefert

$$
\begin{pmatrix} \frac{\partial \Phi}{\partial x} \\[2mm] \frac{\partial \Phi}{\partial y} \\[2mm] \frac{\partial \Phi}{\partial z} \end{pmatrix}_l = \mathbf{T}_l^{-1} \cdot \begin{pmatrix} \frac{\partial \Phi}{\partial \xi} \\[2mm] \frac{\partial \Phi}{\partial \eta} \\[2mm] \frac{\partial \Phi}{\partial \zeta} \end{pmatrix}_l \quad . \tag{5.80}
$$

Die darin vorkommenden Differentialquotienten werden durch Differenzen der Zustandsgrößen oder der Zellenmittelpunkte entlang der lokalen Richtungen ξ, η und ζ ausgedrückt, z. B. für die Fläche $l = 1$:

$$
\left(\frac{\partial \Phi}{\partial \xi}\Big|_{l=1} \right)_{ijk} = \Phi_{i,j,k} - \Phi_{i-1,j,k} \tag{5.81}
$$

$$
\left(\frac{\partial \Phi}{\partial \eta}\Big|_{l=1} \right)_{ijk} = \frac{1}{2}\left[\frac{1}{2}(\Phi_{i,j+1,k} + \Phi_{i-1,j+1,k}) - \frac{1}{2}(\Phi_{i,j-1,k} + \Phi_{i-1,j-1,k}) \right] \tag{5.82}
$$

$$
\left(\frac{\partial \Phi}{\partial \zeta}\Big|_{l=1} \right)_{ijk} = \frac{1}{2}\left[\frac{1}{2}(\Phi_{i,j,k+1} + \Phi_{i-1,j,k+1}) - \frac{1}{2}(\Phi_{i,j,k-1} + \Phi_{i-1,j,k-1}) \right] \tag{5.83}
$$

Darin kann Φ entweder eine Zustandsgröße oder eine Koordinate (x, y, z) sein. Als Endergebnis der Ortsdiskretisierung liegt ein System von gekoppelten gewöhnlichen Differentialgleichungen für jede Zelle i, j, k

$$
\frac{d}{dt}\mathbf{U}_{i,j,k} + \mathbf{Q}(\mathbf{U}_{i,j,k}, \mathbf{U}_{i\pm1,j\pm1,k\pm1}) = \mathbf{0} \tag{5.84}
$$

mit dem räumlichen Diskretisierungsoperator $\mathbf{Q}(\mathbf{U})$, der die Koppelung enthält, vor. Die Gleichung Gl. (5.84) ist nichts anderes als Gl. (5.77) dividiert durch das Volumen der Zelle V_{ijk}.

Dieses System muß in der Zeit integriert werden. Dazu wählt man das klassische explizite *Runge-Kutta Verfahren*. Dieses lautet mit $\mathbf{U}^{(0)} = \mathbf{U}^n$ für jede Zelle i, j, k (Zellenindizes weggelassen):

$$
\begin{aligned}
\mathbf{U}^{(1)} &= \mathbf{U}^{(0)} - \frac{\Delta t}{2}\mathbf{Q}(\mathbf{U}^{(0)}) + \frac{\Delta t}{2}\mathbf{D}(\mathbf{U}^{(0)}) \\[2mm]
\mathbf{U}^{(2)} &= \mathbf{U}^{(0)} - \frac{\Delta t}{2}\mathbf{Q}(\mathbf{U}^{(1)}) + \frac{\Delta t}{2}\mathbf{D}(\mathbf{U}^{(0)}) \\[2mm]
\mathbf{U}^{(3)} &= \mathbf{U}^{(0)} - \Delta t\mathbf{Q}(\mathbf{U}^{(2)}) + \Delta t\mathbf{D}(\mathbf{U}^{(0)}) \\[2mm]
\mathbf{U}^{(4)} &= \mathbf{U}^{(0)} - \frac{\Delta t}{6}\left(\mathbf{Q}(\mathbf{U}^{(0)}) + 2\,\mathbf{Q}(\mathbf{U}^{(1)}) + 2\,\mathbf{Q}(\mathbf{U}^{(2)}) + \mathbf{Q}(\mathbf{U}^{(3)}) \right) \\[2mm]
&\quad + \Delta t \cdot \mathbf{D}(\mathbf{U}^{(0)}) \quad .
\end{aligned} \tag{5.85}
$$

Der Zustand zum neuen Zeitschritt ist dann $\mathbf{U}^{n+1} = \mathbf{u}^{(4)}$. Dabei wird ein zusätzlicher Term $\mathbf{D}(\mathbf{U}^{(0)})$ hinzugefügt, die *zusätzliche numerische Dissipation*.

Zusätzliche numerische Dissipation

Die Einführung von numerischer Dissipation zusätzlich zur bereits vorhandenen verfahrenseigenen (siehe dazu Kap. 5.1.2) hat folgende Gründe:

1. Das Runge-Kutta Finite-Volumen Verfahren besitzt nicht genügend *verfahrenseigene numerische Dissipation*. Es wäre ohne den Zusatzterm $D(U^{(0)})$ numerisch instabil. Diese Instabilität äußert sich durch Oszillationen der Strömungsgrößen mit der Gitterweite (*hochfrequente Oszillationen*). Der Erfahrung nach erreichen diese Oszillationen nur eine Amplitude von einigen Prozent und wachsen dann nicht weiter. Die Instabilität ist also nur sehr schwach, dennoch muß sie mit Hilfe der Terms D beseitigt werden.

2. In der Nähe von Verdichtungsstößen treten sehr starke Oszillationen auf, die bei genügender Stoßstärke zum Abbruch der Rechnung führen (*overflow*). Durch einen zusätzlichen *Glättungsoperator* in D wird der Stoß über eine bestimmte Anzahl von Zellen *verschmiert*, d. h. die Diskontinuität des Stoßes wird durch einen glatten Übergang mit starken Gradienten ersetzt. Diese Glättung wird nur dann eingeschaltet wenn sie notwendig ist, um nicht die Lösung im gesamten Strömungsfeld zu verfälschen. Dies bezeichnet man als *numerische Dissipation zweiter Ordnung*.

Der Operator D_l (für die Seitenfläche l) besteht aus fünf gleichlautenden Komponenten $d_l = d_{li}$ entsprechend den fünf konservativen Variablen U_i; $i = 1 \dots 5$.

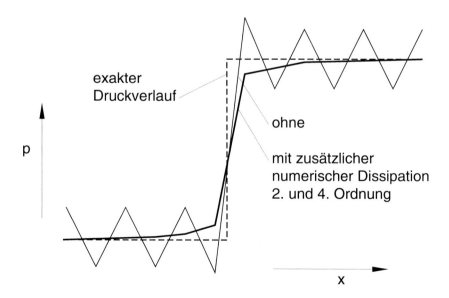

Abb. 5.10: Oszillationen in der Nähe eines Verdichtungsstoßes beim Finite-Volumen Runge-Kutta Verfahren (schematisch).

Er lautet angewendet auf eine beliebige Variable Φ z. B. für die Seitenfläche $l = 1$:

$$d_l = \frac{1}{\Delta t} [\quad \epsilon_l^{(2)} \quad (\Phi_{i,j,k} - \Phi_{i-1,j,k})$$
$$- \quad \epsilon_l^{(4)} \quad (-\Phi_{i+1,j,k} + 3\Phi_{i,j,k} - 3\Phi_{i-1,j,k} - \Phi_{i-2,j,k}) \quad] \qquad . \quad (5.86)$$
$$(5.87)$$

und für die Seitenfläche $l = 2$:

$$d_l = \frac{1}{\Delta t} [\quad \epsilon_l^{(2)} \quad (\Phi_{i+1,j,k} - \Phi_{i,j,k})$$
$$- \quad \epsilon_l^{(4)} \quad (\Phi_{i+2,j,k} - 3\Phi_{i+1,j,k} + 3\Phi_{i,j,k} + \Phi_{i-1,j,k}) \quad] \qquad . \quad (5.88)$$

Dieser Operator wirkt wie eine Glättung. Man bezeichnet ihn als *numerische Dissipation vierter Ordnung*. Er wird für die Seiten $l = 1, 2$ in i-Richtung, für $l = 3, 4$ in j-Richtung und für $l = 5, 6$ in k-Richtung angewendet. Darin ist

$$\epsilon_l^{(2)} = 0.25 \cdot max(\nu_{i-1,j,k} \quad , \quad \nu_{i,j,k}) \qquad (5.89)$$

der Vorfaktor der numerischen Dissipation zweiter Ordnung, welcher sich aus dem geeignet normierten Betrag der zweiten Ableitung des Druckes in den an die Seitenfläche l angrenzenden Zellen $i - 1, j, k$ und i, j, k bestimmt:

$$\nu_{i,j,k} = \frac{|p_{i+1,j,k} - 2p_{i,j,k} + p_{i-1,j,k}|}{|p_{i+1,j,k}| + 2|p_{i,j,k}| + |p_{i-1,j,k}|} \qquad . \qquad (5.90)$$

Der Verdichtungsstoß wird also durch die zweite Ableitung des Druckes detektiert. Dies ist sinnvoll, da der Druck diejenige Größe ist, die sich über einen Stoß hinweg am stärksten ändert. Weiterhin ist in Gl. (5.88)

$$\epsilon_l^{(4)} = 0.25 \cdot max(\quad 0 \quad , \quad \frac{1}{256} - \epsilon_l^{(2)}) \qquad . \qquad (5.91)$$

Diese Größe ist also immer positiv und gleich dem Wert $\frac{1}{256}$, wenn $\epsilon_l^{(2)} = 0$ ist, also fernab von Stößen. Wenn $\epsilon_l^{(2)}$ jedoch eine nennenswerte Größe annimmt, also in der Nähe eines Stoßes, wird die numerische Dissipation vierter Ordnung 'ausgeschaltet'. Dies ist notwendig, da ihr Operator in der Nähe eines starken Gradienten (Stoß) wieder neue Oszillationen hervorrufen würde. Die Auswirkung der zusätzlichen numerischen Dissipation in der Nähe eines Stoßes ist in Abb. 5.10 schematisch gezeigt.

Die Technik mit numerischer Dissipation zweiter und vierter Ordnung kann nicht streng mathematisch begründet werden, sondern hat sich durch *numerisches Experimentieren* als geeignet herausgestellt, siehe dazu A. JAMESON, W. SCHMIDT und E. TURKEL 1981. Sie hat sich seither in der Praxis bestens bewährt.

Numerische Stabilität

Die numerische Stabilität des Verfahrens bezüglich der konvektiven Terme $\bar{\mathbf{F}}_1$ ist gewährleistet, wenn

$$\Delta t < 2\sqrt{2}\ \frac{\Delta x}{\lambda}\ ,\qquad (5.92)$$

wobei λ wie in der Modellgleichung Gl. (4.104) definiert ist. Das Verfahren besitzt also eine CFL-Zahl (Vorfaktor in Gl. (5.92)) von $2\sqrt{2}$. Stabilität bezüglich der Reibungsterme $\bar{\mathbf{G}}_1^{alg}$ ist vorhanden, wenn gilt

$$\Delta t < 0.6925\ \frac{Re_\infty \Delta x^2}{\mu_T}\ .\qquad (5.93)$$

Konvergenzbeschleunigung

Durch Modifikationen kann die Konvergenz des Verfahrens (bezüglich der Zeititeration) für die Berechnung stationärer Strömungen verbessert werden. Folgende numerische Techniken lassen sich anwenden:

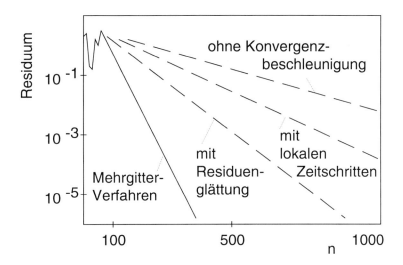

Abb. 5.11: Konvergenz mit verschiedenen Beschleunigungstechniken (schematisch).

- **lokale Zeitschritte**

  Zur Berechnung stationärer Strömungen wird nur der Endzustand einer instationären Rechnung gesucht. Der dazu notwendige Aufwand wird verringert, indem in jeder Zelle der aus Stabilitätsgründen maximal mögliche Zeitschritt verwendet wird. Dadurch breitet sich Information in großen Zellen (großer Zeitschritt) schneller aus als in kleinen (kleiner Zeitschritt) und das Verfahren konvergiert schneller, kommt also mit weniger Zeitschritten zum stationären Zustand.

- **Residuenglättung**

  Das Residuum $\Delta \mathbf{U}^n = \mathbf{U}^{n+1} - \mathbf{U}^n$ wird nach jedem Zeitschritt duch Anwendung eines Glättungsoperators, z. B.

  $$
  \left(\mathbf{U}^{n+1}_{i,j,k}\right)_{glatt} = \frac{1}{12}\left(6\,\mathbf{U}^{n+1}_{i,j,k} + \mathbf{U}^{n+1}_{i+1,j,k} + \mathbf{U}^{n+1}_{i-1,j,k}\right.
  $$
  $$
  \left. +\mathbf{U}^{n+1}_{i,j+1,k} + \mathbf{U}^{n+1}_{i,j-1,k} + \mathbf{U}^{n+1}_{i,j,k+1} + \mathbf{U}^{n+1}_{i,j,k-1}\right) \qquad (5.94)
  $$

  geglättet. Dadurch werden numerische Oszillationen reduziert und das Verfahren zusätzlich stabilisiert. Der Zeitschritt Δt kann weit über die theoretische Stabilitätsgrenze hinaus vergrößert werden.

- **Mehrgittertechnik**

  Die Mehrgittertechnik dient ebenfalls der Konvergenzbeschleunigung. Durch Verwendung nur jedes zweiten, vierten, achten usw. Gitterpunktes können grobe Gitter definiert werden, welche auf die gleichen Zellenvariablen wie das feinste Netz zurückgreifen. Wendet man das Berechnungsverfahren sukzessive auf dem feinsten, dem nächstgröberen, usw. bis zum gröbsten Gitter an, so breiten sich Störungen schneller aus verglichen mit einer Rechnung ausschließlich auf dem feinsten Gitter. Anschließend wird die Lösung des groben Gitters wieder sukzessive auf die Nächstfeineren interpoliert. Diese Sequenz heißt *Mehrgitterzyklus*. Ein solcher Zyklus wird zu jedem Zeitschritt durchgeführt.

Der Effekt der verschiedenen Beschleunigungstechniken ist schematisch in Abb. 5.11 gezeigt. Wird das Verfahren ohne Konvergenzbeschleunigung verwendet, so verringert sich das Residuum nach einer Anfangsphase logarithmisch (linear im halblogarithmischen Diagramm) und benötigt u. U. mehrere tausend Zeitschritte bis zum Erreichen des stationären Endzustands. Durch Einführung von lokalen Zeitschritten bzw. zusätzlicher Residuenglättung kann die Konvergenz bei etwa gleichem Rechenaufwand deutlich verbessert werden. Die beste Konvergenz erzielt ein Mehrgitterverfahren, wobei hier n die Anzahl der Mehrgitterzyklen bedeutet.

Randbedingungen

Am Fernfeldrand sowie am Ausströmrand kann angenommen werden, daß Reibung keine Rolle spielt, so daß bezüglich der Anzahl der vorzugebenden oder zu berechnenden Variablen wieder die entsprechende Tabelle in Kap. 3.2.2 angewendet werden muß. Siehe dazu die Diskussion der Ein- und Ausströmbedingungen in Kap. 5.1.3. Da die Randbedingungen ebenso wie das Verfahren explizit formuliert werden können, bereitet die Vorgabe von Strömungsgrößen an einzelnen Randpunkten keine Schwierigkeiten.

An der Symmetriebene unterscheiden wir zwischen symmetrischen Strömungsgrössen ρ, u, w und e_{tot}, deren Gradienten normal zum Rand verschwinden müssen, und der antisymmetrischen Strömungsgröße v, die auf dem Symmetrierand verschwinden muß.

Die Implementierung von Randbedingungen, insbesondere wenn Gradienten von Strömungsgrößen vorgegeben werden müssen, wird durch die Definition einer zusätzlichen Reihe von Zellen, z. B. in j-Richtung mit dem Index 0 und $N_j + 1$ (wenn N_j die Anzahl der Zellen in j-Richtung ist) erleichtert, siehe Abb. 5.12. Vor Ausführung eines Zeitschrittes werden die Strömungsgrößen in den Mittelpunkten dieser Zellen mit virtuellen Größen aufgefüllt bzw. aktualisiert.

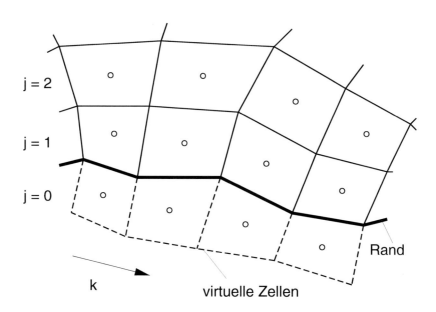

Abb. 5.12: Zur Implementierung von Randbedingungen bei Finite-Volumen Verfahren.

Für irgendeine Größe Φ setzt man

$$\Phi_{i,0,k} = -\Phi_{i,1,k} \qquad \text{für} \qquad \Phi\Big|_{Rand} = 0 \qquad (5.95)$$

$$\Phi_{i,0,k} = \Phi_{i,1,k} \qquad \text{für} \qquad \frac{\partial \Phi}{\partial \mathbf{n}} = 0 \qquad (5.96)$$

$$\Phi_{i,0,k} = \Phi_{i,N_k,k} \qquad \text{für} \qquad \text{periodische RB.} \qquad (5.97)$$

Die entsprechende Randbedingung berechnet sich dann ohne besondere Eingriffe in den Algorithmus automatisch.

Anfangsbedingungen

Wir wählen, wie schon bei einigen vorangegangenen Beispielen, die Strömungsgrössen einer ungestörten Parallelströmung.

Diskussion

Die Vorteile des Finite-Volumen Runge-Kutta Verfahrens liegen in seiner Effizienz und guten Konvergenzeigenschaften, wenn Beschleunigungstechniken implementiert sind. Es kann daher bei komplexen dreidimensionalen Problemen eingesetzt werden.

5.2.2   Semi-implizites Verfahren

Das Semi-Implizite Verfahren zur Lösung druckgekoppelter Gleichungen (engl.: semi-implicit method for pressure linked equations), oder SIMPLE-Verfahren wurde zur Lösung der inkompressiblen Navier-Stokes oder Reynoldsgleichungen entwickelt, siehe S. V. PATANKAR und D. B. SPALDING 1972. Es wird häufig für turbulente Innenströmungen mit Berücksichtigung des Wärmetransports verwendet.

Beispiel: Kanal mit quadratischem Querschnitt

Die inkompressible Strömung durch einen Kanal mit quadratischem Querschnitt der Kantenlänge $2h$ und der Länge l soll bei Reynoldszahlen $Re_\infty = \frac{\rho \cdot \bar{u} \cdot D}{\mu} \approx$ $5000 - 50000$ berechnet werden ($\bar{u}$: über den Querschnitt gemittelte Geschwindigkeit, D: Durchmesser eines runden Rohres mit dem gleichen Querschnitt). Die Strömung ist von Beginn an turbulent.

Eine Skizze der Geometrie, eines kartesischen Netzes sowie der Bezeichnung der Ränder zeigt Abb. 5.13. Der Querschnitt des Rohres ist quadratisch mit der Kantenlänge $2h$. Unter Ausnutzung von Symmetrien kann das Problem auf die Berechnung eines Viertels des gesamten Rohrquerschnitts mit der Fläche h^2 reduziert werden.

Im Kanalquerschnitt bildet sich eine Sekundärströmung, die in Abb. 5.14 skizziert ist. Turbulente Strömungen in geraden und gekrümmten Rohren und Kanälen treten in vielen technischen Anwendungen auf, z. B. der Rückströmkanal eines Drehmomentenwandlers, siehe H. OERTEL jr., M. BÖHLE, T. EHRET 1995, und die Ansaug- und Auslaßkanäle eines Ottomotors.

Die zugrundeliegenden Gleichungen sind die inkompressiblen Reynoldsgleichungen mit $k - \epsilon$-Turbulenz-Modell. Wir beschreiben das Verfahren für laminare Strömung (Navier-Stokes Gleichungen). Die Darstellung kann um die zusätzlichen Gleichungen des Turbulenzmodells erweitert werden.

Beschreibung des Verfahrens

Die konvektiven Terme werden zunächst in der Form

$$(\mathbf{u}^T \cdot \nabla)\mathbf{u} = \begin{bmatrix} \dfrac{\partial(u^2)}{\partial x} + \dfrac{\partial(v \cdot u)}{\partial y} + \dfrac{\partial(w \cdot u)}{\partial z} \\[3mm] \dfrac{\partial(u \cdot v)}{\partial x} + \dfrac{\partial(v^2)}{\partial y} + \dfrac{\partial(w \cdot v)}{\partial z} \\[3mm] \dfrac{\partial(u \cdot w)}{\partial x} + \dfrac{\partial(v^2)}{\partial y} + \dfrac{\partial(w \cdot w)}{\partial z} \end{bmatrix} \tag{5.98}$$

geschrieben.

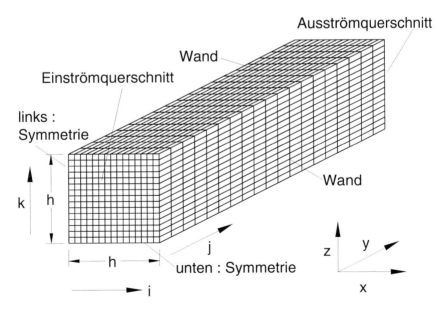

Abb. 5.13: Geometrie, kartesisches Netz und Koordinatensystem für die Berechnung der Strömung durch ein rechteckiges Rohr.

Wie sich durch Ausdifferenzieren feststellen läßt,

$$
= \left[\begin{array}{c}
u\dfrac{\partial u}{\partial x} + u\dfrac{\partial u}{\partial x} + v\dfrac{\partial u}{\partial y} + u\dfrac{\partial v}{\partial y} + w\dfrac{\partial u}{\partial z} + u\dfrac{\partial w}{\partial z} \\[2mm]
u\dfrac{\partial v}{\partial x} + v\dfrac{\partial u}{\partial x} + v\dfrac{\partial v}{\partial y} + v\dfrac{\partial v}{\partial y} + w\dfrac{\partial v}{\partial z} + v\dfrac{\partial w}{\partial z} \\[2mm]
u\dfrac{\partial w}{\partial x} + w\dfrac{\partial u}{\partial x} + v\dfrac{\partial w}{\partial y} + w\dfrac{\partial v}{\partial y} + w\dfrac{\partial w}{\partial z} + w\dfrac{\partial w}{\partial z}
\end{array} \right] \tag{5.99}
$$

wurde bei dieser Form die Beziehung

$$
u\left(\frac{\partial u}{\partial x} + \frac{\partial v}{\partial y} + \frac{\partial w}{\partial z}\right) = v\left(\frac{\partial u}{\partial x} + \frac{\partial v}{\partial y} + \frac{\partial w}{\partial z}\right) = w\left(\frac{\partial u}{\partial x} + \frac{\partial v}{\partial y} + \frac{\partial w}{\partial z}\right) = 0 \tag{5.100}
$$

berücksichtigt. Dies ist jedoch nicht ausreichend, um die Divergenzfreiheit des Strömungsfeldes zu gewährleisten. Die Divergenzfreiheit wird im Zusammenhang mit der Berechnung des Druckes erfüllt.

Da jede Komponente von Gl. (5.98) und auch der Diffusionsterm mit $\Delta = \nabla \cdot \nabla$ als Divergenz geschrieben werden können, erhalten wird die Ausgangsgleichungen für die Finite-Volumen Formulierung als:

$$
\frac{\partial u}{\partial t} = -\nabla \cdot (\mathbf{u} \cdot u) - \frac{1}{\rho}\frac{\partial p}{\partial x} + \frac{1}{Re_\infty}\nabla \cdot \nabla u
$$

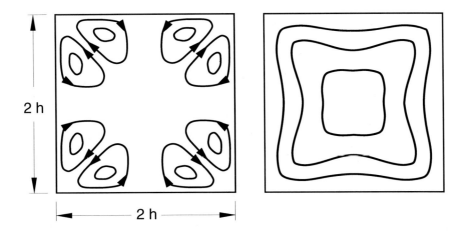

Abb. 5.14: Stromlinien der Sekundärströmung und Linien gleicher Geschwindigkeit entlang der Kanalachse in einem rechteckigen Kanal bei turbulenter Strömung.

$$\frac{\partial v}{\partial t} = -\nabla \cdot (\mathbf{u} \cdot v) - \frac{1}{\rho}\frac{\partial p}{\partial y} + \frac{1}{Re_\infty}\nabla \cdot \nabla v$$

$$\frac{\partial w}{\partial t} = -\nabla \cdot (\mathbf{u} \cdot w) - \frac{1}{\rho}\frac{\partial p}{\partial z} + \frac{1}{Re_\infty}\nabla \cdot \nabla w \qquad . \qquad (5.101)$$

Diese Gleichungen werden über das Volumen integriert. Die Volumenintegrale auf der rechten Zeite werden in Oberflächenintegrale umgewandelt:

$$\frac{\partial}{\partial t}\int_V u\,dV = -\int_O (\mathbf{u}\cdot u)\mathbf{n}d0 - \frac{1}{\rho}\int_O pn_x dO + \frac{1}{Re_\infty}\int_O (\nabla u)\mathbf{n}dO$$

$$\frac{\partial}{\partial t}\int_V v\,dV = -\int_O (\mathbf{u}\cdot v)\mathbf{n}d0 - \frac{1}{\rho}\int_O pn_y dO + \frac{1}{Re_\infty}\int_O (\nabla v)\mathbf{n}dO$$

$$\frac{\partial}{\partial t}\int_V w\,dV = -\int_O (\mathbf{u}\cdot w)\mathbf{n}d0 - \frac{1}{\rho}\int_O pn_z dO + \frac{1}{Re_\infty}\int_O (\nabla w)\mathbf{n}dO \quad (5.102)$$

Die Finite-Volumen Formulierung lautet dann unter Verwendung einer Zeitdiskretisierung nach dem Euler-Vorwärts-Verfahren (l ist wieder der Index der Seitenflächen der Hexaederzelle)

$$\frac{u_{ijk}^{n+1} - u_{ijk}^n}{\Delta t}V_{ijk} = \sum_{l=1}^{6}\Big[\quad -(u^n\cdot u^n)_l\mathbf{O}_l - (v^n\cdot u^n)_l\mathbf{O}_l - (w^n\cdot u^n)_l\mathbf{O}_l$$

$$- (\frac{1}{\rho}p^{n+1})_l O_{xl} + (\frac{1}{Re_\infty}\nabla u^n)_l\mathbf{O}_l\Big]_{ijk}$$

$$\frac{v_{ijk}^{n+1} - v_{ijk}^n}{\Delta t}V_{ijk} = \sum_{l=1}^{6}\Big[\quad -(u^n\cdot v^n)_l\mathbf{O}_l - (v^n\cdot v^n)_l\mathbf{O}_l - (w^n\cdot v^n)_l\mathbf{O}_l$$

$$- (\frac{1}{\rho}p^{n+1})_l O_{yl} + (\frac{1}{Re_\infty}\nabla v^n)_l\mathbf{O}_l\Big]_{ijk}$$

$$\frac{w_{ijk}^{n+1} - w_{ijk}^n}{\Delta t}V_{ijk} = \sum_{l=1}^{6}\Big[\quad -(u^n\cdot w^n)_l\mathbf{O}_l - (v^n\cdot w^n)_l\mathbf{O}_l - (w^n\cdot w^n)_l\mathbf{O}_l$$

$$- (\frac{1}{\rho}p^{n+1})_l O_{zl} + (\frac{1}{Re_\infty}\nabla w^n)_l\mathbf{O}_l\Big]_{ijk} \qquad (5.103)$$

mit der Nebenbedingung der Kontinuitätsgleichung

$$\nabla^T \cdot \mathbf{u}^{n+1} = 0 \qquad (5.104)$$

in der neuen Zeitschicht $n + 1$.

Die Impulsgleichungen sind über den Druck miteinander gekoppelt. Eine Integration von Gl. (5.103) setzt die Kenntnis des Druckes nicht nur zur alten Zeitschicht n voraus, sondern der Druck verbindet auch zur neuen Zeitschicht die Geschwindigkeitskomponenten. Das Studium dieses Problems lehrt (siehe auch Kap. 5.1.1): der Druck muß derart bestimmt werden, daß die Kontinuitätsgleichung zur neuen Zeitschicht erfüllt ist.

Um dieser Forderung Rechnung zu tragen, haben wir in Gl. (5.103) den Druck zur neuen Zeitschicht $n + 1$ genommen. Er stellt bei unserem sonst expliziten Verfahren also eine zusätzliche Unbekannte dar, nach der nicht aufgelöst werden kann. Das Verfahren wird daher als *semi-implizit* bezeichnet. Es ist bezüglich der Geschwindigkeiten explizit und bezüglich des Druckes implizit.

Diskretisierung der konvektiven Terme

Die konvektiven Terme lauten z. B.:

$$(u^n \cdot u^n) \quad , \quad (u^n \cdot v^n) \quad , \quad (u^n \cdot w^n) \quad , \quad \text{usw.} \tag{5.105}$$

Wir wollen diese Terme entsprechend der Bezeichung in Kap. 5.2.1 allgemein mit Φ bezeichnen. Für die Diskretisierung sollen zwei Alternativen angegeben werden:

- **Zentrale Diskretisierung**

  Bei der zentralen Diskretisierung wird der Konvektionsterm Φ_l der Zelle (ijk) aus dem Mittelwert der an die Seitenfläche l angrenzenden Zellen gebildet. Die entsprechenden Gleichungen wurden bereits in Gl. (5.78) angegeben.

  Wir wollen die zentrale Diskretisierung unter einigen Vereinfachungen analysieren. Betrachtet man die für eine Zelle ijk in i-Richtung geltende Flußbilanz der Größe Φ, so müssen nur die Seitenflächen $l = 1$ und $l = 2$ berücksichtigt werden:

  $$(\Phi_{l=1} \cdot \mathbf{O}_{l=1})_{ijk} + (\Phi_{l=2} \cdot \mathbf{O}_{l=2})_{ijk} =$$
  $$\frac{1}{2}(\Phi_{i,j,k} + \Phi_{i-1,j,k})\,\mathbf{O}_{l=1} + \frac{1}{2}(\Phi_{i+1,j,k} + \Phi_{i,j,k})\,\mathbf{O}_{l=2} \quad . \tag{5.106}$$

  Wir nehmen an, daß i in positiver x-Richtung verläuft und setzen eine gleichmäßige Diskretisierung mit einer konstanten Schrittweite Δx voraus. Gl. (5.106) wird noch durch das Volumen der Zelle

  $$V_{ijk} = |\mathbf{O}_{l=1}| \cdot \Delta x = |\mathbf{O}_{l=2}| \cdot \Delta x \quad ; \quad \mathbf{O}_{l=2} = -\mathbf{O}_{l=1} \tag{5.107}$$

  dividiert. Es folgt

  $$\frac{(\Phi_{l=1} \cdot \mathbf{O}_{l=1})_{ijk} + (\Phi_{l=2} \cdot \mathbf{O}_{l=2})_{ijk}}{V_{ijk}} = \frac{\Phi_{i+1,j,k} - \Phi_{i-1,j,k}}{2\Delta x} \quad . \tag{5.108}$$

  Der Ausdruck auf der rechten Seite entspricht einer zentralen Differenz. Der Wert Φ_{ijk} ist herausgefallen.

- **Aufwind-Diskretisierung**

  Der konvektive Term Φ_l der Seitenfläche l der Zelle (ijk) wird aus den Geschwindigkeiten derjenigen Zelle berechnet, die sich stromauf der Seitenfläche

l befindet. Die Diskretisierung soll also von der Richtung der Komponente u_l des Geschwindigkeitsvektors normal zur Seitenfläche l abhängen. Diese Komponente lautet:

$$u_l^n = \mathbf{u}_l^n \mathbf{O}_l \qquad (5.109)$$

Da $\mathbf{O}_l$ nach außen gerichtet ist, wird u_l^n positiv, wenn die Geschwindigkeit über die Seitenfläche l nach außen gerichtet ist, und negativ, wenn die Geschwindigkeit über die Seitenfläche l nach innen gerichtet ist. Da es nur auf das Vorzeichen von u_l^n ankommt, definieren wir für jede Seitenfläche l

$$sign\, u_l^n = \frac{\max(u_l^n, 0)}{|u_l^n|} + \frac{\max(-u_l^n, 0)}{|u_l^n|} \qquad . \qquad (5.110)$$

Die Größe $sign\, u_l^n$ kann nur die Werte $+1$ und -1 annehmen (Null sei ausgeschlossen).

Bei der Aufwind-Formulierung wird der <u>stromauf</u> liegende Wert einer Transportgröße für die Diskretisierung verwendet, also

$$(\Phi_{l=1})_{ijk} = \frac{1}{2}\left[\Phi_{i,j,k}\left(sign\, u_{l=1}^n + 1\right) - \Phi_{i-1,j,k}\left(sign\, u_{l=1}^n - 1\right)\right]$$

$$(\Phi_{l=2})_{ijk} = \frac{1}{2}\left[\Phi_{i,j,k}\left(sign\, u_{l=2}^n + 1\right) - \Phi_{i+1,j,k}\left(sign\, u_{l=2}^n - 1\right)\right]$$

$$(\Phi_{l=3})_{ijk} = \frac{1}{2}\left[\Phi_{i,j,k}\left(sign\, u_{l=3}^n + 1\right) - \Phi_{i,j-1,k}\left(sign\, u_{l=3}^n - 1\right)\right]$$

$$(\Phi_{l=4})_{ijk} = \frac{1}{2}\left[\Phi_{i,j,k}\left(sign\, u_{l=4}^n + 1\right) - \Phi_{i,j+1,k}\left(sign\, u_{l=4}^n - 1\right)\right]$$

$$(\Phi_{l=5})_{ijk} = \frac{1}{2}\left[\Phi_{i,j,k}\left(sign\, u_{l=5}^n + 1\right) - \Phi_{i,j,k-1}\left(sign\, u_{l=5}^n - 1\right)\right]$$

$$(\Phi_{l=6})_{ijk} = \frac{1}{2}\left[\Phi_{i,j,k}\left(sign\, u_{l=6}^n + 1\right) - \Phi_{i,j,k+1}\left(sign\, u_{l=6}^n - 1\right)\right] \qquad (5.111)$$

Diese Vorgehensweise hat einen physikalischen Hintergrund: Jede Größe, die transportiert wird (Transportgröße), z.B. der Impuls oder die Temperatur, ist an Masse gebunden, die sich mit einer bestimmten Geschwindigkeit fortbewegt. Die Transportgröße bewegt sich mit der Masse stromab. Der Wert der Transportgröße in einer bestimmten Zelle hängt daher vornehmlich von dem Wert der stromaufwärtigen Zelle ab.

Die oben durchgeführte Analyse liefert analog zu Gl. (5.108) die Ausdrücke

$$\frac{(\Phi_{l=1} \cdot O_{l=1})_{ijk} + (\Phi_{l=2} \cdot O_{l=2})_{ijk}}{V_{ijk}} = \frac{\Phi_{i+1,j,k} - \Phi_{i,j,k}}{\Delta x}; \qquad u_l^n > 0$$

$$= \frac{\Phi_{i,j,k} - \Phi_{i-1,j,k}}{\Delta x}. \qquad u_l^n < 0$$

$$(5.112)$$

Diese Ausdrücke entsprechen Vorwärts- bzw. Rückwärtsdifferenzen.

Die Aufwind-Diskretisierung wird auch bei anderen numerischen Verfahren verwendet, z. B. bei Differenzenverfahren. Man bezeichnet diese Verfahren allgemein als *Aufwind-Verfahren*.

Bezüglich der Genauigkeit ist die zentrale Diskretisierung überlegen, da, wie bereits aus Kap. 4.2.2 bekannt, die zentrale Differenz Gl. (5.108) von zweiter Ordnung genau ist. Vorwärts- und Rückwärtsdifferenzen, also das Aufwindverfahren, sind dagegen nur von erster Ordnung genau.

Es hat sich in der Praxis herausgestellt, daß die zentrale Diskretisierung in der Nähe von starken Gradienten der Strömungsgrößen oszillierende Lösungen liefert, die beim Aufwind-Verfahren nicht auftreten. Dies ist schematisch anhand der Stromab-Geschwindigkeit in der Kanalströmung in Abb. 5.15 gezeigt.

Die Entstehung der Oszillationen bei der zentralen Diskretisierung kann dadurch erklärt werden, daß in Gl. (5.108) der Wert im Mittelpunkt der Zelle Φ_{ijk} nicht auftritt, sondern nur die Werte der Nachbarzellen. Dadurch besteht nur eine relativ lose Koppelung zwischen Nachbarpunkten und eine engere zwischen den 'übernächsten Nachbarn'. Numerische Fehler können sich also in Punkten mit geraden und ungeraden Indizes jeweils unabhängig voneinander entwickeln und zu unabhängigen voneinander abweichenden Verläufen führen. Durch Netzverfeinerung im Bereich der starken Gradienten können die Oszillationen oft beseitigt werden.

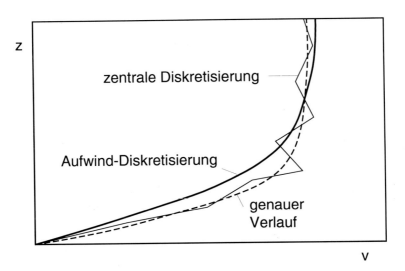

Abb. 5.15: Kanalströmung mit zentraler und Aufwind-Diskretisierung auf einem groben Netz (schematisch).

Das Auftreten der Oszillationen kann für die eindimensionale Modellgleichung

$$u\frac{d\Phi}{dx} - \frac{1}{Re_\infty}\frac{d^2\Phi}{dx^2} = 0 \qquad , \qquad (5.113)$$

die Konvektion und Diffusion beschreibt, vorausgesagt werden. Mit der zentralen Diskretisierung folgt nämlich

$$u\frac{\Phi_{i+1} - \Phi_{i-1}}{2\Delta x} - \frac{1}{Re_\infty}\frac{\Phi_{i+1} - 2\Phi_i + \Phi_{i-1}}{(\Delta x)^2} = 0 \qquad , \qquad (5.114)$$

oder umgeordnet

$$(2 - Re_\infty u\Delta x)\Phi_{i+1} - 4\Phi_i + (2 + Re_\infty u\Delta x)\Phi_{i-1} = 0 \qquad . \qquad (5.115)$$

Diese Gleichung besitzt oszillatorische Lösungen, wenn einer der Klammerausdrükke negativ wird, siehe C. A. J. Fletcher 1990 S. 294. Um dies zu vermeiden, muß also die Bedingung

$$Re_\infty u\Delta x < 2 \qquad \text{oder} \qquad Pe = \frac{u \cdot u_\infty \cdot L \cdot \Delta x \cdot \rho}{\mu} < 2 \qquad (5.116)$$

eingehalten werden. Die Größe $Re_\infty u\Delta x$ ist eine mit der dimensionsbehafteten lokalen Geschwindigkeit $u \cdot u_\infty$ und der dimensionsbehafteten Gitterweite $L \cdot \Delta x$ gebildete *Zell-Reynoldszahl* (u_∞ und L sind die in Kap. 3.3.1 eingeführten Bezugsgrößen), die auch als *Peclet-Zahl* bezeichnet wird. Es ist also zur Vermeidung von unphysikalischen Oszillationen sicherzustellen, daß die Peclet-Zahl an jeder Stelle des Rechengebietes kleiner als 2 ist.

Diese Entkoppelung, sowie die Gefahr der negativen Koeffizienten, ist bei der Aufwind-Diskretisierung nicht vorhanden. Ein Aufwind-Verfahren liefert selbst dann oszillationsfreie Lösungen, wenn das verwendete Netz relativ grob ist. Man bezeichnet Aufwind-Verfahren daher als *robust*.

Berechnung des Druckes

Die Berechnung des Druckes p^{n+1} erfolgt derart, daß die Kontinuitätsgleichung zum neuen Zeitpunkt $n + 1$ erfüllt wird. Zunächst wird ein willkürliches Druckfeld p^* angenommen, z. B. $p^* = p^n$. Es folgt die Integration der Impulsgleichungen Gl. (5.103), wobei p^{n+1} durch p^* ersetzt wird. Das daraus resultierende Geschwindigkeitsfeld u^* ist nicht divergenzfrei!

Um Divergenzfreiheit zu erreichen, wird eine Korrektur eingeführt:

$$p^{n+1} = p^* + p' \qquad . \qquad (5.117)$$

Der Fehler in der Kontinuitätsgleichung läßt sich durch die Größe der rechten Seite b von

$$\nabla \cdot \mathbf{u}^* = b \qquad (5.118)$$

quantifizieren. Die Größe b kann als eine Quell/Senkenbelegung aufgefaßt werden, nach der sich die Korrektur des Druckes richten muß. Offensichtlich ist in der Umgebung einer Quelle eine Druckkraft erforderlich, welche die Geschwindigkeiten in Richtung dieser Quelle umlenkt, mit dem Ziel, die Quellstärke herabzusetzen. An einer Quelle muß also der Druck reduziert werden, an einer Senke erhöht. Die gewünschten Eigenschaften werden duch die folgende Poisson-Gleichung ausgedrückt:

$$\Delta p' = -b \qquad . \qquad (5.119)$$

Als Randbedingungen für diese Gleichung sind zwei Fälle möglich:

- **Ein- oder Ausströmränder**

  Hier ist ein bestimmter Druck vorgegeben. Eine Korrektur des Druckes ist somit nicht erlaubt:
  $$p'|_{ein} = p'|_{aus} = 0 \qquad . \qquad (5.120)$$

- **feste Wände**

  Hier gilt die Haftbedingung $\mathbf{U}_w = \mathbf{0}$. Eine Korrektur der Geschwindigkeit ist somit nicht erlaubt und damit keine Druckkraft. Dies wird durch die Neumann-Bedingung
  $$\frac{\partial p'}{\partial \mathbf{n}}\big|_w = 0 \qquad (5.121)$$
  ausgedrückt.

Die Druckkorrektur wird iterativ solange durchgeführt, bis b überall eine kleine Schranke z. B. $\epsilon = 10^{-3}$ unterschreitet. Die Anzahl der dazu notwendigen Iterationen hängt auch von der Zeitschritteweite Δt ab, da sich das Geschwindigkeitsfeld entsprechend stark verändert. Bei zu großer Zeitschrittweite ist es möglich, daß keine Konvergenz eintritt.

Es ist unbedingt notwendig, die Poisson-Gleichung auf einem *versetzten Gitter* zu lösen. Dies bedeutet, daß die diskreten Werte des Druckes nicht in den Zellmittelpunkten (wie die diskreten Geschwindigkeitswerte), sondern in den Mittelpunkten der Seitenflächen definiert sind. Durch diese Punkte wird ein zusätzliches Gitter definiert, welches in jeder Richtung um eine halbe Zelle verschoben (versetzt) ist, siehe Abb. 5.16.

Die Verwendung des versetzten Gitters bedeutet in einem Computerprogramm zwar einen erheblichen Aufwand, da zusätzliche Gitterpunkte, Zellvolumina, Oberflächenvektoren usw. berechnet und gespeichert werden müssen. Jedoch hat sich gezeigt, daß der Druck sonst starke unphysikalische Oszillationen aufweist, die zur Instabilität des Verfahrens führen.

Diskussion

Die Vorteile des SIMPLE-Verfahrens liegen in seiner *Robustheit*. Insbesondere bei Verwendung der Aufwind-Formulierung werden selbst auf groben, stark verzerrten Netzen brauchbare Lösungen erzielt. Fehler oder Ungenauigkeiten bei der Formulierung der Randbedingungen führen nicht zur Instabilität des Verfahrens und völligen Unbrauchbarkeit der Lösung, sondern wirken sich oft nur in der Nähe ihrer Entstehung aus. Das Verfahren wird für komplexe turbulente Innenströmungen sowie praktische Probleme, auch mit Wärmeübergang, oft verwendet.

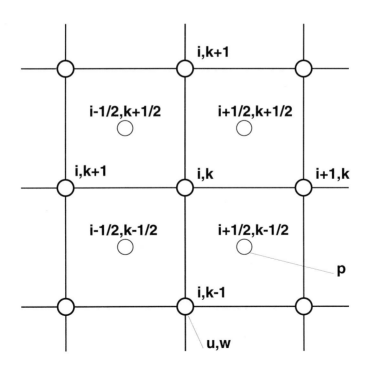

Abb. 5.16: Versetztes Gitter beim SIMPLE-Verfahren.

5.2.3 Hochauflösendes Finite-Volumen Verfahren

Bei kompressiblen Strömungen hat sich gezeigt, daß die Approximation *eingebetteter Stöße* in einem Strömungsfeld eine entscheidende Bedeutung für deren genaue Position und somit für die Qualität der gesamten numerischen Lösung besitzt. Daher sind in neuerer Zeit Methoden für kompressible Strömungen entwickelt worden, die für die Behandlung von eingebetteten Verdichtungsstößen optimiert sind und diese innerhalb möglichst weniger Gitterpunkte genau approximieren. Diese Verfahren bezeichnet man als *hochauflösende Verfahren*.

Beispiel: Stoßausbreitung

Ein instationärer Verdichtungsstoß kann mit folgender Anordnung erzeugt werden: Zwei miteinander verbundene langgestreckte Behälter (Rohre) mit ruhender Luft sind durch eine Membran voneinander getrennt, siehe Abb. 5.17. Im linken Behälter (Hochdruckteil) befindet sich Luft unter hohem Druck und hoher Dichte. Im rechten Behälter (Niederdruckteil) befindet sich Luft unter niedrigem Druck und niedriger Dichte. Eine solche experimentelle Anlage bezeichnet man als *Stoßrohr*.

Zum Zeitpunkt $t = 0$ wird die Membran zum Bersten gebracht. Es bildet sich eine nach rechts laufende Stoßwelle aus, die im Weg-Zeit Diagramm in Abb. 5.18 eingetragen ist. Außerdem läuft eine Kontakt-Diskontinuität, die das ursprünglich im Hoch- und Niederdruckteil befindliche Gas trennt, nach links. Ein Expansionsfächer breitet sich in den Niederdruckteil hinein aus.

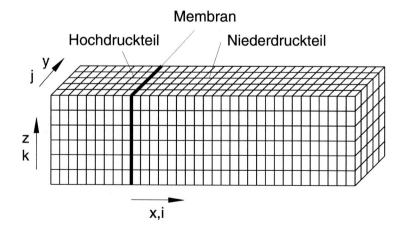

Abb. 5.17: Integrationsgebiet und Netz zur numerischen Behandlung der Stoßausbreitungen im Stoßrohr mit quadratischem Querschnitt.

Das Stoßrohrproblem läßt sich analytisch lösen und kann daher als Testfall für unser numerisches Verfahren herangezogen werden. Damit wird die Fähigkeit des Verfahrens überprüft, instationäre Verdichtungsstöße und Expansionsgebiete, wie sie z. B. bei transsonischen Turbinen- und Verdichtergittern in Strömungsmaschinen vorkommen, richtig zu approximieren.

Wir verwenden die in Abb. 5.18 eingetragene Indizierung. Zum Zeitpunkt $t = 0$ sind die Zustandsgrößen im Niederdruckteil:

$$u_1 = 0 \quad ; \quad p_1 \quad ; \quad \rho_1 \quad ; \quad T_1 \tag{5.122}$$

und im Hochdruckteil

$$u_4 = 0 \quad ; \quad p_4 > p_1 \quad ; \quad \rho_4 > \rho_1 \quad ; \quad T_4 = T_1 \quad . \tag{5.123}$$

Diese Größen sind dimensionsbehaftet. Wir kehren jedoch zur dimensionslosen Darstellung zurück, indem wir im weiteren nur noch Verhältnisse dieser Größen betrachten. Die Ausbreitungsgeschwindigkeit u_S des Stoßes wird auf die Schallgeschwindigkeit a_1 im Niederdruckteil bezogen.

Der Quotient heißt *Stoßmachzahl*

$$M_S = \frac{u_S}{a_1} \quad . \tag{5.124}$$

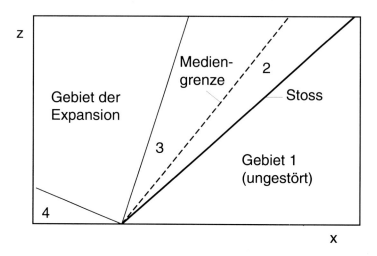

Abb. 5.18: Weg-Zeit Diagramm des Stoßrohrproblems.

Sie berechnet sich nach J. ZIEREP 1976 aus der impliziten Formel

$$\frac{p_1}{p_4} = \frac{\left(1 - \frac{\kappa_4-1}{\kappa_1+1}\frac{a_1}{a_4}\frac{M_S^2-1}{M_S}\right)^{\frac{2\kappa_4}{\kappa_4-1}}}{1 + \frac{2\kappa_1}{\kappa_1+1}(M_S-1)} \qquad \text{mit} \qquad \frac{a_1}{a_4} = \sqrt{\frac{\kappa_1}{\kappa_4}\frac{m_4}{m_1}\frac{T_1}{T_4}} \qquad . \qquad (5.125)$$

Diese Gleichung kann iterativ gelöst werden. Darin ist zugelassen, daß sich im Hoch- und Niederdruckteil verschiedene Gase (Index 1 und 4) befinden, die sich im Verhältnis der spezifischen Wärmen κ und in der Molmasse m voneinander unterscheiden.

Mit bekannter Stoßmachzahl lassen sich die Größen hinter dem Stoß bestimmen:

$$\frac{u_2}{c_1} = \frac{2}{\kappa_1+1}M_S\left(1 - \frac{1}{M_S^2}\right) \qquad ; \qquad \frac{\rho_1}{\rho_2} = 1 - \frac{2}{\kappa_1+1}\left(1 - \frac{1}{M_S^2}\right) \qquad (5.126)$$

$$\frac{p_2}{p_1} = 1 + \frac{2\kappa_1}{\kappa_1+1}\left(M_S^2-1\right) \qquad ; \qquad \frac{T_2}{T_1} = \left[1 + \frac{2\kappa_1}{\kappa_1+1}\left(M_S^2-1\right)\right]\left[1 - \frac{2}{\kappa_1+1}\frac{1}{M_S^2}\right]$$

Über die Diskontinuitätsfläche hinweg bleiben Druck und Geschwindigkeit konstant. Im Gebiet 3 gilt:

$$u_3 = u_2 \quad ; \quad p_3 = p_2 \quad ; \quad \frac{c_3}{c_1} = \frac{c_4}{c_1}\frac{p_2}{p_1}\frac{p_1}{p_4}$$

$$\frac{T_3}{T_4} = \frac{\kappa_1}{\kappa_4}\frac{m_4}{m_1}\left(\frac{a_3}{a_1}\right)^2 \qquad ; \qquad \frac{\rho_3}{\rho_1} = \frac{p_3}{p_1}\frac{T_1}{T_3}\frac{m_4}{m_1} \qquad (5.127)$$

Innerhalb des Expansionsfächers sind die Geschwindigkeit u und die Schallgeschwindigkeit a lineare Funktionen der Ortskoordinate. Diese können daher aus den Zuständen 3 und 4 ermittelt werden. Alle anderen Größen innerhalb des Expansionsfächers ergeben sich aus den adiabaten Zustandsänderungen.

Der Ort der Membran sei $x = 0$. Dann befindet sich der Stoß als Funktion der Zeit an der Stelle

$$x_S = t \cdot u_S \qquad . \qquad (5.128)$$

Die linke und rechte Grenze des Expansionsfächers liegt bei

$$x_L = t \cdot a_4 \qquad ; \qquad x_R = t \cdot (u_3 - a_3) \qquad . \qquad (5.129)$$

Damit haben wir eine analytische Vergleichslösung bereitgestellt.

Finite-Volumen Diskretisierung

Dieses Verfahren dient zur Lösung der Euler-Gleichungen, kann aber für die Navier-Stokes- und Reynoldsgleichungen erweitert werden.

Wir gehen von den dreidimensionalen Euler-Gleichungen Gl. 3.22 aus:

$$\frac{\partial \mathbf{U}}{\partial t} + \sum_{m=1}^{3} \frac{\partial \mathbf{F}_m}{\partial x_m} = 0 \quad . \tag{5.130}$$

und der entsprechenden Finite-Volumen Formulierung

$$\frac{d}{dt}\mathbf{U}_{ijk}V_{ijk} + \sum_{m=1}^{3}\sum_{l=1}^{6} (\mathbf{F}_{ml}O_{ml})_{ijk} = 0 \quad . \tag{5.131}$$

Die Behandlung der Gleichungen erfolgt in den drei Koordinatenrichtungen unabhängig voneinander. Die Vorgehensweise soll daher nur anhand der x-Richtung beschrieben werden. Anstelle von Gl. 5.131 steht dann

$$\frac{d}{dt}\mathbf{U}_i V_i + (\mathbf{F}_{l=1}O_{l=1})_i + (\mathbf{F}_{l=2}O_{l=2})_i = 0 \tag{5.132}$$

und mit $V_i = \Delta x \cdot O_{l=2} = -\Delta x \cdot O_{l=1}$ folgt die eindimensionale Finite-Volumen Diskretisierung

$$\frac{d}{dt}\mathbf{U}_i + \mathbf{F}_{l=2} - \mathbf{F}_{l=1} = 0 \quad . \tag{5.133}$$

Darin bedeutet $l = 1$ die zwischen der Zelle i und der Zelle $i + 1$ gelegene Seitenfläche, die im folgenden mit $i + 1/2$ bezeichnet werden soll. Entsprechend wird die Seitenfläche $l = 2$ mit $i - 1/2$ bezeichnet. Gl. (5.133) lautet dann:

$$\frac{d}{dt}\mathbf{U}_i + \mathbf{F}_{i+1/2} - \mathbf{F}_{i-1/2} = 0 \quad . \tag{5.134}$$

Die weitere Betrachtung konzentriert sich auf die Definition der Flüsse an den Seitenflächen $\mathbf{F}_{i+1/2}$ bzw. $\mathbf{F}_{i-1/2}$.

Godunov-Methode

Die Strömungsgrößen innerhalb jeder Zelle sind konstant. Daher ergeben sich an den Seitenflächen Sprünge der Strömungsvariablen. Am Rand zwischen den Zellen i und $i + 1$ gilt zum Zeitpunkt t:

$$
\begin{aligned}
\rho_{links} &= \rho_i & ; \quad & \rho_{rechts} &= \rho_{i+1} \\
(\rho \cdot u)|_{links} &= (\rho \cdot u)|_i & ; \quad & (\rho \cdot u)|_{rechts} &= (\rho \cdot u)|_{i+1} \\
(\rho \cdot e_{tot})|_{links} &= (\rho \cdot e_{tot})|_i & ; \quad & (\rho \cdot e_{tot})|_{rechts} &= (\rho \cdot e_{tot})|_{i+1}
\end{aligned}
$$

Dies sind die Anfangsbedingungen eines eindimensionalen Anfangswertproblems für die Euler-Gleichungen zum Anfangszeitpunkt $t + \Delta t$ an jedem Rand i, welches im Sonderfall $u = 0$ das in der Einleitung dieses Kapitels behandelte Stoßrohrproblem darstellt!

Im allgemeinen Fall $u \neq 0$ bezeichnet man dieses Problem als das *Riemannproblem*. Das Riemannproblem ist nichtlinear und läßt sich daher nur iterativ lösen (*Riemannlöser*). Eine Methode, die auf der Lösung dieses nichtlinearen Problems beruht, bezeichnet man als *Godunov-Methode*.

Aufwind-Diskretisierung

Es ist davon auszugehen, daß eine große Zahl von Netzpunkten vorhanden ist. Daher kann der anfängliche Sprung der Strömungsgrößen an den Zellrändern als klein angenommen werden. Der durch diesen Sprung erzeugte Stoß ist daher schwach und der entsprechende Expansionsfächer schmal. Unter diesen Annahmen, kann das Riemann-Problem *linearisiert* werden:

Wir gehen nun, wie bereits in Kap. 4.2.4 beschrieben, auf *charakteristische Variable* $\mathbf{W}$ über:

$$\frac{\partial \mathbf{F}(\mathbf{U})}{\partial x} = \mathbf{A}(\mathbf{U})\frac{\partial \mathbf{U}}{\partial x} = \mathbf{Q}\Lambda\mathbf{Q}^{-1}\frac{\partial \mathbf{U}}{\partial x} \quad ; \quad \mathbf{W} = \mathbf{Q}^{-1}\mathbf{U} \quad . \quad (5.135)$$

Damit lautet die Euler-Gleichung in x-Richtung

$$\mathbf{Q}^{-1}\frac{\partial \mathbf{U}}{\partial t} + \Lambda\mathbf{Q}^{-1}\frac{\partial \mathbf{U}}{\partial x} = 0 \quad , \quad (5.136)$$

wobei $\mathbf{Q}$ und Λ selbst noch Funktionen von $\mathbf{U}$ sind. Nimmt man jedoch an, daß diese zum Zeitpunkt t konstant gehalten werden, so bedeutet dies eine Linearisierung der Grundgleichungen. Die Sprünge der Strömungsgrößen an den Seitenflächen dürfen also nur noch von kleiner Amplitude sein, wie oben vorausgesetzt.

Infolge der Linearisierung reduziert sich das Riemannproblem, welches die Ausbreitung von Expansionsfächer und Verdichtungsstoß beschreibt. Es müssen nur noch entsprechende Wellen kleiner Amplituden behandelt werden, also eine Schallwelle (entspricht dem Stoß) und eine 'Verdünnungswelle' (entspricht dem Expansionsfächer), die sich jeweils mit Schallgeschwindigkeit fortbewegen. Die Ausbreitung dieser Wellen werden in der Formulierung mit charakteristischen Variablen direkt beschrieben.

Gl. 5.136 lautet in charakteristischen Variablen

$$\frac{\partial \mathbf{W}}{\partial t} + \Lambda\frac{\partial \mathbf{W}}{\partial x} = 0 \quad (5.137)$$

mit Λ nach Gl. (4.101) und $\mathbf{Q}$ nach Gl. (4.102). Diese drei Gleichungen (Index $c = 1, 2, 3$ sind voneinander entkoppelt. Für jede Gleichung steht aufgrund des

Vorzeichens von λ_c fest, in welche Richtung (nach rechts oder nach links) sich Information ausbreitet. Dies ist nur von der Geschwindigkeit u und der Schallgeschwindigkeit $a = \sqrt{T}$ abhängig:

$$\lambda_1 = u - a \quad ; \quad \lambda_2 = u \quad ; \quad \lambda_3 = u + a \tag{5.138}$$

Es ist nun sinnvoll, z. B. für die Bildung des Flusses in Gl. (5.137) am Rand zwischen i und $i + 1$ (bezeichnet mit $i + 1/2$) den Wert der rechten Zelle $i + 1$ einzusetzen, wenn die Information nach links läuft (λ_c negativ ist) und andernfalls den Wert der linken Zelle i zu verwenden. Die Vorgehensweise wird als *Aufwindverfahren* bezeichnet.

Das hier angegebene Aufwindverfahren unterscheidet sich von dem in Kap. 5.2.2 beschrieben Aufwindverfahren für inkompressible Strömung dadurch, daß als Kriterium für die Wahl der Stromaufrichtung anstelle der Strömungsgeschwindigkeit die drei Charakteristiken λ_i verwendet werden. Diese Vorgehensweise ist in kompressiblen Strömungen sinnvoll, da die Charakteristiken für die Ausbreitung von Informationen und Störungen maßgeblich sind.

Flux-Vector Splitting

Die Aufwind-Formulierung wird realisiert duch Aufspaltung der Matrix Λ in einen positiven und einen negativen Teil:

$$\Lambda = \Lambda^+ + \Lambda^- \quad ; \quad \Lambda^\pm = \frac{1}{2}(\Lambda \pm |\Lambda|) \quad . \tag{5.139}$$

Darin enthält Λ^+ nur die positiven und Λ^- nur die negativen Eigenwerte. Die Approximation des Flusses $\mathbf{F}_{i+1/2}$ lautet in der *flux-vector splitting*-Formulierung:

$$\mathbf{F}_{i+1/2} = \Lambda^+ \mathbf{W}_i + \Lambda^- \mathbf{W}_{i+1} \tag{5.140}$$

oder in einer für die Programmierung besser geeigneten Formulierung (keine IF-Abfrage des Vorzeichens der Eigenwerte):

$$\mathbf{F}_{i+1/2}(\mathbf{W}) = \frac{1}{2}\Lambda(\mathbf{W}_{i+1} + \mathbf{W}_i) + \frac{1}{2}|\Lambda|(\mathbf{W}_{i+1} - \mathbf{W}_i) = \mathbf{0} \quad . \tag{5.141}$$

In konservativen Variablen lautet Gl. (5.141):

$$\mathbf{F}_{i+1/2}(\mathbf{U}) = \frac{1}{2}\mathbf{A}(\mathbf{U}_{i+1} + \mathbf{U}_i) + \frac{1}{2}|\mathbf{A}|(\mathbf{U}_{i+1} - \mathbf{U}_i) \tag{5.142}$$

mit

$$\mathbf{A} = \mathbf{Q}\,\Lambda\,\mathbf{Q}^{-1} \quad ; \quad |\mathbf{A}| = \mathbf{Q}\,|\Lambda|\,\mathbf{Q}^{-1} \quad . \tag{5.143}$$

Die konservative Formulierung des Aufwindverfahrens Gl. (5.142) bildet die Grundlage für hochauflösende Verfahren. In der angegebenen Form ist das Aufwindverfahren nur von erster Ordnung genau. Es hat jedoch gegenüber Verfahren mit zentraler Diskretisierung den Vorteil, daß Verdichtungsstöße ohne unphysikalische Oszillationen approximiert werden.

Zeitintegration

Die Lösung der Gleichung Gl. (5.134) kann nun durchgeführt werden, z. B. nach dem *expliziten Euler-Verfahren* (Euler-Vorwärts-Verfahren):

$$\mathbf{U}_i^{n+1} = \mathbf{U}_i^n - \frac{\Delta t}{\Delta x}(\mathbf{F}_{i+1/2}^n - \mathbf{F}_{i-1/2}^n) \qquad , \qquad (5.144)$$

Dabei werden $\mathbf{F}_{i+1/2}^n$ und $\mathbf{F}_{i-1/2}^n$ nach Gl. (5.142) diskretisiert.

Eine andere Möglichkeit ist das *implizite Euler-Verfahren* (Euler-Rückwärts-Verfahren):

$$\mathbf{U}_i^{n+1} = \mathbf{U}_i^n - \frac{\Delta t}{\Delta x}(\mathbf{F}_{i+1/2}^{n+1} - \mathbf{F}_{i-1/2}^{n+1}) \qquad . \qquad (5.145)$$

Die Lösung dieser Gleichung erfolgt iterativ.

Um ein zeitgenaues Verfahren zu erhalten, ist mindestens eine Genauigkeit zweiter Ordnung in der Zeit erforderlich. Diese kann z. B. durch Anwendung der Runge-Kutta Integration Gl. (4.60) oder anderer geeigneter Zeitintegrationsverfahren (siehe Kap. 4.1.4) erzielt werden.

Erweiterungen

Das beschriebene Verfahren ist unabhängig von der verwendeteten Zeitdiskretisierungsmethode räumlich nur von erster Ordnung genau. Damit das Aufwindverfahren die günstigen Eigenschaften eines hochauflösenden Verfahrens zweiter Ordnung erhält, sind noch einige Modifikationen anzubringen:

- **Genauigkeit zweiter Ordnung**

  Die Approximation des Flusses $\mathbf{F}_{i+1/2}$ durch die Werte links oder rechts des Zellenrandes $i + 1/2$, wie in Gl. (5.140) verwendet, ist nur eine grobe Näherung. Es ist genauer, die Größen am Zellenrand durch *Extrapolation* der Werte aus <u>mehreren</u> stromauf- oder stromabwärtigen Zellen zu errechnen, die wir mit $\mathbf{W}^+$ (linksseitiger Wert) und $\mathbf{W}^-$ (rechtsseitiger Wert) bezeichnen wollen. Wir schreiben Gl. (5.140) neu:

  $$\mathbf{F}_{i+1/2} = \Lambda^+ \mathbf{W}^+ + \Lambda^- \mathbf{W}^- \qquad (5.146)$$

  und verwenden die lineare Extrapolation der Werte in den beiden stromauf- oder stromabwärtigen Nachbarzellen auf dem Rand $i + 1/2$:

$$\mathbf{W}^+ = \mathbf{W}_i + \frac{1}{2}(\mathbf{W}_i - \mathbf{W}_{i-1})$$
$$\mathbf{W}^- = \mathbf{W}_{i+1} + \frac{1}{2}(\mathbf{W}_{i+1} - \mathbf{W}_i) \quad . \tag{5.147}$$

Diese Formeln müssen mit der oben beschriebenen Vorgehensweise noch in konservative Variablen überführt werden.

Obwohl Gl. (5.147) nur auf einem Netz mit konstanter Schrittweite exakt ist, kann in der Praxis von einer Genauigkeit zweiter Ordnung ausgegangen werden.

Der Übergang auf eine Genauigkeit zweiter Ordnung führt in der Nähe von Verdichtungsstößen zu Schwierigkeiten: hier bilden sich, ähnlich wie bei Verfahren mit zentraler Diskretisierung, unphysikalische Oszillationen aus.

- **Unterdrückung von Oszillationen**

  Die Oszillationen können durch Modifikation der Extrapolationsformeln Gl. (5.147) unterdrückt werden:

$$\mathbf{W}^+ = \mathbf{W}_i + \frac{1}{2}\varphi_i(\mathbf{W}_i - \mathbf{W}_{i-1})$$
$$\mathbf{W}^- = \mathbf{W}_{i+1} + \frac{1}{2}\varphi_{i+1}(\mathbf{W}_{i+1} - \mathbf{W}_i) \quad . \tag{5.148}$$

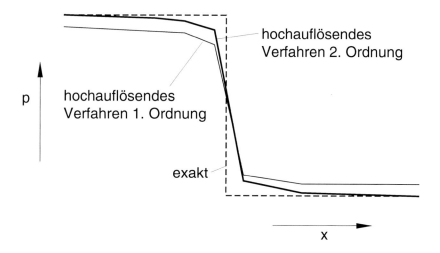

Abb. 5.19: Verhalten von Aufwind-Verfahren erster und zweiter Ordnung in der Nähe eines Verdichtungsstoßes.

Es wurde zusätzlich der Vorfaktor φ eingeführt, welcher darüber entscheidet, ob das Aufwindverfahren von erster Ordnung ($\varphi = 0$) oder zweiter Ordnung ($\varphi = 1$) genau sein soll. Am Stoß muß auf erste Ordnung reduziert werden. Man verwendet als Stoßdetektor im Punkt i

$$r_i = \frac{u_{i+1} - u_i}{u_i - u_{i-1}} \approx \left(1 - \frac{\frac{\partial^2 u}{\partial x^2}}{\frac{\partial u}{\partial x}} \right)_i \tag{5.149}$$

und weiter nach van Leer

$$\varphi = \frac{2(r + |r|)}{(1 + r)^2} \quad . \tag{5.150}$$

Da die Funktion φ eine Begrenzung des Flusses bewirkt, bezeichnet man sie als *Limiter* oder *Flux-Limiter*. In der Literatur existiert eine Vielzahl unterschiedlicher Limiter-Funktionen, die alternativ zu Gl. (5.150) verwendet werden können (z. B. van Albada-Limiter, Roe-Limiter, minmod, superbee).

Durch Einführung des Limiters erhält das Aufwindverfahren die günstigen Eigenschaften zur Stoßauflösung (sog. *TVD-Eigenschaft*, TVD = total variation diminishing, d. h. die Fläche zwischen einer glatten Funktion und einer Approximation mit unerwünschten Oszillationen wird im Verlauf der Rechnung stets kleiner). Das Verfahren der Extrapolation mit Limitern bezeichnet man als *MUSCL-Verfahren* (MUSCL = monotonic upstream-centered scheme for conservation laws).

Die Eigenschaften des Aufwindverfahrens erster Ordnung und des Aufwindverfahrens zweiter Ordnung mit Flux-Limitern sind in Abb. 5.19 schematisch miteinander verglichen. Beide Verfahren approximieren den Stoß innerhalb weniger Zellen (gilt auch für sehr starke Stöße). Das Verfahren erster Ordnung ist jedoch in den übrigen Bereichen des Strömungsfeldes ungenau! Dies gilt auch für die Ausbreitungsgeschwindigkeit des Stoßes.

Diskussion

Die Vorteile von hochauflösenden Verfahren liegen in der Genauigkeit und Schärfe der Stoßauflösung. Sie sind für alle stationären und instationären Probleme der Stoßwellenausbreitung sowie für Strömungen geeignet, die von Stoßwellen dominiert werden.

5.3 Finite-Elemente Methoden (FEM)

5.3.1 Taylor-Galerkin Finite-Elemente Methode

Diese Methode dient zur Lösung der kompressiblen Euler- oder Navier-Stokes Gleichungen auf unstrukturierten Dreiecks- oder Tetraedernetzen.

Beispiel: Stoß-Grenzschicht Wechselwirkung (Fortführung)

Das Beispiel wurde bereits in Kap. 5.1.2 eingeführt, siehe Abb. 5.3.

Für die numerische Behandlung ist es wünschenswert, die Netzpunkte dort zu konzentrieren, wo starke Änderungen der Strömungsgrößen vorhanden sind, also am einfallenden Stoß und in den Bereichen der Ablöseblase und der Reflektionen. Die Lage und Ausdehnung dieser Phänomene hängt stark von den strömungsmechanischen Parametern (Machzahl, Reynoldszahl) ab und ist von vornherein nicht bekannt.

Es ist daher sinnvoll, ein adaptives Verfahren anzuwenden, welches eine Netzverfeinerung im Bereich der starken Gradienten automatisch durchführt. In Abb. 5.20 ist schematisch ein unstrukturiertes Ausgangsnetz gezeigt, welches im Be-

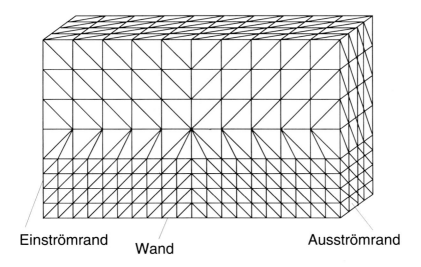

Einströmrand   Wand   Ausströmrand

Abb. 5.20: Unstrukturiertes Ausgangsnetz zur numerischen Simulation der Stoß-Grenzschicht Wechselwirkung.

reich der Grenzschicht verfeinert ist. Dieses Netz wird verwendet, um eine grobe Ausgangslösung zu berechnen und die Gebiete der interessierenden Phänomene (Verdichtungsstoß, Reflektionen, Ablöseblase) zu lokalisieren. Durch adaptive Verfeinerung (siehe Kap. 4.3.7) wird das in Abb. 5.21 gezeigte verfeinerte Netz erzeugt. Es werden die Navier-Stokes Gleichungen zugrundegelegt.

Zeitdiskretisierung

Ausgehend vom Zustandsgrößenvektor $\mathbf{U}(\mathbf{x}, t)$ wird zunächst die Zeit durch eine Taylorreihe um den Zeitpunkt t^n diskretisiert:

$$\mathbf{U}(\mathbf{x}, t^{n+1}) = \mathbf{U}^n(\mathbf{x}, t^n) + \Delta t\, \frac{\partial \mathbf{U}(\mathbf{x}, t^n)}{\partial t} + \frac{1}{2}\, \Delta t^2\, \frac{\partial^2 \mathbf{U}(\mathbf{x}, t^n)}{\partial t^2} + \cdots \quad . \quad (5.151)$$

Das quadratische Glied sowie alle höheren in Gl. (5.151) bereits weggelassenen Glieder werden vernachlässigt.

Zusätzlich wird ein *Zwischenschritt* zum Zeitpunkt $t + 1/2\Delta t$ eingeführt, dessen Größen mit dem Index $n + 1/2$ gekennzeichnet sind.

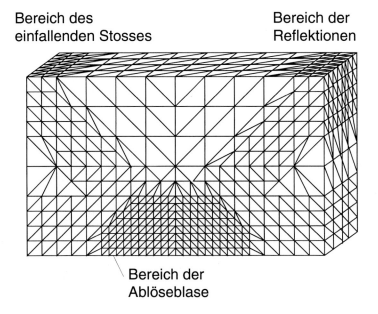

Abb. 5.21: Adaptiv verfeinertes Netz (schematisch) zur numerischen Simulation der Stoß-Grenzschicht Wechselwirkung.

Mit den Bezeichnungen

$$\mathbf{U}(\mathbf{x}, t^n) = \mathbf{U}^n(\mathbf{x}) \qquad ; \qquad \mathbf{U}(\mathbf{x}, t^{n+1}) = \mathbf{U}^{n+1}(\mathbf{x}) \tag{5.152}$$

lauten die beiden Schritte:

$$\mathbf{U}^{n+1/2} = \mathbf{U}^n + \frac{1}{2}\Delta t \frac{\partial \mathbf{U}^n}{\partial t} \tag{5.153}$$

$$\mathbf{U}^{n+1} = \mathbf{U}^n + \Delta t \frac{\partial \mathbf{U}^{n+1/2}}{\partial t} \qquad . \tag{5.154}$$

Zur Berechnung der rechten Seite des 'eigentlichen' Zeitschritts Gl. (5.154) werden die Größen aus dem Zwischenschritt Gl. (5.153) auf der rechten Seite verwendet. Die Aufspaltung in zwei Teilschritte ist notwendig, um die numerische Stabilität dieses Verfahrens zu gewährleisten.

Die in Gl. (5.153) und Gl. (5.154) vorkommenden zeitlichen Ableitungen von $\mathbf{U}$ werden durch räumliche Ableitungen der Navier-Stokes Gleichungen (aufgelöst nach $\frac{\partial \mathbf{U}}{\partial t}$) ersetzt:

$$\mathbf{U}^{n+1/2} = \mathbf{U}^n - \frac{1}{2}\Delta t \sum_{m=1}^{3} \frac{\partial \mathbf{F}_m(\mathbf{U}^n)}{\partial x_m} \tag{5.155}$$

$$\mathbf{U}^{n+1} = \mathbf{U}^n - \Delta t \sum_{m=1}^{3} \frac{\partial \mathbf{F}_m(\mathbf{U}^{n+1/2})}{\partial x_m} + \frac{\Delta t}{Re_\infty} \sum_{m=1}^{3} \frac{\partial \mathbf{G}_m(\mathbf{U}^n)}{\partial x_m} \qquad . \tag{5.156}$$

Dabei wird der Term $\mathbf{G}_m$ zur Berechnung der rechten Seite des Zwischenschrittes vernachlässigt. Dies ist sinnvoll, da der Term $\mathbf{F}_m$ für die Stabilität des Verfahrens am wichtigsten ist.

Räumliche Diskretisierung

Die räumlichen Ableitungen müssen nun numerisch approximiert werden. Dazu werden zu den ganzzahligen Zeitschritten n und $n + 1$ die linearen Formfunktionen für $\mathbf{U}$ und $\mathbf{F}$ verwendet:

$$\mathbf{U}^n(\mathbf{x}) = \sum_j \mathbf{U}_j^n N_j \qquad ; \qquad \mathbf{U}^{n+1}(\mathbf{x}) = \sum_j \mathbf{U}_j^{n+1} N_j \tag{5.157}$$

$$\mathbf{F}_m(\mathbf{U}^n) = \mathbf{F}_m^n = \sum_j \mathbf{F}_{mj}^n N_j \qquad ; \qquad \mathbf{F}_m(\mathbf{U}^{n+1}) = \mathbf{F}_m^{n+1} = \sum_j \mathbf{F}_{mj}^{n+1} N_j$$

und zum Zwischenschritt $n + 1/2$ konstante Formfunktionen:

$$
\mathbf{U}^{n+1/2}(\mathbf{x}) = \sum_e \mathbf{U}_e^{n+1/2} P_e
$$

$$
\mathbf{F}_m(\mathbf{U}^{n+1/2}) = \mathbf{F}_m^{n+1/2} = \sum_e \mathbf{F}_{me}^{n+1/2} P_e \quad . \tag{5.158}
$$

Der Term $\mathbf{G}$ enthält Ableitungen von $\mathbf{U}$, die mit der Wahl linearer Verläufe gemäß Gl. (5.158) im Element konstant sind. Daher ist der Ansatz

$$
\mathbf{G}_m(\mathbf{U}^n) = \mathbf{G}_m^n = \sum_e \mathbf{G}_{me}^n P_e \tag{5.159}
$$

sinnvoll. Zur Berechnung der Zähigkeit μ und anderer Größen, die nicht von Ableitungen der Zustandsgrößen abhängen, werden Mittelwerte im Elementgebiet herangezogen, z. B.

$$
\mu_e = \frac{1}{N_{loc}} \sum_{i_{loc}=1} N_{loc} \mu_{j(i_{loc},e)} \quad ; \quad \mathbf{U}_e = \frac{1}{N_{loc}} \sum_{i_{loc}=1} N_{loc} \mathbf{U}_{j(i_{loc},e)} \tag{5.160}
$$

In den Ansätzen bedeuten e der Elementindex, $j = j(i_{loc}, e)$ der globale Knotenindex und $m = 1, 2, 3$ der Index der räumlichen Dimension . Die N_{loc} lokalen Knoten eines Elementes e sind mit dem Index $i_{loc} = 1 \ldots N_{loc}$ bezeichnet.

Die Gleichungen werden nun mit Hilfe des *Galerkin Verfahrens* diskretisiert. Hierbei multipliziert man die Grundgleichungen mit den Ansatzfunktionen der Diskretisierung, in diesem Fall Gl. (5.155) mit P_e und Gl. (5.156) mit N_j und integriert über das gesamte Integrationsgebiet G.

Es wird noch der *Green'sche Integralsatz* zu Hilfe genommen, der in allgemeiner Form für zwei Funktionen $u(\mathbf{x})$ und $v(\mathbf{x})$ lautet:

$$
\int_G \frac{\partial u}{\partial x_m} v \, dG = \int_\Gamma (uv \cdot n_m) dR - \int_G u \frac{\partial v}{\partial x_m} dG \quad . \tag{5.161}
$$

Die Ableitung eines Faktors in einem Produkt wird mit Hilfe dieses Satzes auf den anderen Faktor verlagert. Dabei kommt ein Randintegral hinzu (Γ ist der Rand des Gebietes G), in dessen Integrand der Richtungscosinus der Oberflächennormale $\mathbf{n} = [n_1 \quad n_2 \quad n_3]^T$ (Einheitsvektor) vorkommt.

Damit lautet der erste Teilschritt für jedes Element $e = 1 \ldots N_{el}$

$$
\left(\int_{G_e} dG \right) \mathbf{U}_e^{n+1/2} = \sum_j \left(\int_{G_e} N_j dG \right) \mathbf{U}_j^n - \frac{1}{2} \Delta t \sum_j \sum_{m=1}^3 \left(\int_{G_e} \frac{\partial N_j}{\partial x_m} dG \right) \mathbf{F}_{mj}^n \tag{5.162}
$$

und der zweite Teilschritt

$$\sum_k \left(\int_G N_j N_k dG \right) \delta \mathbf{U}_j = \Delta t \sum_e \sum_{m=1}^{3} \left(\int_G \frac{\partial N_j}{\partial x_m} P_e dG \right) \left(\mathbf{F}_{me}^{n+1/2} + \frac{1}{Re_\infty} \mathbf{G}_{me}^n \right)$$

$$- \Delta t \sum_e \sum_{m=1}^{3} \left(\int_\Gamma l_m N_j P_e d\Gamma \right) \left(\mathbf{F}_{me}^{n+1/2} + \frac{1}{Re_\infty} \mathbf{G}_{me}^n \right)$$

$$= \mathbf{RHS}, \qquad j = 1 \ldots N_{kn} \qquad . \tag{5.163}$$

Darin ist $\delta \mathbf{U}_j = \mathbf{U}_j^{n+1} - \mathbf{U}_j^n$ die zeitliche Änderung von $\mathbf{U}$ am Knoten j oder das *Residuum*. Die rechte Seite von Gl.(5.163) wird mit **RHS** abgekürzt. Der erste Teilschritt Gl. (5.162) kann für jedes Element explizit berechnet werden.

Lösung des Gleichungssystems

Der zweite Teilschritt Gl. (5.163) erfordert für jede der fünf konservativen Variablen (Index l) die Lösung eines Gleichungssystems

$$\mathbf{M} \cdot \delta \hat{\mathbf{U}}_l = \hat{\mathbf{R}}_l \quad , \quad l = 1 \ldots 5 \tag{5.164}$$

mit dem Vektor der diskreten Knotenresiduen der l-ten konservativen Variable $\hat{\mathbf{U}}_l$ und dem Vektor der diskreten rechten Seite $\hat{\mathbf{R}}_l$:

$$\hat{\mathbf{U}}_l = [u_{l1} \quad u_{l2} \quad \cdots \quad u_{N_{kn}}]^T \tag{5.165}$$

$$\hat{\mathbf{R}}_l = [r_{l1} \quad r_{l2} \quad \cdots \quad r_{N_{kn}}]^T \qquad . \tag{5.166}$$

Die Anzahl der Knoten ist N_{kn}. Die in Gl. (5.164) vorkommende Matrix

$$\mathbf{M} = \int_G N_j N_k dG = \sum_e \mathbf{M}_e \tag{5.167}$$

wird als *Massenmatrix* bezeichnet. Sie kann als Summe von Elementbeiträgen $\mathbf{M}_e$ aufgefaßt werden. Diese lauten

$$\mathbf{M}_e = \int_{G_e} N_j N_k dG = \frac{1}{20} V_e \begin{pmatrix} 2 & 1 & 1 & 1 \\ 1 & 2 & 1 & 1 \\ 1 & 1 & 2 & 1 \\ 1 & 1 & 1 & 2 \end{pmatrix} \qquad \text{(Tetraederelement)} \tag{5.168}$$

und für ein Dreieckslement

$$\mathbf{M}_e = \frac{1}{12} F_e \begin{pmatrix} 2 & 1 & 1 \\ 1 & 2 & 1 \\ 1 & 1 & 2 \end{pmatrix} \qquad . \qquad \text{(Dreieckselement)} \tag{5.169}$$

Darin sind V_e und F_e das Volumen des Tetraeders bzw. die Fläche des Dreiecks. Die Lösung des Gleichungssystems Gl. (5.164) ist erforderlich, wenn $\delta \mathbf{U}$ für die gesuchte Strömung nicht verschwindet, d. h. für instationäre Strömungen. Die Lösung erfolgt dann mit Hilfe der Iteration

$$\mathbf{M}_L(\delta \mathbf{U}_l^r - \delta \mathbf{U}_l^{r-1}) = \mathbf{RHS}_l - \mathbf{M} \cdot \delta \mathbf{U}_l^{r-1} \quad , \tag{5.170}$$

(Iterationsindex r) wobei $\mathbf{M}_L$ die sog. *diagonalisierte Massenmatrix* mit den Diagonalelementen $m_{Lij} = \sum_j m_{ij}$ (m_{ij} sind die Elemente von $\mathbf{M}$) und Nullen als Nebendiagonalelemente ist. In der Praxis werden nur wenige Iterationen durchgeführt (z. B. drei).

Im Falle stationärer Strömungen wird die Iteration Gl. (5.170) nicht durchgeführt, sondern die Massenmatrix in Gl. (5.164) durch die diagonalisierte Massenmatrix ersetzt. Dadurch reduziert sich der Rechenaufwand. Das Verfahren ist dann nicht mehr zeitgenau.

Genauigkeit und Stabilität

Vorausgesetzt, das Verfahren wird im stabilen Bereich angewendet, so ist es räumlich von zweiter Ordnung genau. Bezüglich der Zeit ist es für die Euler-Gleichungen von zweiter und für die Navier-Stokes Gleichungen von erster Ordnung genau.

Wir wollen nun eine Analyse dieses Verfahrens durchführen, um seine numerischen Eigenschaften kennenzulernen. Entsprechend der Vorgehensweise in Kap. 4.2.4 wird ein eindimensionales äquidistantes Gitter mit der Gitterweite $\Delta x = x_k - x_i$ gewählt. Die Formfunktionen lauten dann innerhalb des Elementgebietes $x_i < x < x_k$ (i: linker Knoten, k: rechter Knoten):

$$P_e = 1 \quad ; \quad N_i = \frac{x_k - x}{\Delta x} \quad ; \quad N_k = \frac{x - x_i}{\Delta x} \quad . \tag{5.171}$$

Die auftretenden Integrale können direkt gelöst werden:

$$\int_e P_e dx = \Delta x \quad ; \quad \int_e N_j dx = \frac{1}{2}\Delta x$$
$$\int_e \frac{dN_j}{dx} dx = -1 \quad ; \quad \int_e \frac{dN_i}{dx} dx = 1$$
$$\int_e N_j N_k dx = \frac{1}{6}\Delta x \quad ; \quad \int_e N_j^2 dx = \frac{2}{3}\Delta x \tag{5.172}$$

und es ergibt sich folgendes Ergebnis für die Diskretisierung der eindimensionalen Navier-Stokes Gleichung nach der Taylor-Galerkin Methode:

$$\frac{1}{6}\delta u_{j-1}^{n+1} + \frac{2}{3}\delta u_j^{n+1} + \frac{1}{6}\delta u_{j+1}^{n+1}$$
$$= -\Delta t \left[\lambda \frac{u_{j+1}^n - u_{j-1}^n}{2\Delta x} - \left(\mu + \frac{\Delta t \lambda^2}{2}\right) \frac{u_{j-1}^n - 2u_j^n + u_{j+1}^n}{\Delta x^2} \right] \quad . \tag{5.173}$$

Bei Verwendung der diagonalisierten Massenmatrix wird die linke Seite durch δu_j ersetzt.

Man erkennt anhand der Gleichung Gl. (5.173), daß die Taylor-Galerkin Methode im eindimensionalen Fall dem Lax-Wendroff Finite Differenzen Verfahren ähnlich ist, also einer räumlichen Diskretisierung mit zentralen Differenzen entspricht. Der Vorfaktor der zweiten Ableitung (runde Klammer) läßt erkennen, daß zusätzlich zu der physikalischen Zähigkeit μ eine numerische Zähigkeit hinzugekommen ist, welche proportional zu Δt ist. Da dadurch die Dissipation erhöht wird, bezeichnet man diesen Effekt als *verfahrenseigene numerische Dissipation*.

Die verfahrenseigene numerische Dissipation ist in diesem Fall eine Folge der Aufteilung des Zeitschrittes in zwei Teilschritte. Wie wir aus Kap. 4.2.4 wissen, wäre ein explizites Einschrittverfahren mit zentralen Differenzen numerisch instabil. Die numerische Dissipation ist also notwendig, um das Verfahren zu stabilisieren.

Die *Neumann'sche Stabilitätsanalyse* liefert als Stabilitätsbedingungen für die Euler- und Navier-Stokes Gleichungen:

	mit M	mit M_L
Euler	$\Delta t < 0.577 \frac{\Delta x}{\lambda}$	$\Delta t < \frac{\Delta x}{\lambda}$
Navier-Stokes	$\Delta t < \frac{1}{6} \frac{\Delta x^2}{\mu}$	$\Delta t < \frac{1}{2} \frac{\Delta x^2}{\mu}$

wobei λ entsprechend Gl. (4.105) definiert ist. Es ist bemerkenswert, daß die Vorfaktoren bei Verwendung der diagonaliseirten Massenmatrix günstiger (größer) sind als bei konsistenter Massenmatrix.

Approximation von Verdichtungsstößen

Je stärker die Verdichtungsstöße im Strömungsfeld sind, desto größer sind die mit ihnen verbundenen Sprünge der Dichte, der Geschwindigkeitskomponente senkrecht zum Stoß, der Gesamtenergie und des Druckes. Zur Vermeidung von numerischen Oszillationen und Instabilitäten in der Nähe dieser Sprünge ist bei der Taylor-Galerkin Methode, ebenso wie bei den Finite-Differenzen und Finite-Volumen-Methoden eine zusätzliche Stabilisierung notwendig.

Als bewährte Technik zur Stabilisierung kann die bereits in Kap. 5.1.2 und 5.2.1 angegebene Technik mit zusätzlicher numerischer Dissipation zweiter Ordnung angewendet werden. Der Stoß wird dann über mehrere Elemente 'verschmiert'.

Eine andere Technik ist die Methode der Flusskorrektur (engl.: flux-corrected transport) FCT. Dabei wird die Berechnung der $\delta \mathbf{U}_l$ des Taylor-Galerkin Verfahrens nach Gl. (5.170) noch modifiziert. Die nicht modifizierte Lösung ist zwar von zweiter Ordnung genau, neigt jedoch am Stoß zu numerischen Oszillationen. Sie wird im folgenden als Lösung hoher Ordnung $\delta \mathbf{U}_{hi}$ bezeichnet.

Es wird nun überall im Strömungsfeld zusätzlich eine zweite Lösung niedriger Ordnung $\delta\mathbf{U}_{lo}$ berechnet, indem auf die rechte Seite von Gl. (5.164) ein zusätzlicher Diffusionsterm hinzugefügt wird. Gl. (5.164) lautet dann (Index l weggelassen)

$$\mathbf{M} \cdot \delta\hat{\mathbf{U}}_{lo} = \hat{\mathbf{R}} + c_d(\mathbf{M} - \mathbf{M}_L)\mathbf{U}^n \quad . \tag{5.174}$$

Darin ist c_d ein Koeffizient (z. B. $c_d = 0.7$) und $(\mathbf{M} - \mathbf{M}_L)$ ein Vorfaktor von $\mathbf{U}^n$ (wir geben ohne Beweis an, daß es sich um den diskreten Laplace-Operator handelt). Wegen seiner Konstruktion mit Hilfe der Massenmatrix $\mathbf{M}$ bezeichnet man den zusätzlichen Diffusionsterm als *Massendiffusion*.

Die Lösung $\delta\mathbf{U}_{lo}$ ist ungenau, besitzt jedoch aufgrund ihrer hohen Diffusion keine Oszillationen am Stoß. Die günstigen Eigenschaften beider Lösungen werden nun miteinander kombiniert. Durch Aufspaltung in die den Finiten Elementen zuzuordnenden Anteile kann man schreiben

$$\mathbf{U}^{n+1} = \mathbf{U}^{n+1}_{lo} + \sum_e c_e \cdot (\delta\mathbf{U}_{hi} - \delta\mathbf{U}_{lo}) \tag{5.175}$$

mit $\mathbf{U}^{n+1}_{lo} = \mathbf{U}^n + \delta\mathbf{U}_{lo}$. Im Fall $c_e = 1$ ergibt sich die Lösung hoher Ordnung und im Fall $c_e = 0$ die Lösung niedriger Ordnung. Man bezeichnet den Klammerausdruck in Gl. (5.175) als *Antidiffusion*, da er der Diffusion in Gl. (5.174) genau entgegenwirkt.

Die Methode der Flusskorrektur besteht nun darin, den Faktor c_e für jedes Element derart zu bestimmen, daß sich in der Nähe von Stößen der Wert eins ergibt,

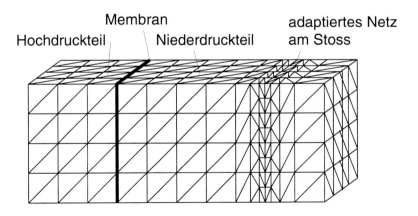

Abb. 5.22: Unstrukturiertes adaptiv verfeinertes Netz zur Behandlung des Stoßrohrproblems mit dem Taylor-Galerkin Finite-Elemente Verfahren (schematisch).

sonst Null. Dies geschieht durch 'Detektion' der unerwünschten Oszillationen im Strömungsfeld (Oszillationen in der Größenodnung der Elemente). Die Einzelheiten der Methode werden von R. LÖHNER 1987 beschrieben.

Beispiel: Stoßausbreitung

Wir betrachten wieder das bereits in Kap. 5.2.3 eingeführte Stoßrohrproblem.

Die Strömung wird durch den Verdichtungsstoß dominiert. Daher ist es erforderlich, diesen so genau wie möglich numerisch zu approximieren. Wir verfeinern daher zu jedem Zeitpunkt das Netz individuell an der jeweiligen Position des Stoßes. Abb. 5.22 zeigt dies schematisch.

Da der Stoß (Drucksprung) stets über einige wenige Punkte approximiert wird, ist die Auflösung um so besser je mehr Punkte pro Längeneinheit verwendet werden. Aufgrund der genaueren Approximation des Stoßes bei verfeinertem Netz wird die Lösung hinter dem Stoß ebenfalls genauer. Dies gilt sowohl für das Problem der Stoßausbreitung als auch für stationäre Stöße, z. B. bei der Stoß-Grenzschicht Wechselwirkung. Das Verhalten der Methode bei der Approximation eines Stoßes ist in Abb. 5.23 schematisch gezeigt.

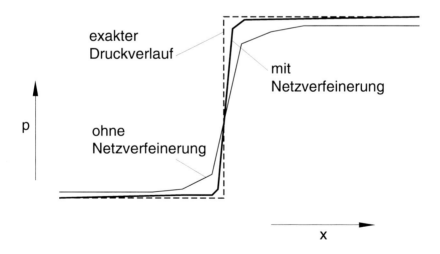

Abb. 5.23: Verhalten des Taylor-Galerkin Finite-Elemente Verfahrens in der Nähe eines Verdichtungsstoßes (schematisch).

Netzadaption

Die adaptive Verfeinerung eines Netzes setzt, wie in Kap. 4.3.7 diskutiert, zunächst einen entsprechenden Netzgenerator voraus. Diesem muß mitgeteilt werden, an welchen Stellen im Strömungsfeld eine Verfeinerung (oder ggf. eine Vergröberung) des Ausgangsnetzes erfolgen soll. Dazu verwendet man ein *Verfeinerungskriterium*.

Folgende Verfeinerungskriterien können verwendet werden:

- **lokaler Druckgradient**

  Die stärksten im Strömungsfeld vorhandenen Druckänderungen sind für die Netzverfeinerung maßgeblich. Es wird hauptsächlich eine Verfeinerung am Verdichtungsstoß und in Gebieten mit starker Expansion stattfinden, jedoch nicht in einer Grenzschicht. Dieses Kriterium ist für das Problem der Stoßausbreitung geeignet.

- **lokale Machzahl**

  Die Machzahl ändert sich sowohl über Stöße hinweg als auch in Grenzschichten (wird an einer Wand sehr klein). Daher eignet sich dieses Kriterium sehr gut für die Stoß-Grenzschicht Wechselwirkung.

Randbedingungen

Die Erfüllung der Haftbedingung sowie der isothermen Wand erfolgt durch Vorgabe bestimmter Zustandsgrößen an den Randknoten und Setzen der vorgeschriebenen Werte am Anfang der Rechnung. Im Verlauf der Zeitintegration werden die entsprechenden Randwerte nicht mehr verändert.

Um dies in einem Computerprogramm zu gewährleisten, benötigt man eine Methode, um effizient die Nummern aller inneren Punkte und aller Randpunkte bereitzustellen, da diese wegen des unstrukturierten Netzes beliebig durchnumeriert sind. Der Zugriff kann beispielsweise über Listen erfolgen, die alle Knotennummern der inneren Punkte bzw. der Randpunkte enthalten (müssen vom Netzgenerator erzeugt werden). Man spricht in diesem Zusammenhang von *indirekter Adressierung* der Speicherplätze im Computer.

Für die Ein- und Ausström-Randbedingungen gilt die Diskussion in Kap. 5.1.2, d. h. bestimmte Zustandsgrößen werden vorgegeben, andere durch das Verfahren berechnet. Extrapolation ist nicht notwendig, da das Verfahren auf Randpunkte ebenso angewendet werden kann wie auf innere Punkte. Dies bedeutet, daß Randwerte, die sich frei errechnen sollen, wie innere Punkte behandelt werden.

Eine Schwierigkeit besteht bei adiabaten Wänden, da die Vorgabe eines Gradienten bei diesem Verfahren nicht möglich ist. Es hat sich in der Praxis jedoch als ausreichend herausgestellt, die Bedingung $dT/d\mathbf{n} = 0$ in einer 'schwachen Form' zu erfüllen. Dabei werden bei der Berechnung des Randintegrals in Gl. (5.163) die Ableitungen $dT/d\mathbf{n}$ herausgestrichen. Dies führt in der Praxis zu Lösungen mit $dT/d\mathbf{n} \approx 0$, jedoch verlangsamt sich die Konvergenz gegenüber einer Rechnung mit isothermer Wand.

Diskussion

Die Taylor-Galerkin Finite-Elemente Methode ist ein Verfahren zur Berechnung kompressibler Strömungen auf unstrukturierten Netzen. Da sowohl der erste als auch (mit diagonalisierter Massenmatrix) der zweite Teilschritt explizit sind, ist die Lösung eines Gleichungssystems, was vor allem bei dreidimensionalen Strömungen sehr aufwendig sein kann, nicht notwendig.

Zwischen den Zeitschritten kann eine Verfeinerung oder Vergröberung des Netzes durchgeführt werden. Es müssen dann nur die Integrale der Formfunktionen, die Elementvolumina sowie Beiträge der Ränder für die neu hinzugekommenen Elemente berechnet werden, was ohne Änderung des eigentlichen Algorithmus möglich ist. Daher eignet sich dieses Verfahren für adaptive Netze.

Weitere Literatur zu diesem Verfahren, siehe R. LÖHNER, K. MORGAN, O. C. ZIENKIEWICZ 1985 und K. MORGAN, J. PERAIRE 1987.

5.3.2   Finite-Elemente Methode für inkompressible Strömungen

Diese Methode orientiert sich an den aus der Strukturmechanik etablierten Diskretisierungstechniken. Für strukturmechanische Anwendungen ist FE-Software weit verbreitet, einschließlich der erforderlichen Pre- und Postprozessoren. Die hier vorgestellte Methode kann in vorhandene FE-Programmsysteme implementiert werden. Die Methode wird auf die Stokes-Gleichungen Gl. (3.45) für stationäre Strömung $\partial \mathbf{u}/\partial t = \mathbf{0}$ angewendet und für die inkompressiblen Navier-Stokes Gleichungen erweitert.

Beispiel: Rohr mit eingebautem Hindernis

Die laminare Strömung in einem geraden Rohr mit eingebautem Hindernis in Form einer durchbohrten Scheibe soll berechnet werden, siehe Abb. 5.24. Insbesondere ist der Zusammenhang zwischen dem anliegenden Druckgradienten im Ein- und Ausströmquerschnitt $p_{ein} - p_{aus}$ und der Durchflussmenge zu ermitteln. Der Druck sei über dem Ein- und Ausströmquerschnitt konstant, d. h. hier herrrscht jeweils ausgebildete Rohrströmung mit parabolischem Geschwindigkeitsprofil.

Bei sehr geringer Strömungsgeschwindigkeit ist die Strömung zur Hindernisebene symmetrisch (schleichende Bewegung). Erhöht sich der Durchfluß, so bildet sich stromab des Hindernisses ein Wirbel.

Strömungen in Rohren mit Einbauten bei niedrigen Reynoldszahlen sind z. B. bei Schmiermitteltransport und Kühlmitteltransport in Ottomotoren und anderen Maschinen von Bedeutung. Es gelten die inkompressiblen Navier-Stokes Gleichungen. Bei höheren Reynoldszahlen wird die Strömung turbulent und es gelten die inkompressiblen Reynoldsgleichungen (mit $k - \epsilon$-Turbulenz-Modell).

Beschreibung der Methode

Zunächst formen wir die Stokes-Gleichungen in einen Integralausdruck um. Die Gleichungen Gl. (3.45) bedeuten die Erhaltung des Impulses und der Masse in differentieller Formulierung, die in der Mechanik auch als *starke Formulierung* bezeichnet wird. Im Gegensatz dazu steht eine *schwache Formulierung*, die für ein Näherungsverfahren Vorteile bietet. Die Umformung in eine schwache Form erfolgt durch Multiplikation mit *virtuellen* (gedachten) Änderungen der Zustandsgrößen, die wir mit dem Symbol δ bezeichnen wollen. Die virtuellen Geschwindigkeiten sind also $\delta\mathbf{u}$ und der virtuelle Druck ist δp.

Wir multiplizieren die Kontinuitätsgleichung mit $\delta\mathbf{u}$ und die Impulsgleichungen mit δp und integrieren über das Berechnungsgebiet G. Es ergibt sich

$$\int_G \delta p(\nabla^T \cdot \mathbf{u})dG \;=\; 0 \qquad\qquad (5.176)$$

$$\int_G \delta\mathbf{u}\left(-\frac{1}{\rho}\nabla p + \frac{1}{Re_\infty}\Delta\mathbf{u}\right)dG \;=\; \mathbf{0} \qquad . \qquad (5.177)$$

Diese Gleichungen stellen die Stokes-Gleichungen in ihrer schwachen Form dar. Die aus der Kontinuitätsgleichung und den Impulsgleichungen resultierenden Integrale werden aufsummiert. Dabei hat es sich als vorteilhaft herausgestellt, das Integral Gl. (5.176) mit -1 zu multiplizieren, da später symmetrische Matrizen entstehen werden.

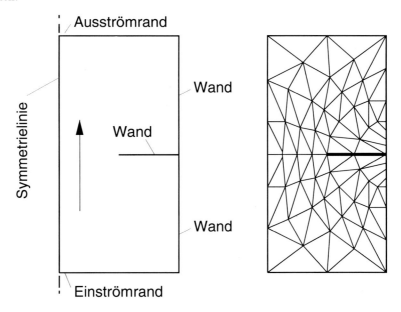

Abb. 5.24: Bezeichnung der Ränder und unstrukturiertes Netz einer Rohrströmung mit eingebautem Hindernis.

Es ergibt sich der Ausdruck

$$-\int_G \delta p(\nabla^T \cdot \mathbf{u})dG + \int_G \delta\mathbf{u}\nabla p dG + \frac{1}{Re_\infty}\int_G \delta\mathbf{u}\Delta\mathbf{u}dG = 0 \qquad , \qquad (5.178)$$

der noch mit Hilfe des *Green'schen Satzes* umgeformt wird. Dann folgt

$$-\int_G \delta p\,(\nabla^T \cdot \mathbf{u})\,dG - \int_G \delta(\nabla^T \cdot \mathbf{u})\,p\,dG + \int_\Gamma \delta p\mathbf{u}\,d\Gamma$$

$$+\frac{1}{Re_\infty}\left(\int_G \delta\nabla\mathbf{u}\nabla\mathbf{u}dG + \int_\Gamma \delta\mathbf{u}\nabla\mathbf{u}d\Gamma\right) = 0 \qquad (5.179)$$

Die Randintegrale (Γ ist der Rand von G) verschwinden, da

- entweder δp auf dem Rand verschwindet, d. h. wir schreiben den Druck fest vor (z. B. am Ein- und Ausströmrand), oder

- $\mathbf{u}$ am Rand verschwindet (Haftbedingung an festen Wänden), oder

- $\nabla \cdot \mathbf{u}$ am Rand verschwindet (Kontinuität).

Der Operator δ kann aus dem Integral herausgezogen werden:

$$-\delta\int_G p(\nabla^T \cdot \mathbf{u})\,dG - \delta\int_G (\nabla^T \cdot \mathbf{u})p\,dG + \frac{1}{Re_\infty}\delta\int_G (\nabla\mathbf{u})^2\,dG = 0 \qquad . \qquad (5.180)$$

Wir betrachten einfachheitshalber zweidimensionale Strömungen, jedoch ist das Verfahren analog auf dreidimensionale oder rotationssymmetrische Strömungen anwendbar. Der Zustandgrößenvektor sei

$$\mathbf{U} = [\begin{array}{ccc} u & w & p \end{array}]^T \qquad . \qquad (5.181)$$

Damit läßt sich Gl. (5.180) in Matrixform schreiben:

$$\delta\int_G \mathbf{U}^T \begin{pmatrix} \frac{\rho}{Re_\infty}(_x\partial\partial_x +_z\partial\partial_z) & 0 & -\partial_x \\ 0 & \frac{\rho}{Re_\infty}(_x\partial\partial_x +_z\partial\partial_z) & -\partial_z \\ -_x\partial & -_z\partial & 0 \end{pmatrix} \mathbf{U}dG = 0 \qquad . \qquad (5.182)$$

Darin werden die Operatoren $\partial_x = \partial/\partial x$ und $\partial_z = \partial/\partial z$ sowie die entsprechenden nach links wirkenden Operatoren $_x\partial$ und $_z\partial$ verwendet. Den Integranden bezeichnet man als eine *quadratische Form* mit symmetrischer Operatorenmatrix (die Matrix in Gl. (5.182) wird im folgenden mit $\mathbf{C}$ bezeichnet).

Die Diskretisierung beginnt mit der Aufspaltung des Gesamtintegrals in eine Summe von Einzelintegralen, die jeweils das Gebiet G_e eines Finiten Elementes e überdecken:

$$\delta \int_G \mathbf{U}^T \mathbf{C} \mathbf{U} \, dG = \delta \sum_e \int_{G_e} \mathbf{U}_e^T \mathbf{C} \mathbf{U}_e \, dG = 0 \qquad . \tag{5.183}$$

Darin ist $\mathbf{U}_e$ der Zustandsgrößenvektor in G_e. Wir wählen nun für jedes Element Formfunktionen die außerhalb von G_e verschwinden. Entsprechend der FEM-Vorgehensweise sind die Koeffizienten dieser Formfunktionen die diskreten Knotenwerte, zusammengefaßt in

$$\hat{\mathbf{U}} = [\hat{u}_1 \, \hat{w}_1 \, \hat{p}_1 \, \hat{u}_2 \, \hat{w}_2 \, \hat{p}_2 \ldots \hat{u}_j \, \hat{w}_j \, \hat{p}_j \ldots \hat{u}_{N_{kn}} \, \hat{w}_{N_{kn}} \, \hat{p}_{N_{kn}}]^T \tag{5.184}$$

mit der Gesamtzahl der Knoten N_{kn}. Über die Zuordnungsmatrix, siehe Kap. 4.1.3, kann $\hat{\mathbf{U}}$ für jedes Element einem Vektor der Element-Knotenwerte zugeordnet werden:

$$\hat{\mathbf{U}}_e = [\hat{u}_A \, \hat{w}_A \, \hat{p}_A \, \hat{u}_B \, \hat{w}_B \, \hat{p}_B \, \hat{u}_C \, \hat{w}_C \, \hat{p}_C \, \hat{u}_D \, \hat{w}_D \, \hat{u}_E \, \hat{w}_E \, \hat{u}_F \, \hat{w}_F]^T \qquad . \tag{5.185}$$

Dieser Vektor enthält die diskreten Zustandsgrößen an den Elementknoten A-F. Wir haben hier bereits eine spezielle Form gewählt, welche die Geschwindigkeitskomponenten an den Ecken A,B,C und den Seitenmitten D,E,F, den Druck aber nur an den Ecken berücksichtigt. Dies bedeutet quadratische Ansatzfunktionen N^2 nach Gln. (4.27) für die Geschwindigkeiten und lineare Ansätze nach Gln. (4.26) für den Druck.

Die Diskretisierung lautet in Matrixschreibweise:

$$\mathbf{U}_e = \mathbf{P}_e \hat{\mathbf{U}}_e \tag{5.186}$$

mit der Matrix der Ansatzfunktionen im Element $\mathbf{P}_e =$

$$\begin{pmatrix} N_A^2 & 0 & 0 & N_B^2 & 0 & 0 & N_C^2 & 0 & 0 & N_D^2 & 0 & N_E^2 & 0 & N_F^2 & 0 \\ 0 & N_A^2 & 0 & 0 & N_B^2 & 0 & 0 & N_C^2 & 0 & 0 & N_D^2 & 0 & N_E^2 & 0 & N_F^2 \\ 0 & 0 & N_A^2 & 0 & 0 & N_B^2 & 0 & 0 & N_C^2 & 0 & 0 & 0 & 0 & 0 & 0 \end{pmatrix} \tag{5.187}$$

Setzt man diese Diskretisierung in Gl. (5.183) ein, so folgt daraus

$$\delta \sum_e \left(\hat{\mathbf{U}}_e^T \int_{G_e} \mathbf{P}_e^T \mathbf{C} \mathbf{P}_e \, dG \; \mathbf{U}_e \right) = 0 \qquad . \tag{5.188}$$

Dabei ist zu beachten, daß die Operatoren in $\mathbf{C}$ enthaltenen Operatoren in x und z definiert sind, die Formfunktionen jedoch in den lokalen Elementkoordinaten ξ_i. Entsprechend werden die Operatoren ersetzt:

$$\partial_x = \sum_{j=1}^{3} \frac{\partial \xi_j}{\partial x} \partial \xi_j \quad , \quad \partial_z = \sum_{j=1}^{3} \frac{\partial \xi_j}{\partial z} \partial \xi_j \tag{5.189}$$

mit den in Gl. (4.24) enthaltenen Metrikkoeffizienten $\partial \xi_j / \partial x$ und $\partial \xi_j / \partial z$. Das in Gl. (5.188) enthaltene Integral bezeichnet man als *Elementmatrix*:

$$\mathbf{A}_e = \int_{G_e} \mathbf{P}_e^T \mathbf{C} \mathbf{P}_e \, dG \quad . \tag{5.190}$$

Die Elementmatrix drückt in einem Finite-Elemente Verfahren die Beziehung zwischen den diskreten Element-Knotenwerten entsprechend den zugrundeliegenden Differentialgleichungen aus. Durch Zuordnung der diskreten Knotenwerte in den Elementen zu den Knotenwerten des Gesamtnetzes (auch *Systemgrößen* genannt), ausgedrückt durch das Summenzeichen $\sum$, erhält man aus Gl. (5.183):

$$\delta \hat{\mathbf{U}}^T \sum_e \mathbf{A}_e \hat{\mathbf{U}} = 0 \quad , \tag{5.191}$$

mit der *Systemmatrix* $\mathbf{A} = \sum_e \mathbf{A}_e$. Die Systemmatrix drückt die Beziehung zwischen den diskreten System-Knotenwerten entsprechend den zugrundeliegenden Differentialgleichungen aus.

Die Variation δ wird durchgeführt, indem man Gl. (5.191) nach den diskreten Knotenwerten $\hat{\mathbf{U}}$ differenziert. Die Summe der Ableitungen muß verschwinden (dies ist das aus der Mechanik bekannte *Ritz-Verfahren*):

$$\frac{\partial}{\partial \hat{\mathbf{U}}} \hat{\mathbf{U}}^T \mathbf{A} \hat{\mathbf{U}} = 2 \mathbf{A} \hat{\mathbf{U}} = 0 \quad . \tag{5.192}$$

Die Systemgleichungen lauten nun

$$\mathbf{A} \hat{\mathbf{U}} = 0 \quad . \tag{5.193}$$

Die Systemmatrix $\mathbf{A}$ ist singulär, kann also nicht invertiert werden. Es folgt der Einbau der Randbedingungen. Diese bestehen in den Dirichlet Bedingungen

$$p = p_{ein} \quad , \quad \text{im Einströmrand} \tag{5.194}$$

$$p = p_{aus} \quad , \quad \text{im Ausströmrand} \tag{5.195}$$

$$\mathbf{u} = \mathbf{0} \quad , \quad \text{an festen Wänden} \quad . \tag{5.196}$$

Die Vorgabe eines Knotenwertes erfolgt algorithmisch durch Überschreiben der diesem Knotenwert entsprechenden Zeile und Spalte in $\mathbf{A}$ und Setzen einer Eins auf die Hauptdiagonale. Die derart modifizierte Systemmatrix werde $\mathbf{A}_{mod}$ genannt. Die modifizierte Systemmatrix ist regulär. Der vorgeschriebene Wert wird in einen Vektor der rechten Seite $\hat{\mathbf{R}}$ eingetragen. Es verbleibt das zu lösende Gleichungssystem

$$\mathbf{A}_{mod}\hat{\mathbf{U}} = \hat{\mathbf{R}} \qquad . \tag{5.197}$$

Bei geeigneter Nummerierungsreihenfolge der Knoten hat die Matrix $\mathbf{A}_{mod}$ Bandstruktur. Zur Lösung des Gleichungsystems eignen sich direkte Algorithmen, die diese Bandstruktur ausnutzen, z. B. die *LU-Zerlegung*, siehe Kap. 4.1.6. Die Aufgabe der Gleichungslösung wird normalerweise durch spezielle FE-Software übernommen. Iterative Methoden eignen sich weniger, da dafür die numerischen Eigenschaften von $\mathbf{A}_{mod}$ ungünstig sind.

Hinzunahme der Konvektionsterme

Die zu Gln. (5.182) und (5.183) analoge Form mit Konvektion lautet:

$$\delta \int\limits_G \mathbf{U}^T(\mathbf{C} + \mathbf{C}_{konv})\mathbf{U} \; dG = 0 \tag{5.198}$$

mit der Operatorenmatrix der Konvektionsterme

$$\mathbf{C}_{konv} = \begin{pmatrix} u\partial_x & v\partial_y & 0 \\ u\partial_x & v\partial_y & 0 \\ 0 & 0 & 0 \end{pmatrix} \qquad . \tag{5.199}$$

Diese Matrix ist im Gegensatz zu der symmetrischen Operatorenmatrix $\mathbf{C}$ unsymmetrisch. Außerdem enthält sie die unbekannten Geschwindigkeitskomponenten u und v, d. h. das entstehende Gleichungssystem ist nichtlinear.

Randbedingungen

Aus der Vernachlässigung der Randintegrale in Gl. (5.179) wurde bereits gefordert, daß am Rand entweder der Druck p oder die Geschwindigkeit $\mathbf{u}$ vorgegeben werden muß. Man bezeichnet sie als *notwendige Randbedingungen*. Die Ableitungen von p oder $\mathbf{u}$ brauchen dagegen nicht vorgegeben zu werden. Sie errechnen sich automatisch im Einklang mit den Grundgleichungen und werden als *natürliche Randbedingungen* bezeichnet.

An einer festen Wand wird die Haftbedingung $\mathbf{u} = \mathbf{0}$ gefordert und der Druck freigelassen. Im Ein- oder Ausströmquerschnitt wird der Druck jeweils konstant gesetzt und die Geschwindigkeit freigelassen.

Diskussion

Bei dem beschriebenen Verfahren handelt es sich um eine nichtiterative Methode zur Erfüllung der Kontinuitätsgleichung. Man erhält die Lösung in einem Schritt. Das Verfahren eignet sich zur Kopplung vorhandener FE-Software aus der Strukturmechanik.

5.4   Spektralmethoden (SM)

5.4.1   Tschebyscheff-Matrixmethode

Ein bewährtes Spektralverfahren für Grenzschichtströmungen ist die auf das *halb-unendliche Intervall* $0 \leq z < \infty$ transformierte Tschebyscheff-Matrixmethode. Diese Methode wurde schon in Kap. 5.4.1 für Strömungen im Intervall $-1 \leq z \leq 1$ vorgestellt.

Beispiel: Grenzschicht-Instabilität

Die Instabilität einer inkompressiblen Grenzschichtströmung entlang einer ebenen Platte ohne Druckgradient gegenüber kleinen Wellenstörungen soll untersucht werden. Insbesondere soll die kritische Reynoldszahl berechnet werden, bei der die Grenzschicht instabil wird. Eine Skizze dieses Transitions-Vorganges ist in Abb. 5.25 gezeigt.

Die zugrundeliegende Gleichung ist die Orr-Sommerfeld Gleichung Gl. (3.105). Es handelt sich um eine lineare gewöhnliche Differentialgleichung vierter Ordnung für w' mit den Parametern a, b, ω und Re_∞.

Die numerische Behandlung strömungsmechanischer Stabilitätsprobleme erfordert sehr genaue Verfahren. Dies liegt daran, daß die zu berechnenden dimensionslosen Anfachungsraten, z. B. a_i oder ω_i in Gl. (3.99), kleine Zahlen sind. Typischerweise ist die maximale Anfachungsrate der Tollmien-Schlichting Welle in

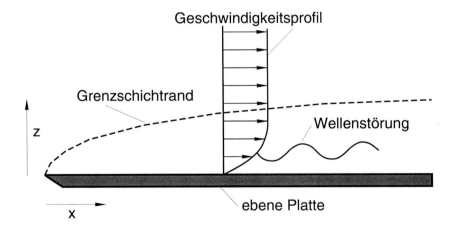

Abb. 5.25: Koordinatensystem und Grundströmung bei der Grenzschicht-Instabilität.

einer zweidimensionalen inkompressiblen Plattengrenzschicht $c_{i,max} \approx 0.004$. Ein absoluter numerischer Fehler von nur 0.001 würde also das Ergebnis schon um 25% verfälschen!

Beschreibung der Methode

Die Methode sei zunächst im Intervall $-1 \leq \eta \leq 1$ mit der unabhängigen Variablen η anstelle von z formuliert, d. h. in Kap. 5.4.1 wird z durch η ersetzt. Im weiteren ist z die Wandnormalenkoordinate in einer Grenzschicht. Die Transformation wird entsprechend der Formel

$$
\begin{aligned}
\eta &= \exp\left(-\frac{z}{Y}\right) \\
z &= -Y \ln \eta \quad .
\end{aligned}
\tag{5.200}
$$

durchgeführt. Darin ist Y eine gegebene Konstante (z. B. $Y = 20$). Wie man leicht sieht, wird das halbunendliche Intervall $0 \leq z < \infty$ nur auf $1 > \eta \geq 0$ abgebildet. Es wird angenommen, daß die Werte einer Funktion $w(\eta)$ für $\eta \leq 0$ den Wert Null besitzen. Dies ist sinnvoll, wenn Funktionen betrachtet werden, die im Unendlichen abklingen.

Ableitungen nach z sind nach der Kettenregel zu bilden

$$
\frac{d}{dz} = \frac{d}{d\eta} \cdot \frac{d\eta}{dz} \quad ,
\tag{5.201}
$$

wobei die Operation $\frac{\partial}{\partial \eta}$ durch die obige Matrixmultiplikation gegeben ist und der *Metrikterm* $\frac{\partial \eta}{\partial z}$ sich im Falle der p-ten Ableitung aus der Transformationsformel bestimmt

$$
\frac{d^p \eta}{dz^p} = \eta^{(p)} = (-1)^p \cdot Y^{-p} \cdot exp\left(-\frac{z}{Y}\right) \quad .
\tag{5.202}
$$

Es ist Aufgabe der Methode, die Differentialoperatoren

$$
\frac{d}{dz} \quad , \quad \frac{d^2}{dz^2} \quad , \quad \frac{d^3}{dz^3} \quad \cdots \quad ; \qquad 0 \leq z \leq \infty
\tag{5.203}
$$

zu approximieren. Analog zur Matrixgleichung Gl. (4.44) kann die Ableitungs-Operation der ersten Ableitung mit einer *transformierten Ableitungsmatrix* $\tilde{\mathbf{D}}^{(1)}$ als

$$
\mathbf{w}^{(1)} = \tilde{\mathbf{D}}^{(1)} \cdot \mathbf{w}
\tag{5.204}
$$

mit den Elementen von $\tilde{\mathbf{D}}^{(1)}$

$$
\tilde{D}_{jk}^{(1)} = D_{jk}^{(1)} \eta_j^{(1)}
\tag{5.205}
$$

geschrieben werden.

Dabei enthalten die Vektoren

$$\mathbf{w} = [w_0 \quad w_1 \quad \cdots w_{N'-1}]^T \qquad (5.206)$$

und

$$\mathbf{w}^{(p)} = [w_0^{(p)} \quad w_1^{(p)} \quad \cdots w_{N'-1}^{(p)}]^T \qquad (5.207)$$

die $N' = (N+1)/2$ (N ungerade) Funktionswerte bzw. Ableitungen an den *transformierten Kollokationspunkten* y_j, die im positiven η-Intervall liegen. Der Ausdruck $\eta_j^{(p)}$ bedeutet $\eta^{(p)}(z_j)$. Die transformierten Kollokationspunkte sind

$$z_j = -Y \cdot \ln\left(\cos\frac{\pi j}{N'}\right) \qquad . \qquad (5.208)$$

Dementsprechend werden auch nur die Elemente des *nordwestlichen Viertels* der usprünglichen (nicht transformierten) Ableitungsmatrix $\mathbf{D}$ benötigt.

Die höheren Ableitungen werden nicht analog zu Gl. (4.44), sondern durch (p-1)-malige Differentiation von Gl. (5.205) nach der Produktregel gebildet:

$$
\begin{aligned}
\tilde{D}_{jk}^{(2)} &= D_{jk}^{(2)}\left(\eta_j^{(1)}\right)^2 + D_{jk}^{(1)}\eta_j^{(2)} \\
\tilde{D}_{jk}^{(3)} &= D_{jk}^{(3)}\left(\eta_j^{(1)}\right)^3 + 3D_{jk}^{(2)}\eta_j^{(1)}\eta_j^{(2)} + D_{jk}^{(1)}\eta_j^{(3)} \\
\tilde{D}_{jk}^{(4)} &= D_{jk}^{(4)}\left(\eta_j^{(1)}\right)^4 + 6D_{jk}^{(3)}\left(\eta_j^{(1)}\right)^2\eta_j^{(2)} \\
&\quad + D_{jk}^{(2)}\left[3\left(\eta_j^{(2)}\right)^2 + 4\eta_j^{(1)}\eta_j^{(3)}\right] + D_{jk}^{(1)}\eta_j^{(4)} \qquad .
\end{aligned} \qquad (5.209)
$$

Dadurch wird vermieden daß die aus Gl. (5.202) analytisch bekannten Metrikterme numerisch approximiert werden müssen.

Beispiel: Grenzschicht-Instabilität (Fortführung)

Am Beispiel der Orr-Sommerfeld Gleichung wird die Einfachheit der Methode deutlich. Nach Einsetzen der Matrixausdrücke für die Ableitungen erhält man

$$\left(\mathbf{A} - \frac{\omega}{a} \cdot \mathbf{B}\right)\mathbf{w} = 0 \qquad (5.210)$$

mit

$$\mathbf{A} = \mathbf{w}_0\tilde{\mathbf{D}}^{(2)} - \left(a^2\mathbf{w}_0 + \mathbf{w}_0^{(2)}\right)\mathbf{I} + \frac{i}{aRe_d}\left(\tilde{\mathbf{D}}^{(4)} - 2a^2\tilde{\mathbf{D}}^{(2)} + a^4\mathbf{I}\right) \qquad (5.211)$$

$$\mathbf{B} = \tilde{\mathbf{D}}^{(2)} - a^2\mathbf{I} \qquad (5.212)$$

Randbedingungen

Die *Abkling-Randbedingung* $w(z \to \infty) \to 0$ wird durch das Verfahren automatisch erfüllt.

Anstelle der Differentialgleichung im Wandpunkt und im wandnächsten Punkt werden die Randbedingungen $w_0 = w'_0 = 0$ gefordert.

Lösung des Eigenwertproblems

Das resultierende komplexe verallgemeinerte *Matrix-Eigenwertproblem* wird durch eine Routine aus einer Programmbibliothek gelöst. Es ergibt sich als Lösung eine Approximation c_k und w_k des Spektrums der Eigenwerte und der dazugehörigen Eigenfunktionen. Dieses Spektrum ist in Abb. 5.26 für ein Testproblem bei $Re_d = 998$, $a = 0.308021$, $d = \sqrt{\nu x / u_\infty}$ schematisch für unterschiedliche N gezeigt. Die darin kreisförmig eingezeichneten Eigenwerte sind auch von anderen Verfahren berechnet worden. Sie werden daher als tatsächliche physikalische Eigenwerte des Problems angesehen. Die restlichen Eigenwerte liegen entlang einer gekrümmten Linie, die desto steiler nach unten gerichtet ist, je größer N ist. Diese Eigenwerte werden durch das numerische Verfahren zwar geliefert, sie besitzen jedoch keine physikalische Bedeutung.

Um die physikalischen Eigenwerte eines von vornherein nicht bekannten Problems von den numerischen unterscheiden zu können, muß N wie in Abb. 5.26 variiert werden.

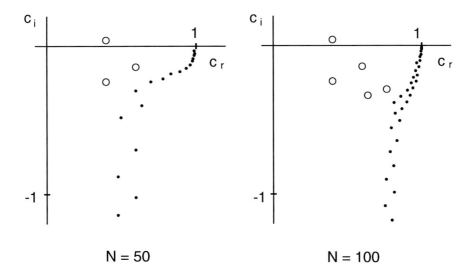

Abb. 5.26: Zeitliche Orr-Sommerfeld Eigenwerte der transformierten Tschebyscheff Matrixmethode für ein Testproblem (schematisch).

216

Man stellt fest, daß die physikalischen Eigenwerte sich nur schwach ändern, d. h. einen exakten Wert je nach Anzahl der Punkte mehr oder weniger genau approximieren. Die numerischen Eigenwerte variieren bei Änderung von N drastisch.

Bei Variation des Transformationsparameters Y ändern sich die physikalischen Eigenwerte nur schwach, die numerischen jedoch erheblich. Auch die Neigung der Linie, auf der die Eigenwerte liegen, ändert sich. Es ist bemerkenswert, daß dieses Verfahren immer den am schwächsten gedämpften bzw. angefachten Tollmien-Schlichting-Eigenwert (siehe Kapitel 3.4) am genauesten liefert.

Die hier notwendige Berechnung aller Eigenwerte durch eine Bibliotheksroutine erfordert $O(N^3)$ Rechenoperationen. Bei Verdoppelung der Punktanzahl N wird die Rechenzeit also um den Faktor $2^3 = 8$ erhöht! Dies begrenzt die Anwendbarkeit der Methode auf $n < 200$.

Eine weitere Beschränkung erhält man durch Rundungsfehler. Bei Verwendung von doppelter Genauigkeit ($8 Byte/Zahl$) liegt die Matrixgröße N_{max}, oberhalb derer Rundungsfehler die Genauigkeit zerstören, bei etwa 400. In den meisten Fällen sind $N = 50$ Kollokationspunkte ausreichend.

Diskussion

Der Vorteil der transformierten Tschebyscheff-Spektralmethode ist ihre hohe Genauigkeit (exponentielle Konvergenz) und die Möglichkeit, die Genauigkeit bei Bedarf kontrolliert erhöhen zu können. Außerdem liefert das Verfahren immer ein Spektrum von Eigenwerten im gesamten in Frage kommenden Bereich und nicht nur einen einzigen.

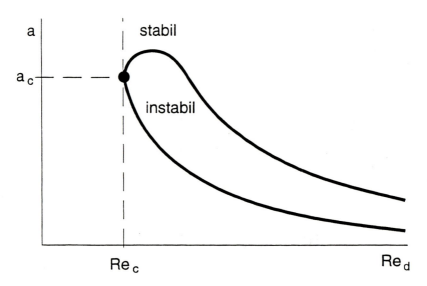

Abb. 5.27: Stabilitätsdiagramm der Grenzschichtströmung.

Beispiel: Grenzschicht-Instabilität (Fortführung)

Das gesuchte Stabilitätsdiagramm ist in Abb. 5.27 gezeigt. Die kritische Reynoldszahl für die inkompressible Grenzschicht ergibt sich zu $Re_c = 5 \cdot 10^5$. Dieses Diagramm wurde durch wiederholte Lösung des Eigenwertproblems auf einem Raster in der Re-a-Ebene erzeugt. In jedem Punkt dieser Ebene wurden also alle Eigenwerte berechnet und anschließend nur der jeweils angefachte Eigenwert (Tollmien-Schlichting Eigenwert) für das Diagramm verwendet.

5.4.2 Fourier-Spektralmethode

Diese Methode dient zur numerischen Simulation von Transition und Turbulenz in kompressiblen Grenzschichtströmungen. Wegen des sehr hohen Rechen- und Speicherplatzbedarfs derartiger Untersuchungen ist ein Einsatz der Methode als Entwurfswerkzeug, beispielsweise zur Vorraussage der Transition, bisher nicht möglich.

Beispiel: Transition in einer Grenzschicht (Fortführung)

Der laminar-turbulente Übergang (Transition) in einer inkompressiblen Grenzschicht, ausgehend von zweidimensionalen Tollmien-Schlichting Wellen, soll simuliert werden. Die physikalischen Mechanismen der Transition wurden bereits in Kap. 3.4 diskutiert, siehe Abb. 3.5.

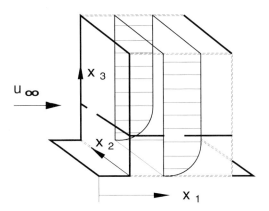

Abb. 5.28: Integrationsvolumen und Koordinatensystem beim zeitlichen Simulationsmodell.

Die Methode wird in erster Linie in der Transitions- und Turbulenzforschung eingesetzt, u. a. zur Entwicklung neuer Transitions- und Turbulenzmodelle.

Wir wählen das zeitliche Simulationsmodell, welches von dem in Abb. 5.28 gezeigten Integrationsvolumen ausgeht. In Stromabrichtung x_1 sowie in Spannweitenrichtung x_2 gelten periodische Randbedingungen. In der Wandnormalenrichtung x_3, die sich von der Oberfläche bis ins Unendliche erstreckt, wird die in Kap. 5.4.1 beschriebene Tschebyscheff-Spektralmethode angewendet.

Es liegen die vollständigen Navier-Stokes Gleichungen zugrunde. Die direkte numerische Simulation transitioneller und turbulenter Strömungen erfordert eine extrem hohe räumliche Diskretisierung, da alle feinskaligen Schwankungsbewegungen der Turbulenz im Detail aufgelöst werden müssen. Die dafür erforderliche Punktanzahl geht an die Grenzen der derzeit verfügbaren Hochleistungsrechner (64^3 Gitterpunkte und mehr sind bei Reynoldszahlen um etwa $Re_\delta = 1000$ erforderlich).

Turbulenzsimulationen stellen außerdem höchste Anforderungen an die Genauigkeit der Rechenverfahren, denn je höher die Genauigkeit eines Verfahrens ist, desto weniger Punkte werden benötigt, um bestimmte feinskalige Phänomene aufzulösen. Wegen ihrer hohen Genauigkeit wird daher für Turbulenzsimulationen die Fourier-Spektralmethode verwendet.

Beschreibung der Methode

Wir gehen vom *zeitlichen Simulationsmodell* aus, welches ausführlich in H. OERTEL jr., J. DELFS 1995 eingeführt und diskutiert wird. Beim zeitlichen Modell approximiert man die räumliche Störungsentwicklung in einer Grenzschicht durch eine Entwicklung in der Zeit in einem Kontrollvolumen. Die Strömung in diesem Kontrollvolumen wird als periodisch in den wandparallelen Richtungen x_1 (Stromabrichtung) und x_2 (Spannweitenrichtung) angenommen.

Für jede Strömungsvariable Φ wird nun im Koordinatensystem $x_1 = x, x_2 = y, x_3 = z$ der zweidimensionale Ansatz

$$\Phi(x_1, x_2, x_3; t) = \sum_{\substack{k_1 = \\ -N_1/2+1}}^{N_1/2} \sum_{\substack{k_2 = \\ -N_2/2+1}}^{N_2/2} \hat{\Phi}_{k_1, k_2}(x_3; t) \, e^{i(k_1 a_1 x_1 + k_2 a_2 x_2)} \qquad (5.213)$$

verwendet ($i = \sqrt{-1}$). Darin sind k_1 und k_2 die Modenindizes in den Richtungen x_1 und x_2 sowie N_1 und N_2 die Anzahl der jeweils mitgeführten Moden. Weiterhin bezeichnen

$$a_1 = \frac{2\pi}{L_1} \qquad , \qquad a_2 = \frac{2\pi}{L_2} \qquad (5.214)$$

die Wellenzahlen in diesen Richtungen. Φ_{k_1, k_2} ist die komplexe Amplitudenfunktion (Funktion von x_3 und t) der Mode k_1, k_2.

Da die Strömungsvariablen Φ reell sind, gilt:

$$\Phi^*_{k_1,k_2} = \Phi^*_{-k_1,-k_2} \quad , \tag{5.215}$$

wobei * das konjugiert komplexe bedeutet. Damit müssen die Moden ($k_1 = 0, k_2 = 0$) und $k_1 = N_1/2, k_2 = N_2/2$ reell sein. Jede Mode kann, wie in Abb. 5.29, in der k_1-k_2-Ebene als Symbol dargestellt werden. Der schattierte Bereich ist wegen Gl. (5.215) redundant und braucht nicht abgespeichert zu werden.

Wir interpretieren nun die einzelnen Moden hinsichtlich ihrer Bedeutung für das Strömungsfeld:

- ($k_1 = 0$, $k_2 = 0$)
  Diese Mode stellt die in x_1- und x_2-Richtungen *gemittelte Strömung* dar.

- ($k_1 = 1$, $k_2 = 0$)
  Diese Mode stellt die Tollmien-Schlichting Welle dar. Sie beschreiben die primäre Instabilität.

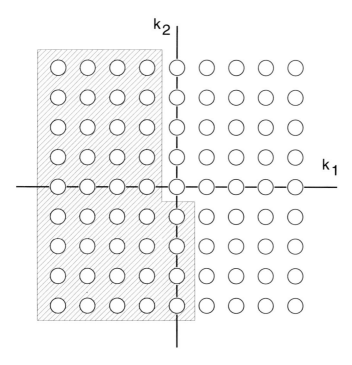

Abb. 5.29: Fourier-Moden in der Wellenzahlenebene. Der schattierte Bereich ist redundant.

- ($k_1 = 1$, $k_2 \pm 1$)

  Diese Moden stellen schräglaufende Wellen dar, welche stromab dieselbe Wellenlänge wie die Tollmien-Schlichting Welle besitzen. Sie beschreiben zusammen mit ($k_1 = 0$, $k_2 \pm 1$) die sekundäre Instabilität.

- ($k_1 > 0$, $k_2 = 0$)

  Diese Moden besitzen keine Variationen in Spannweitenrichtung x_2, sondern nur in der x_1-x_3-Ebene. Sie werden daher als *zweidimensionale Moden* bezeichnet.

- ($k_1 = 0$, $k_2 > 0$)

  Diese Moden besitzen keine Variation in Stromabrichtung x_1, sondern nur in der x_2-x_3-Ebene. Sie stellen die stromab gemittelte Strömung dar, welche im Transitionsgebiet aus Wirbeln besteht, deren Achsen stromab weisen (Längswirbel). Sie werden daher als *Längswirbelmoden* bezeichnet.

Die Bildung von Ableitungen nach x_1 und x_2 erfolgt durch Ableitung der Exponentialfunktionen

$$\frac{\partial^{(p+q)}\Phi}{\partial x_1^{(p)} \partial x_1^{(q)}} = \sum_{\substack{k_1= \\ -N_1/2+1}}^{N_1/2} \sum_{\substack{k_2= \\ -N_2/2+1}}^{N_2/2} (ia_1)^p (ia_2)^q \hat{\Phi}_{k_1,k_2} e^{i(k_1 a_1 x_1 + k_2 a_2 x_2)} \tag{5.216}$$

und die Bildung von Ableitungen nach x_3 durch Ableitung der Amplitudenfunktionen

$$\frac{\partial^{(p)}\Phi}{\partial x_3^{(p)}} = \sum_{\substack{k_1= \\ -N_1/2+1}}^{N_1/2} \sum_{\substack{k_2= \\ -N_2/2+1}}^{N_2/2} \frac{\partial^{(p)}\hat{\Phi}_{k_1,k_2}}{\partial x_3^{(p)}} e^{i(k_1 a_1 x_1 + k_2 a_2 x_2)} \qquad . \tag{5.217}$$

Pseudospektralmethode

Die Berechnung nichtlinearer Terme, z.B. eines quadratischen Terms Φ^2, erfolgt nicht durch Auswertung des Produkts der Doppelsumme

$$\Phi \cdot \Phi = \left(\sum_{\substack{k_1= \\ -N_1/2+1}}^{N_1/2} \sum_{\substack{k_2= \\ -N_2/2+1}}^{N_2/2} (\cdots) \right) \cdot \left(\sum_{\substack{k_1= \\ -N_1/2+1}}^{N_1/2} \sum_{\substack{k_2= \\ -N_2/2+1}}^{N_2/2} (\cdots) \right) \qquad , \tag{5.218}$$

da dies die Berechnung von $(N_1 * N_2)^2/2$ Produkten erfordert (und entsprechend mehr bei kubischen oder höheren Nichtlinearitäten). Man führt stattdessen die folgende zweidimensionale Fourier-Transformation (Fouriersynthese)

$$\Phi(x_{1,i}, x_{2,j}, x_3; t) = \sum_{\substack{k_1= \\ -N_1/2+1}}^{N_1/2} \sum_{\substack{k_2= \\ -N_2/2+1}}^{N_2/2} \hat{\Phi}_{k_1,k_2}(x_3; t) e^{i(k_1 a_1 x_{1,i} + k_2 a_2 x_{2,j})} \; ; \; (i,j) < (N_1, N_2)$$

(5.219)

mit

$$x_{1,i} = \frac{i-1}{N_1-1} \; ; \; i = 1 \ldots N_1$$

$$x_{2,j} = \frac{j-1}{N_2-1} \; ; \; j = 1 \ldots N_2$$

(5.220)

durch und hat damit die Strömungsgröße Φ an den Fourier-Kollokationsstellen Gln. (5.220) und (5.220) zur Verfügung. Die Operation Gl. (5.219) kann mit Hilfe der *schnellen Fouriertransformation* (engl.: fast Fourier Transformation, FFT) mit $O(N_1 N_2 log(N_1 N_2))$ Operationen durchgeführt werden.

Die Funktion Φ liegt damit im reellen Raum (physikalischen Raum) vor. Hier ist die Bildung des Produkts mit wenig Aufwand ($N_1 N_2$ Operationen) möglich. Anschließend wird ebenfalls unter Verwendung der FFT in den spektralen Raum zurücktransformiert. Diese Art der Produktbildung bezeichnet man als *Pseudospektralmethode*, da die eigentliche Operation nicht wirklich im spektralen Raum durchgeführt wird. Effizient vektorisierte Bibliotheksroutinen zur schnellen Fourier-Transformation sind heute auf Hochleistungsrechnern weit verbreitet.

Aliasing-Fehler

Wie man an Gl. (5.218) sieht, werden bei der Berechnung nichtlinearer Terme neue Moden ($|k_1| > N_1/2$) und ($|k_2| > N_2/2$) erzeugt, die nicht in der ursprüglichen Diskretisierung Gl. (5.213) enthalten sind. Nach der Produktbildung im reellen Raum sind diese Moden natürlich ebenfalls vorhanden, da der Term Φ^2 durch Gl. (5.218) repräsentiert wird. Die Darstellung des Produktes durch Gl. (5.213) ist also nur näherungsweise möglich.

Bei Anwendung der Fourier-Analyse mit $N_1 \cdot N_2$ Moden, d. h. Anwendung des Ansatzes Gl. (5.213) auf ein Φ, welches durch Nichtlinearität erzeugte Moden enthält, werden die Amplituden der zusätzlichen Moden ($|k_1| > N_1/2$) und ($|k_2| > N_2/2$) anderen Moden zugeschlagen (fehlinterpretiert). Aufgrund von Periodizitätseigenschaften der Fourier-Transformation und Gl. (5.215) kann die Interpretation mit Hilfe des Symbols $\rightarrow$ folgendermaßen ausgedrückt werden

$$\begin{aligned}
(N_1/2 + i, k_2) &\rightarrow (N_1/2 - i, -k_2) \\
(k_1, N_2/2 + j) &\rightarrow (-k_1, N_2/2 - j) \\
(N_1/2 + i, N_2/2 + j) &\rightarrow (N_1/2 - i, N_2/2 - j)
\end{aligned} \qquad .$$

(5.221)

Entsprechendes gilt für die Moden ($k_1 < N_1/2$) und ($k_2 < N_2/2$). Die Anteile erscheinen also unter 'dem Namen' einer anderen Mode ('alias'). Die entstehenden

Fehler werden als *Aliasingfehler* bezeichnet. Sie entstehen durch Fehlinterpretation der Anteile zusätzlicher durch Nichtlinearitäten erzeugter Moden.

Aliasingfehler lassen sich vermeiden, indem die Fourier-Analyse zunächst mit höherer Auflösung $M_1 > N_1$ und $M_2 > N_2$ durchgeführt wird. Die Strömungsgröße Φ wird also duch den Ansatz Gl. (5.213) dargestellt, wobei N_1 und N_2 durch M_1 und M_2 ersetzt werden. Anschließend werden die Moden ($|k_1| > N_1/2, |k_2| > N_2/2$) vernachlässigt. Dies ist natürlich nur zulässig, wenn deren Amplituden klein genug sind. Ist dies nicht der Fall, muß eine höhere numerische Auflösung gewählt werden.

Die erforderlichen M_i, $i = 1, 2$ hängen von dem Grad der Nichtlinearität m ab:

$$M_i = \frac{1}{2}(m + 1)N_i \qquad . \qquad (5.222)$$

Bei quadratischer Nichtlinearität $m = 2$ muß $M_i = \frac{3}{2}N_i$ gewählt werden, bei kubischer mit $m = 3$ ist $M_i = \frac{4}{2}N_i$ erforderlich, usw. . Quotienten können nicht aliasingfrei berechnet werden, da der Quotient zweier Summen nicht als endliche Summe dargestellt werden kann.

Zeitdiskretisierung

Die Zeitdiskretisierung erfolgt folgendermaßen: Zunächst schreiben wird die räumlich diskretisierte Navier-Stokes Gleichung

$$\frac{d\mathbf{U}_{k_1,k_2,j}}{dt} = \mathbf{Q}_{k_1,k_2,j}(\mathbf{U}) \qquad (5.223)$$

für jede Mode (k_1, k_2) auf. Der Index j bezeichnet die Kollokationsstellen. Die Aufgabe besteht also in der Lösung eines Systems von $5N_1N_2N_3$ gekoppelten gewöhnlichen Differentialgleichungen für die fünf Strömungsgrößen.

Wir führen die Zeitdiskretisierung nach dem Crank-Nicholson Verfahren durch:

$$\mathbf{U}^{n+1} = \mathbf{U}^n + \frac{\Delta t}{2}[\mathbf{Q}(\mathbf{U}^{n+1}) + \mathbf{Q}(\mathbf{U}^n)] \qquad . \qquad (5.224)$$

Dieses *implizite Gleichungssystem* kann iterativ gelöst werden:

$$\begin{aligned} \mathbf{U}_0^{n+1} &= \mathbf{U}^n \\ \mathbf{U}_s^{n+1} &= \mathbf{U}^n + \frac{\Delta t}{2}[\mathbf{Q}(\mathbf{U}_{s-1}^{n+1}) + \mathbf{Q}(\mathbf{U}^n)] \quad ; \quad s = 1 \ldots S \end{aligned} \qquad . \qquad (5.225)$$

Der Index der Iteration heißt s. Die Iteration konvergiert allerdings nur, wenn Δt genügend klein gewählt wird. Die unbedingte Stabilität des Crank-Nicholson Schemas kann bei iterativer Lösung des Gleichungssystems nicht ausgenutzt werden. Es ist sowohl aus Genauigkeits- als auch aus Stabilitätsgründen ausreichend, eine konstante Anzahl von $S = 3$ Iterationen durchzuführen.

Randbedingungen

Die Randbedingungen sind

- die Periodizitätsbedingung, welche automatisch durch den Fourieransatz erfüllt wird.

- die Abklingbedingung für $x_3 \to \infty$, welche automatisch durch die Tschebyscheff-Matrixmethode erfüllt wird.

- die Haftbedingung zusammen mit der isothermen oder adiabaten Temperatur-Randbedingung.

Anfangsbedingungen

Die Anfangsbedingungen ergeben sich aus dem zu behandelnden physikalischen Problem. Z.B. wird die Mode $(0,0)$ einer zu untersuchenden Grenzschichtströmung (Grundströmung) an der stromabwärtigen Position $x = X$ entnommen. Als Störungen werden die Tollmien-Schlichting Welle ($(1,0)$-Mode) endlicher Amplitude $\approx 3\%$ sowie schräglaufende Wellen $(1, \pm 1)$-Moden sehr kleiner Amplitude $\approx 0.1\%$ vorgegeben.

Genauigkeit und Stabilität

Die Methode ist von zweiter Ordnung in der Zeit. Räumlich konvergiert die Methode entsprechend dem Spektralansatz exponentiell.

Die numerische Stabilität bedarf einiger Diskussion. Da das Verfahren physikalische Instabilitäten approximieren soll, z.B. die zeitlich angefachte Tollmien-Schlichting Welle, darf es nicht unbedingt stabil sein. Die numerische Instabilität muß die physikalische richtig approximieren. Dies wird durch Anwendung der Tschebyscheff-Matrixmethode in x_3-Richtung, welche sich für primäre Instabilitäten bewährt hat, gewährleistet. Weitere numerische Instabilitäten kommen nicht hinzu, wenn der Zeitschritt kleiner als eine obere Schranke $(\Delta t)_{max}$ gewählt wird.

Diskussion

Die Fourier-Spektralmethode ist spezialisiert auf die direkte Simulation der Transition und Turbulenz in Grenzschichten. Sie wird in der Grundlagenforschung angewendet, wenn es darum geht die Vorgänge der Turbulenzentstehung sowie Turbulenz selbst zu verstehen und auszuwerten.

Beispiel: Grenzschicht-Instabilität (Fortführung)

Das Ergebnis einer Transitionssimulation ist im Anhang in Form eines Computerfilms dargestellt.

6 Rechnerarchitekturen und Rechentechnik

6.1 Rechnerarchitekturen

6.1.1 Entwicklung der Rechenanlagen und Datennetze

Die Anwendung numerischer Methoden der Strömungsmechanik auf praktische Ingenieurprobleme erfordert eine große Zahl von numerischen Operationen sowie die Möglichkeit, große Zahlenmengen effizient und schnell zu verarbeiten und zu speichern. Dazu sind *Hochleistungsrechner* erforderlich, deren maximale Rechenleistung in Mflops (Millionen Fließkomma-Operationen pro Sekunde) angegeben wird. Der Speicherbedarf eines Programms wird üblicherweise in MByte (Millionen Byte, 1 Byte = 8 bit) angegeben.

Die Entwicklung der Rechenanlagen ist in Abb. 6.1 dargestellt. Der angebotene Speicherplatz sowie die Rechenleistung haben sich in nur wenigen Jahren um Größenordnungen erhöht. Die Rechenleistung verdoppelt sich weiter etwa alle 3 Jahre. Dies ist erstens auf die Fortschritte in der Halbleiterentwicklung und

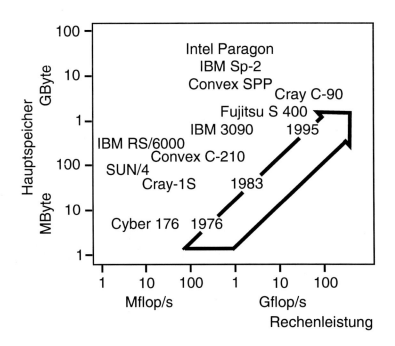

Abb. 6.1: Entwicklung der Hochleistungsrechner.

zweitens auf neue Rechnerarchitekturen, also *Vektorrechner* und *Parallelrechner* zurückzuführen. Insbesondere wurde auch eine Steigerung durch die Verfügbarkeit leistungsfähiger Arbeitsplatzrechner (*Workstations*) erreicht. Das Zusammenschalten mehrerer Workstations zu einem 'Cluster' ermöglicht die Bearbeitung von Aufgaben, die den auf Hochleistungsrechnern möglichen vergleichbar sind.

Einige Rechnertypen sind in der folgenden Tabelle zusammengefaßt:

Bezeichnung	Jahr	Architektur	Rechenleistung Mflops
Cyber 176	1976	skalar/seriell	1
Cray-1S	1983	vektor	40
Convex C-240	1989	vektor/parallel	200
IBM 3090/600 VF	1990	vektor/parallel	720
SUN-SPARC	1991	Workstation	10-30
IBM RS/6000	1991	Workstation	10-60
Fujitsu S 400	1990	vektor	5000
NEC SX-3	1991	vektor	6000
Cray-C 90	1993	vektor/parallel	8000
IBM Sp/2	1994	parallel	1600-10000
Convex SPP	1994	parallel	1600-10000
Cray T3D	1994	parallel	1600-10000

Insgesamt ist eine zunehmende Spezialisierung der Rechenanlagen zu beobachten, d. h. bestimmte Rechnertypen eignen sich besonders für rechenintensive Aufgaben (Hochleistungsrechner) und andere für Aufgaben, die schnellen interaktiven Datenzugriff erfordern (Workstations).

Das Konzept einer Verteilung der rechenintensiven Aufgaben auf Vektor- und Parallelrechnern und der interaktiv durchzuführenden Aufgaben (Netzgenerierung und Datenauswertung) auf Workstations ist daher sinnvoll. Dazu müssen große Datenmengen zwischen den Rechnern übertragen werden, also z. B. die Netzkoordinaten und die berechneten Zustandsgrößen auf den Netzpunkten. Die Übertragung erfordert leistungsfähige Netze, auch über größere Entfernungen.

Die Entwicklung der Übertragungsnetze ist in Abb. 6.2 dargestellt. Die noch in den 80er Jahren weit verbreiteten alphanumerischen *Terminals* benötigten nur einige kbits/s Übertragungsleistung. Zur leistungsfähigen Verbindung der meisten unter dem UNIX–Betriebssystem betriebenen vernetzungsfähigen Rechenanlagen (z. B. Workstations, aber auch die meisten neueren Hochleistungsrechner) eignet sich das *Ethernet* (Segmentlänge bis 480 m, Koaxial–Kupferkabel). Auf neuerer Glasfasertechnologie arbeiten das FDDI oder UltraNet mit vielfach höheren Übertragungsleistungen bis zu einigen Kilometern Entfernung. Über große Entfernungen (gesamte Bundesrepublik) wird das Wissenschaftsnetz (WIN) betrieben, wobei derzeit Anschlüsse mit 64 kbit/s oder 2 Mbit/s möglich sind. Ein weiterer Ausbau dieses Netzes ist abzusehen.

6.1.2 Grundbegriffe

Die Bauweise eines Rechners (Computers) bezeichnet man auch als *Rechnerarchitektur*, insbesondere in Bezug auf die Zuordnung der zentralen Recheneinheiten (*Prozessoren*) zueinander und zu den Speichern. Im Prinzip besteht ein Rechner aus einem oder mehreren Prozessoren (auch *cpu* genannt, nach dem englischen Begriff central processing unit) und einem oder mehreren Speichern.

Im einfachsten Fall wird ein *Rechenprogramm* dadurch ausgeführt, daß eine Serie von Rechenvorschriften (*Algorithmus*) in den Speicher 'geladen' wird. Dazu muß der Algorithmus zunächst aus einer Programmiersprache (z. B. FORTRAN) in eine für den Rechner verständliche Sprache (Maschinencode) übersetzt (*compiliert*) werden. Zusätzlich wird ein Bereich reserviert, der die für das Programm relevanten Zahleninformationen (Daten) enthält. Der Datenbereich enthält beispielsweise alle Koordinaten der Netzknoten sowie die an diesen Knoten definierten Strömungsvariablen. Der Inhalt dieses Bereichs wird sich während des Programmablaufs ändern, während der Bereich für den Maschinencode unverändert bleibt. In jedem Fall ist jedoch die Programmgröße als Summe der beiden Bereiche von vornherein

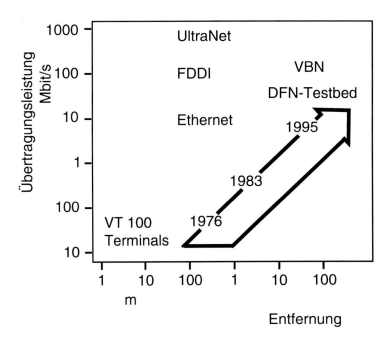

Abb. 6.2: Entwicklung der Übertragungsnetze.

festgelegt (außer bei dynamischer Speicherallocierung, die aber z. B. in FORTRAN nicht möglich ist).

Der einfachste Rechner (Skalarrechner, serieller Rechner) besitzt einen Prozessor und einen Speicher, im Gegensatz zu den weiter unten beschriebenen Vektor- oder Parallelrechnern. Seine Rechengeschwindigkeit ist durch die Taktrate (z. B. 30 MHz) des Prozessors sowie die Anzahl der bits, die gleichzeitig bearbeitet werden können (z. B. 32), bestimmt. Als ein Beispiel werden also 30 Millionen 'Elementaroperationen' mit 32-bit(4 Byte) Zahlen durchgeführt (einfache Genauigkeit). Eine Addition oder Multiplikation zweier Fließkommazahlen (Realzahlen) benötigt drei Speicherzugriffe und 6 Elementaroperationen. Die maximal erreichbare Rechenleistung ergibt sich also zu 5 Millionen Operationen pro Sekunde, oder 5 Mflops/s (flops/s = floating point operations per second). Dagegen dauert eine Division oder die Berechnung einer Wurzel oder einer Winkelfunktion erheblich länger. Zu den Skalarrechnern zählen Personalcomputer (PC) und Workstations.

Diese Rechenleistung kann nur erreicht werden, wenn die Eingangsdaten entsprechend schnell vom Speicher abgerufen werden können und umgekehrt das Ergebnis der Operation entsprechend schnell gespeichert werden kann (innerhalb eines Taktes). Die *Zugriffszeit* des Speichers darf also im obigen Beispiel höchstens 33 *ns* (Nanosekunden) betragen.

Bei einigen Rechnern (Workstations, IBM 3090) werden die erforderlichen Zugriffszeiten nur für einen relativ kleinen Zwischenspeicher, den sog. *cache* zur Verfügung gestellt, siehe Abb. 6.3. Da angenommen wird, daß das Rechenergebnis schon bald wieder weiterverarbeitet wird, verbleibt es zunächst im Zwischenspeicher. Bei Rechnern mit cache ist die tatsächliche Rechenleistung davon abhängig, wieviele unterschiedliche Eingangsdaten benutzt werden und in welcher Reihenfolge diese abgespeichert sind. In der Regel sinkt die Rechenleistung bei großen Datenmengen stark ab.

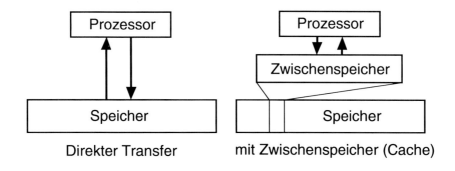

Abb. 6.3: Datentransfer zwischen Prozessor und Speicher.

6.1.3 Einteilung der Rechenanlagen

Die verschiedenen Rechnerarchitekturen sind in Abb. 6.4 schematisch zusammengefaßt. Man unterscheidet:

- **Skalar-Rechner, serieller Rechner**

  Die Daten werden aus dem Speicher gelesen, im Prozessor über mehrere Elementaroperationen (Takte) verarbeitet und als Ergebnis wieder in den Speicher geschrieben (wie im vorangegangenen Kapitel beschrieben).

- **Vektorrechner**

  Die Daten werden aus dem Speicher gelesen und in einer Reihe hintereinandergeschalteter Prozessoren (sog. *Pipeline* oder *Vektorprozessor*) verarbeitet. Dabei übernimmt jeder Prozessor nur eine Elementaroperation, d. h. in jedem Takt fällt ein Ergebnis an. Dies erhöht die Rechengeschwindigkeit (z. B. bei Dreizahlenoperationen) um einen Faktor von etwa 10–20. Allerdings wird eine bestimmte Anzahl von Takten benötigt, bis die Pipeline gefüllt ist.

- **Parallelrechner mit gemeinsamem Speicher**

  Die Prozessoren oder Vektorprozessoren können auf einen gemeinsamen Speicher zugreifen und gleichzeitig (parallel) Rechenoperationen ausführen. Aus Gründen der Bauweise besitzen diese Rechner maximal sechs bis acht Prozessoren.

- **Parallelrechner mit verteiltem Speicher und Kanal-Kommunikation**

  Jeder Prozessor besitzt einen eigenen Speicher auf den nur er selbst zugreifen kann (verteilter Speicher). Zusätzlich besitzt jeder Prozessor drei bis vier Ein- und Ausgabekanäle, die mit den entsprechenden Kanälen anderer Prozessoren verbunden sind. Die Prozessoren können in unterschiedlichen Topologien zusammengeschaltet werden, z. B. Ring, Baum, Rechteck, Würfel. Zu dieser Gruppe gehören auch die sog. *Transputersysteme*, die die aus der Meßdatenverarbeitung stammenden Transputerchips (Transfer- und Computerchip) verwenden.

- **Parallelrechner mit verteiltem Speicher und Netz-Kommunikation**

  Jeder Prozessor besitzt einen eigenen Speicher auf den nur er selbst zugreifen kann (verteilter Speicher). Zusätzlich besitzt jeder Prozessor einen Anschluß an ein leistungsfähiges Datennetz, welches in der Lage ist, die Datenübertragung zwischen mehreren Teilnehmern zu vermitteln. Zu dieser Gruppe gehören auch die sog. *Workstation Cluster*, also Gruppen von Workstations, die zum Zwecke der Parallelisierung mit einem Netz verbunden sind.

Bei einem *Vektorrechner* wird ausgenutzt, daß in jedem Prozessor eine Operation in kleinere *Elementaroperationen* zerlegt wird, beispielsweise eine Multiplikation zweier Zahlen in die Normalisierung, Addition der Exponenten, Multiplikation der Mantissen, und die Normalisierung des Ergebnisses. Oft müssen die gleichen Operationen für eine große Menge von Zahlen, z. B. Daten an den Gitterpunkten eines Rechennetzes, ausgeführt werden. Diese Zahlen werden in einem *Vektor* gespeichert und durch mehrere hintereinander geschaltete Prozessoren abgearbeitet (Pipelineprinzip, Fließbandprinzip).

Bei Vektorrechnern führt jeder in der Pipeline enthaltene Prozessor jeweils nur <u>eine</u> Elementaroperation aus und übergibt das Ergebnis an den nachfolgenden Prozessor. Die *Pipeline* produziert also innerhalb der *Taktzeit* (Zeit für eine Elementaroperation, auch *Zykluszeit*) jeweils ein Ergebnis. Der Einsatz von Vektorrechnern ermöglicht die Reduzierung der Rechenzeit eines Programms um den Faktor 10-20.

Bei einem *Parallelrechner* wird ausgenutzt, daß Rechenoperationen, die auf eine große Anzahl von Daten angewendet werden, meist voneinander unabhängig sind. Daher ist es möglich diese Operationen gleichzeitig (parallel) mit Hilfe mehrerer Prozessoren abzuarbeiten.

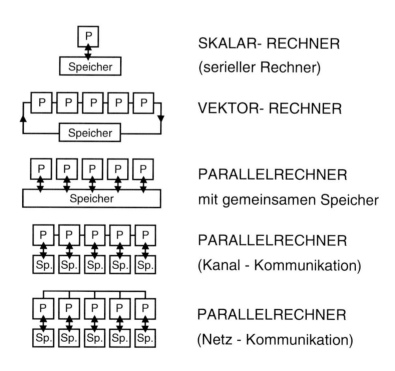

Abb. 6.4: Rechnerarchitekturen, Übersicht.

Man unterscheidet zwischen Parallelrechnern mit *gemeinsamem* Speicher, bei dem jeder Prozessor auf jeden Bereich des Speichers direkten Zugriff hat, und Parallelrechnern mit *verteiltem* Speicher, bei dem jeder Prozessor einen eigenen Speicherbereich besitzt, auf den er direkten Zugriff hat. Bei der zweiten Kategorie müssen die verschiedenen Prozessoren miteinander entweder über Kanäle (z. B. Transputersysteme) oder über ein Datennetz Daten an andere Prozessoren weiterleiten.

Durch den Einsatz von Parallelrechnern kann die Rechenzeit eines Programms theoretisch bis zu einem Faktor, der nahezu der Anzahl von Prozessoren entspricht (bis zu einigen hundert) reduziert werden. Die praktische Realisierung (*Parallelisierung*) befindet sich jedoch bei den meisten numerischen Methoden der Strömungsmechanik noch im Entwicklungsstadium.

Es wird deutlich, daß Rechenanlagen eine Entwicklung durchmachen, die zu einer zunehmenden Spezialisierung auf bestimmte Teilaufgaben der numerischen Strömungsmechanik führen. Beispielsweise läßt sich eine Netzgenerierung oder eine graphische Auswertung nur schlecht vektorisieren oder parallelisieren und wird daher auf einem Vektor- oder Parallelrechner ineffizient sein. Zudem sind Vektor- oder Parallelrechner meist mit anderen rechenintensiven Aufgaben beschäftigt und ein schneller interaktiver Zugriff wird von den Rechenzentren daher meist nicht in ausreichendem Maße erlaubt, wie es für ein effizientes ingenieurmäßiges Arbeiten wünschenswert ist.

Andererseits stehen kleinere Rechner (Workstations) heute in ausreichender Anzahl und mit ausreichender Leistung zur Verfügung. Workstations sind auf interaktive Nutzung und graphische Anwendung spezialisiert und daher gerade für die Netzgenerierung und Datenauswertung geeignet. Dabei hat sich das Betriebssystem UNIX durchgesetzt.

Rechnerarchitekturen für Hoch- und Höchstleistungsrechner in absehbarer Zukunft werden sein:

- **PVP** (Parallele Vektorprozessor-Systeme)

- **MPP** (Massiv Parallele Prozessor-Systeme)

- **SMP** (Symmetrische Multiprozessor-Systeme)

Jedoch ist zu erwarten, daß die PVP-Rechner im mittleren Leistungsbereich in einigen Jahren von den SMPs verdrängt werden. Der Vorteil der SMPs liegt darin, daß sie auf leistungsfähigen und wirtschaftlichen **RISC**-Prozessoren (**R**educed **I**nstruction **S**et **C**omputer) basieren, die in Workstations verwendet werden. Das physikalische *shared memory* Konzept erlaubt es, diese relativ einfach zu programmieren und führt somit zu einer Leistungserweiterung für Workstations. Das shared memory Konzept ist jedoch nicht skalierbar, weshalb SMP-Rechner für den höchsten Leistungsbereich nicht geeignet sind. Daher wird früher oder später den MPP-Systemen die Zukunft gehören.

6.2 Programmierung von Vektorrechnern

6.2.1 Grundlagen

Ein Computerprogramm, welches auf einem Vektorrechner compiliert und angewendet wird, erbringt die erwartet hohe Rechenleistung in den meisten Fällen nicht automatisch. Das Programm muß vielmehr an den Vektorrechner angepaßt, d. h. *vektorisiert* werden, damit es mit hoher Geschwindigkeit ablaufen kann und somit den Vektorrechner effizient ausnutzt. Ob dies möglich ist, hängt i. a. vom Algorithmus ab. Die meisten Verfahren der numerischen Strömungsmechanik sind sehr gut vektorisierbar. Wir beziehen uns hier ausschließlich auf die Programmiersprache FORTRAN, die als bekannt vorausgesetzt wird.

Der Schlüssel zur Vektorisierung liegt in der Abarbeitung großer Datenmengen, die hintereinander in einem 'n-dimensionalen' *Vektor* abgespeichert sind, mit denselben Operationen. Dies geschieht i. a. innerhalb einer DO-Schleife, z. B. lautet der Prädiktorschritt des MacCormac-Verfahrens für die inneren Punkte (eindimensional, Anzahl $imax$, Laufindex i):

```
      dtx=dt/dx
      do 100 i=2,imax-1
      uquer(i) = u(i) - dtx*(f(i+1)-f(i-1))
  100 continue
```

Diese DO-Schleife kann vektoriell abgearbeitet werden. Dies wird automatisch geschehen, wenn das Programm mit einem Vektorcompiler übersetzt und auf einem Vektorrechner angestartet wird. Die Anzahl der Durchläufe der Vektorschleife (hier $imax - 2 = N$) bezeichnet man als *Vektorlänge N*.

Nach Anstarten der Vektorpipeline erhält man also in jedem Zyklus ein Ergebnis, d. h. bei 3 Fließkommaoperationen zu je 5 Elementaroperationen wäre das Programm mindestens 15 mal schneller als auf einem Skalarrechner. Hinzu kommen noch die für die Indexrechnung benötigten Takte. Die genaue Beschleunigung hängt stark vom verwendeten Rechnertyp (Fabrikat) ab. Es wird vorausgesetzt, daß auch der Speicherzugriff so schnell erfolgen kann, daß die Datenströme rechtzeitig geliefert und abgeführt werden können, ansonsten entstehen Wartezeiten, welche die Effizienz herabsetzen.

Bevor jedoch diese Beschleunigung tatsächlich eintritt, muß die Vektorbearbeitung zunächst 'angestartet' werden, d. h. die Pipeline muß mit den ersten Elementen des Vektors gefüllt werden. Dies dauert mindestens soviele Zyklen, wie die Operationen innerhalb der Schleifen erfordern. In dieser Zeit liefert die Pipeline kein Ergebnis. Das Anstarten der Vektorbearbeitung benötigt eine konstante Zeit, die nicht von der Vektorlänge N abhängt.

Es wird deutlich, daß die insgesamt erzielte Rechenleistung r von der Vektorlänge N abhängt. Ist N sehr groß, so fällt das Anstarten nicht ins Gewicht und die maximale Rechenleistung r_{max} wird erreicht. Dieser Wert wird von den Herstellern meist

232

angegeben. Zur Beurteilung, ob eine Vektorlänge hinreichend groß ist, definiert man diejenige Vektorlänge $N_{1/2}$, bei der die Hälfte der maximalen Rechenleistung erreicht wird. Diese liegt je nach Hersteller im Bereich 30-300. Die tatsächliche Rechenleistung (*Vektorleistung*) $r(N)$) kann nach der Beziehung

$$r(N) = \frac{r_{max}}{1 + N_{1/2}/N} \tag{6.1}$$

ermittelt werden.

Diese Funktion ist in Abb. 6.5 gezeigt. Zu erwähnen ist noch, daß die meisten Vektorrechner für genau zwei arithmetische Operationen (eine Addition und eine Multiplikation) innerhalb der Vektorschleife optimiert sind.

Zu den grundsätzlich nicht vektorisierbaren Operationen gehören *Rekursionen*, z. B. das Adams-Bashforth Zeitintegrationsverfahren für eine skalare Variable u (n ist der Zeitindex):

```
      do 100 n=1,nmax-1
      u(n+1) = u(n) + dt*(1.5*f(n)-0.5*f(n-1))
100   continue
```

Hier wird für jeden Schleifendurchlauf das Ergebnis des vorangegangenen Durchlaufs benötigt. Dieses steht bei der Vektorbearbeitung jedoch nicht zur Verfügung.

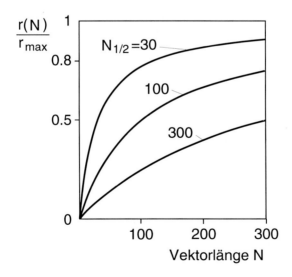

Abb. 6.5: Rechenleistung eines Vektorrechners als Funktion der Vektorlänge.

Es befindet sich noch in der Bearbeitung. Zur Abarbeitung einer solchen Schleife besitzen Vektorrechner zusätzliche Skalarprozessoren, auf denen mit verminderter Rechenleistung gearbeitet werden kann.

Es gibt auch Operationen, die auf den ersten Blick nicht vektorisierbar sind, wie z. B. die Bildung des Skalarproduktes aus den Vektoren a und b:

```
      ska = 0.0
      do 100 i=1,imax
      ska = ska + a(i)*b(i)
 100  continue
```

Diese Operation wird von den meisten Vektorcompilern als häufig auftretende Spezialoperation erkannt und mittels spezieller Techniken vektorisiert. Außerdem werden Bibliotheksfunktionen bereitgestellt, die in Maschinensprache programmiert sind (Assembler) und derartige Operationen mit maximaler Rechenleistung abarbeiten.

Insgesamt ist nur ein kleiner Teil der Anweisungen eines strömungsmechanischen Berechnungsverfahrens vektorisierbar. Da es sich jedoch um Schleifen handelt, innerhalb derer sehr viele Operationen durchgeführt werden müssen, ist der Anteil der vektoriell ausgeführten Operationen dennoch sehr hoch. Diesen Anteil bezeichnet man als *Vektorisierungsgrad*, welcher ein Maß für die Güte eines Vektorprogramms ist. Da dieser jedoch schwer zu ermitteln ist, begnügt man sich zur Beurteilung auch oft mit der Beschleunigung (*Speed-up*) eines vektoriell abgearbeiteten Programms gegenüber der Skalarversion:

$$S = \frac{T_{skalar}}{T_{vektoriell}} \tag{6.2}$$

Darin ist T_{skalar} die gemessene skalare Abarbeitungszeit (*cpu*-Zeit) und $T_{vektoriell}$ die vektorielle Abarbeitungszeit eines Programms. Dieser Speed-up liegt typischerweise im Bereich zwischen 5 und 20. Er hängt sehr stark vom Rechnertyp, dem verwendeten numerischen Verfahren und der Programmierung des Algorithmus ab.

Numerische Methoden der Strömungsmechanik können, i. a. verglichen mit anderen rechenaufwendigen Methoden (z. B. statistischen Methoden), i. a. auf Vektorrechnern sehr effizient abgearbeitet werden. Dies liegt vor allem an den ausreichenden Vektorlängen, die typischerweise in allen drei Raumrichtungen vorliegen. Gewisse Einschränkungen treten jedoch bei impliziten Verfahren und bei unstrukturierten Netzen auf.

6.2.2 Vektorisieren von Programmen

Meist kann ein vorhandenes Rechenprogramm, welches nicht unter dem Aspekt der Vektorisierung geschrieben wurde, nachträglich für die Abarbeitung auf Vektorrechnern optimiert (vektorisiert) werden. Dabei kommt es zunächst darauf an, die Schleifenoperationen, innerhalb derer die meisten Rechenoptionen des gesamten Programms durchgeführt werden, aufzufinden. In einem zweiten Schritt wird ggf. durch Modifikation des Programms dafür gesorgt, daß diese Schleifen effizient abgearbeitet werden können.

Auf jedem Vektorrechner besteht die Möglichkeit, ein Programm skalar zu übersetzen und ablaufen zu lassen. Man kann dann annehmen, daß die Abarbeitungszeit in einem bestimmten Unterprogramm (subroutine) proportional zur Anzahl der darin durchgeführten Operationen ist. Diese Abarbeitungszeiten können nach Durchführung eines typischen Programmablaufs in Form einer Tabelle ausgegeben werden. Diese Tabelle zeigt den Namen des Unterprogramms und den prozentualen Anteil an der Gesamtzeit, z. B.

Name	Aufgabe	Rechenzeit [Sekunden, %]
GLOES	Gleichungslöser	80
NLIN	Berechnung nichtlinearer Terme	10
RAND	Randbedingungen	1
NETZG	Netzgenerierung	1
ABBRUCH	Abbruchkriterium	1
	übrige Unterprogramme	7

Verteilung der Rechenzeit bei skalarer Abarbeitung (Beispielprogramm)

Aus der Tabelle wird deutlich, daß bei skalarer Abarbeitung die meiste Rechenzeit im Gleichungslöser verbraucht wird, gefolgt von dem Unterprogramm, das die nichtlinearen Terme berechnet. Es ist lediglich notwendig, diese beiden Unterprogramme zu vektorisieren.Die Vektorisierung anderer Unterprogramme lohnt nicht, da dies keine wesentliche Beschleunigung des Gesamtprogramms bedeuten würde.

Die dadurch maximal erreichbare Beschleunigung kann aus der Tabelle abgeschätzt werden. Falls es gelänge, die Rechenzeit der Unterprogramme GLOES und NLIN um den maximal erreichbaren Wert von z. B. 20 (der genaue Wert hängt vom Rechnertyp ab) zu reduzieren, so würde die Gesamtrechenzeit etwa um den Faktor $100/14.5 = 6.9$ absinken. Wir wollen für unser Beispiel den Wert 10 annehmen und erhalten:

Name	Aufgabe	Rechenzeit s	%
GLOES	Gleichungslöser	8	42
NLIN	Berechnung nichtlinearer Terme	1	5.25
RAND	Randbedingungen	1	5.25
NETZG	Netzgenerierung	1	5.25
ABBRUCH	Abbruchkriterium	1	5.25
	übrige Unterprogramme	7	37

Verteilung der Rechenzeit bei vektorieller Abarbeitung (Beispielprogramm)

Es ist nun unter Umständen lohenswert, die übrigen Unterprogramme hinsichtlich
ihrer Vektorisierbarkeit zu untersuchen, da der relative Rechenzeitanteil auf 37%
gestiegen ist.

Die Vektorisierung eines Unterprogramms wird folgendermaßen durchgeführt:

Der Compiler zeigt für jede DO–Schleife an, ob diese skalar oder vektoriell abgearbeitet wird. Ist für eine bestimmte DO–Schleife Vektorisierung nicht durchgeführt
worden, so wird der Grund dafür angegeben. Gründe, die einer Vektorisierung
entgegensprechen sind z. B.

- **Rekursion**

  die Schleife beinhaltet eine Rekursion, d. h. die Berechnung eines bestimmten Schleifenelementes ist von dem Ergebnis eines vorangegangenen Durchlaufs abhängig.

- **Schreibkonflikt**

  bei den Durchläufen einer Schleife werden dieselben Speicherelemente
  verändert, z. B. bei der Aufsummierung der Elemente eines Vektors.

- **bedingte Anweisung, IF–THEN statement**

  hier ist die Reihenfolge von Anweisungen von dem Ergebnis einer Berechnung abhängig, welches u. U. nicht rechtzeitig vorliegt.

- **Sprunganweisung**

  hierunter fallen auch Unterprogrammaufrufe.

Diese Hindernisse gilt es zu vermeiden. Jedoch können auch vektoriell abgearbei-
tete Schleifen unterschiedlich effizient ausgeführt werden. Im Extremfall (z. B. bei
sehr geringer Vektorlänge) ist die skalare Abarbeitung einer Schleife sogar günstiger. Dies kann vom Compiler oft nicht zuverlässig automatisch erkannt werden,
insbesondere bei variabler Obergrenze einer Schleife.

Es gibt einige bewährte Programmiertechniken und Hilfsmittel, mit deren Hilfe die
vektorielle Abarbeitung von Schleifenoperationen optimiert werden kann:

- **Vertauschung der Abarbeitungsreihenfolge**

  Bei geschachtelten Schleifen wird vom Compiler nur über die innere Schleife
  vektorisiert (Ausnahme: IBM–Compiler). Hat diese eine geringere Vektorlänge als die äußere, so ist es vorteilhaft, die Reihenfolge zu vertauschen.

- **Auflösung einer Schleife**

  (auch: *loop unrolling*). Bei sehr kurzen Schleifenlängen der inneren Schleife
  einer Schachtelung ist es u. U. günstiger, die einzelnen Schleifendurchläufe
  explizit zu programmieren (ohne DO–statement).

- **Aufteilung in mehrere Schleifen**

  Falls die Berechnung innerhalb einer Schleife sehr komplex ist oder andere Gründe einer effizienten Vektorisierung entgegenstehen, so sollte sie in zwei oder mehr Schleifen aufgeteilt werden. Dies darf u. U. auf Kosten des Speichers gehen (d. h. das vektorisierte Programm benötigt mehr Speicher).

- **Maskenvektoren**

  Sollen bestimmte Operationen innerhalb einer Schleife nur unter bestimmten Bedingungen ausgeführt werden, so lohnt es sich oft, mit einem vorab berechneten Maskenvektor, bestehend aus 0 oder 1 zu multiplizieren und die Operation auf jeden Fall durchzuführen.

- **Vektordirektiven**

  Diese sind zusätzliche Anweisungen im Code, die vor einem DO–statement eingefügt werden. Hiermit kann dem Compiler mitgeteilt werden, ob z. B. die skalare Abarbeitung zu bevorzugen ist oder ob die Daten derart strukturiert sind, daß Rekursionen nicht auftreten (falls nicht automatisch erkennbar).

Die effiziente Abarbeitung von Computerprogrammen auf Vektorrechnern (Vektorisierung) gehört heute zu den Standard-Techniken der numerischen Strömungsmechanik. Bei der Entwicklung neuer Programme wird die Vektorisierung bei den Überlegungen und Konzepten zur Programmstruktur mit berücksichtigt.

6.3 Programmierung von Parallelrechnern

6.3.1 Parallele Sprachelemente

Ebenso wie bei der Abarbeitung auf Vektorrechnern muß ein Programm zur Abarbeitung auf Parallelrechnern oder Workstation-Clustern angepaßt werden (*Parallelisierung*). Dabei spielt es eine große Rolle, um welchen Typ von Parallelrechner (gemeinsamer oder verteilter Speicher) es sich handelt. Bei beiden Rechnertypen wird ausgenutzt, daß die Gesamtrechenleistung erhöht werden kann, indem unterschiedliche oder gleiche Operationen auf unterschiedlichen Bereichen eines Datenfeldes, z. B. auch eines n-dimensionalen Vektors, ausgeführt werden.

Theoretisch ist die maximal erzielbare Rechenleistung p mal die Rechenleistung eines Prozessors (gleiche Prozessoren vorausgesetzt), wenn p die Anzahl der Prozessoren ist. Dies ist jedoch in der Praxis nicht zu erreichen. Die Gründe dafür hängen vom Rechnertyp und vom Algorithmus ab.

Bei Parallelrechnern mit gemeinsamem Speicher werden vom Hersteller Spracherweiterungen angeboten, z. B. das 'parallel do'-statement, welches auf den Prädiktorschritt des MacCormack-Verfahrens angewendet folgenden Code ergibt:

```
      dtx=dt/dx
      parallel do ip=1,p
         local i,ianf,iend
         ianf = 1 + (p-1)/(imax-1)
         iend =     (p  )/(imax-1)
         do 100 i=ianf,iend
         uquer(i) = u(i) - dtx*(f(i+1)-f(i-1))
  100    continue
      end do
```

Die Abarbeitung der eigentlichen do-Schleife wurde also auf p Prozessoren gleichmäßig verteilt (Teilbarkeit von $p-1$ durch $imax-1$ vorausgesetzt). In der Annahme, daß die Prozessoren ihre Aufgabe zum gleichen Zeitpunkt beginnen und gleich schnell durchführen, wäre also der maximale Speedup von p erreicht. Leider ist dies in der Praxis nicht der Fall. Dies liegt zum einen an dem außerordentlich hohen 'Verwaltungsaufwand', dieses nach außen hin so simplen parallel do-Statements. Zum anderen sind die einzelnen Speicherbereiche nicht von allen Prozessoren aus gleich schnell erreichbar, so daß Wartezeiten auftreten.

Da eine Standardisierung in diesem Bereich bisher noch nicht erfolgreich durchgeführt werden konnte, muß die Implementierung auf unterschiedlichen Fabrikaten in unterschiedlicher Weise durchgeführt werden. Die Effizienz von Algorithmen ist herstellerabhängig. Insgesamt hat diese Technik also heute noch einige Nachteile.

Natürlich kann die Schleife 100 auf jedem Prozessor auch vektoriell abgearbeitet werden, falls es sich um einen *Vektor-Parallelrechner* (Parallelrechner mit Vektorprozessoren, Vektorrechner mit mehreren Prozessoren) handelt. Es ist jedoch zu

238

beachten, daß die Vektorlänge aufgrund der Verteilung kürzer geworden ist und somit die Parallelisierung auf Kosten der Vektorisierung gehen kann. Die Erfahrung lehrt bisher, daß der Verwaltungsaufwand schon bei mehr als sechs oder acht Prozessoren sehr groß wird.

Der parallele Speedup läßt sich sehr einfach nach dem *Amdahl'schen Gesetz* ermitteln. Wenn f der nicht parallelisierbare, also der *serielle* Anteil, eines Programms ist und p die Anzahl der Prozessoren, so gilt:

$$S = \frac{t_1}{t_p} \quad = \quad \frac{t_1}{f * t_1 + \frac{(1-f) \cdot t_1}{p}} \tag{6.3}$$

$$= \quad \frac{p}{1 + f \cdot (p - 1)} \quad . \tag{6.4}$$

Diese Funktion ist für unterschiedliche f in Abb. 6.6 über der Prozessorzahl dargestellt. Es ist ersichtlich, daß bei relativ großen seriellen Anteilen ab sechs bis acht Prozessoren nur noch eine geringfügige Beschleunigung durch Hinzufügen weiterer Prozessoren erzielt werden kann, also nicht sinnvoll ist. Das Amdahl'sche Gesetz zeigt, daß nur bei sehr geringem skalaren Anteil (z. B. 1 Prozent oder darunter) eine Rechnung auf einer größeren Anzahl von Prozessoren effizient ist.

Bei Parallelrechnern mit verteiltem Speicher werden ähnliche Sprachkonstrukte wie

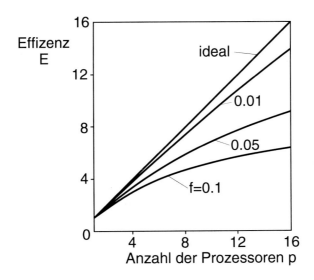

Abb. 6.6: Effizienz über der Anzahl der Prozessoren nach dem Amdahl'schen Gesetz, f: skalarer Anteil des Programms.

oben beschrieben u. U. ebenfalls vom Hersteller zur Verfügung gestellt, mit den bereits diskutierten Nachteilen. Man bemüht sich bei diesem Rechnertyp jedoch um Techniken, die auch bei einer etwas größeren Anzahl von Prozessoren (z. B. 16 oder 32) noch effizient arbeiten. Ideal wäre eine Methode, deren Effizienz unabhängig von der Anzahl der Prozessoren ist, so daß durch Hinzufügen weiterer Prozessoren die Rechenleistung linear gesteigert werden kann. Ein solcher Algorithmus wird i. a. als *skalierbar* bezeichnet. Bisher sind in der numerischen Strömungsmechanik jedoch noch keine skalierbaren Algorithmen bekannt. Es konnte nicht gezeigt werden, daß die Parallelisierung auf Sprachebene für die numerische Strömungsmechanik effizient ist.

6.3.2 Gebietszerlegungsmethode

Eine andere Technik zur Parallelisierung auf Rechnern mit verteiltem Speicher hat sich jedoch schon heute als effizient und für die meisten Methoden mit vertretbarem

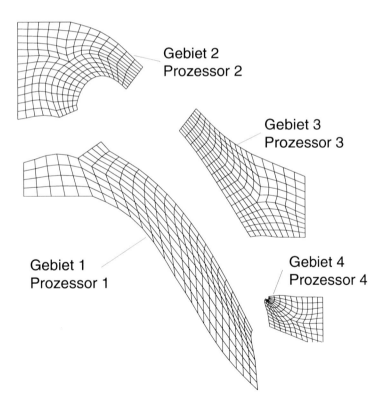

Abb. 6.7: Beispiel für ein nach der Gebietszerlegungsmethode aufgeteiltes Netz.

Aufwand durchführbar erwiesen: die *Gebietszerlegungsmethode* (auch *Gebietsauf-teilung, Datenaufteilung*). Bei dieser Methode wird das gesamte Rechengebiet in *Untergebiete* zerlegt oder aufgeteilt, siehe z. B. Abb. 6.7. Jedes Untergebiet wird einem Prozessor zugeordnet, auf dessen zugehörigem Speicher die Netzkoordinaten sowie die Zustandsgrößen und weiteren Informationen auf den Konten und/oder Elementen gespeichert sind.

Bei einem expliziten Verfahren ist die Vorgehensweise nun sehr einfach: jeder Prozessor kann einen Zeitschritt oder bei einem Mehrschrittverfahren einen Teilschritt duchführen, ohne auf Informationen der Nachbargebiete zugreifen zu müssen. An den inneren Rändern der Teilgebiete, an denen sie an Nachbargebiete anschließen, müssen z. T. Informationen doppelt abgespeichert werden (der Gesamt-Speicherbedarf steigt somit leicht an). Nach Ausführung dieser Rechnung müssen die Randinformationen ausgetauscht werden. Diese Kommunikation erfordert zusätzliche Zeit, während der die beteiligten Prozessoren nicht arbeiten können, da die erforderlichen Daten noch nicht vollständig übertragen sind. Die Kommunikationszeit muß aus Sicht des Benutzers eines Parallelrechners möglichst kurz gehalten werden, da sie für die eigentliche Rechnung nicht direkt von Nutzen ist.

Zur Kommunikation zwischen den einzelnen Prozessoren stehen heute einfache Software-Werkzeuge zur Verfügung, die ohne detaillierte Kenntnisse des Betriebssystems die Nachrichtenübermittlung mittels FORTRAN-Aufrufe (Parallel-Virtual-Machine Programmbibliothek, PVM) oder 'Macro'-Anweisungen (Parallele Macros, Parmacs) durchführen. Dabei muß explizit angegeben werden, zu welchem Prozessor (identifiziert über eine Prozessornummer) gesendet oder von welchem Prozessor empfangen werden soll. Dieses Konzept der expliziten Nachrichtenübermittlung wird als *'message-passing'-Konzept* bezeichnet. Es steht im Gegensatz zur Parallelisierung auf Sprachebene.

Da je nach Anzahl der Prozessoren eine große Anzahl von Teilgebieten vorhanden ist, muß, um die Berechnung übersichtlich zu halten, nach jedem Zeitschritt eine Synchronisation erfolgen. Damit wird sichergestellt, daß alle Prozessoren die Zeitschritte jeweils gleichzeitig beginnen. Der Vorgang der Synchronisation kann mittels spezieller Software durchgeführt werden. Es ist jedoch nicht automatisch sichergestellt, daß alle Prozessoren die Rechnung auch zum gleichen Zeitpunkt beendet haben. Dies hängt neben der Prozessorleistung (die als einheitlich angenommen werden kann) von der *Lastverteilung* ab. Falls diese ungleichmäßig ist, müssen alle Prozessoren so lange warten bis der meistbelastete Prozessor seine Berechnung abgeschlossen hat, was zu weiteren Wartezeiten führt.

Die gleichmäßige Verteilung der Last sollte durch gleichmäßige Verteilung der Knoten und/oder Elemente auf die Prozessoren während oder nach der Netzgenerierung sichergestellt werden. Insbesondere bei sehr vielen Prozessoren (z. B. mehr als 32) ist dies oft nicht leicht durchführbar. Kleine Abweichungen in der Lastverteilung führen aber schon zu großen Effizienzeinbußen des Parallelrechners. Daher befindet sich auch die Gebietszerlegungsmethode auch noch im Anfangsstadium ihrer Entwicklung.

Einige Punkte, die bei Anwendung der Gebietszerlegungsmethode beachtet werden müssen, sind:

- Auch die Netzgenerierung sollte parallel ausgeführt werden.

- Aus Speicherplatzgründen kann ein Mehrprozessorlauf nicht auf einem Prozessor (z. B. zu Testzwecken) durchgeführt werden.

- Auf unverhältnismäßig groben Netzen ist die Methode ineffizient.

- Es ist oft schwierig, die Lastverteilung bei sehr vielen Prozessoren gleichmäßig sicherzustellen, dadurch entstehen Effizienzeinbußen.

- Bei adaptiven Methoden kann die Lastverteilung nicht gleichmäßig gestaltet werden oder die Gebietsgrenzen müssen dynamisch sein.

Bei Gebietszerlegungsmethoden hat der Unterschied zwischen den Kommunikationsarten von Parallelrechnern Auswirkungen:

Bei Kanal-Kommunikation ist der Nachrichtenaustausch zwischen Paaren benachbarter Prozessoren gleichzeitig ohne Beeinträchtigung möglich. Falls die Partner nicht direkt durch einen Kanal miteinander verbunden sind, muß durch die dazwischenliegenden Prozessoren 'vermittelt' werden. Dies kommt allerdings nicht sehr häufig vor und erfolgt z. T. asynchron, d. h. ohne Beeinträchtigung der Rechenleistung dieses Prozessors (z. B. bei Transputern).

Bei Netz-Kommunikation können beliebige Prozessoren gleichberechtigt miteinander kommunizieren. Es kann jedoch nur dann gesendet werden, wenn der Prozessor entweder 'an der Reihe' ist (sog. *Token-Ring* Prinzip) oder 'die Leitung frei ist' (Ethernet/Ultranet). In beiden Fällen beeinflussen kommunizierende Prozessorpaare die Übertragungsgeschwindigkeit gegenseitig. Ist die Kommunikationszeit klein gegenüber der Berechnungszeit, kann man annehmen, daß die gegenseitige Beeinträchtigung ebenfalls gering ist.

Am Beispiel des Ethernet (z. B. bei Parallelisierung auf einem Workstation Cluster) soll erläutert werden, wie die Zeit für eine Kommunikation abgeschätzt werden kann. Normalerweise ist die Kommunikationszeit T_{Komm} zur Übertragung von m Fließkommazahlen linear abhängig von der zu übertragenden Datenmenge:

$$T_{Komm} = T_{St} + m \cdot T_{Fl} \qquad . \tag{6.5}$$

Darin ist T_{St} die Zeit, welche zur Kontaktaufnahme der Kommunikationspartner benötigt wird (*startup-Zeit*, auch *Latenzzeit*); diese ist nicht unerheblich und beträgt 3 bis 9 Millisekunden. Weiter ist T_{Fl} die Zeit zur Übertragung einer Fließkommazahl mit 8 Byte (doppelte Genauigkeit); diese Größe beträgt in der Praxis für das Ethernet ungefähr 26 μs (entspricht 0,3 MByte/s). (Der für das Ethernet angegebene Nennwert von 10 Mbit/s oder 1,25 MByte/s ist der auf Protokollebene erreichbare Maximalwert.)

Vergleicht man diese Werte mit der Ausführungszeit einer Fließkommaoperation des Prozessors einer Workstation (10 Mflops/s angenommene Rechenleistung) von 0,333 ms, so wird deutlich, daß während der Startupzeit etwa 9000 Fließkommaoperationen durchgeführt werden könnten und während der Übertragung einer einzigen Zahl etwa 90 Operationen. Die für einen Parallelrechner gültigen Werte T_{St} und T_{Fl} sind je nach Fabrikat natürlich günstiger, jedoch sind auch die Prozessoren meist leistungsfähiger, so daß sich am Verhältnis der Kommunikations- und Rechenzeiten nichts wesentliches ändert: die Kommunikation ist verhältnismäßig zeitaufwendig und wird insbesondere dann ineffizient, wenn pro Kontaktaufnahme nur wenige Daten übertragen werden.

Ein aussagekräftiges Maß für die Beurteilung einer Parallelisierung mit p Prozessoren sind die *parallele Effizienz*

$$E_{parallel} = \frac{T_1}{p \cdot T_p} \qquad ; \qquad 0 \leq E_{parallel} \leq 1 \qquad (6.6)$$

und der *parallele Speed-up*

$$S_{parallel} = \frac{T_1}{T_p} \qquad ; \qquad S_{parallel} \leq p \qquad . \qquad (6.7)$$

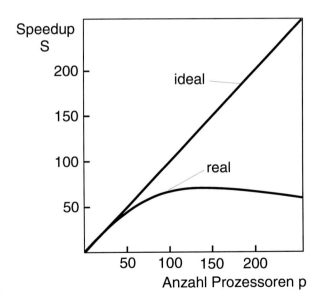

Abb. 6.8: Paralleler Speedup bei großer Prozessoranzahl (Gebietszerlegungsmethode)

Darin ist T_1 die Zeit (*elapsed time*) für einen seriellen Programmlauf auf einem Prozessor und T_p die Zeit für einen Lauf auf p Prozessoren.

Eine kurze Abschätzung soll Aufschluß über den Speedup bei großer Prozessoranzahl geben. Das Rechengebiet habe die Kantenlänge N. Damit ist der Rechenaufwand für einen Prozessor proportional N^3 und für p Prozessoren proportional N^3/p. Der Kommunikationsaufwand sei $(p-1) \cdot N^2 \cdot const$. Damit ergibt sich der Speedup zu

$$s_{parallel} = \frac{N^3}{const \cdot (p-1) \cdot N^2 + N^3} \tag{6.8}$$

Diese Kurve ist in Abb. 6.8 dargestellt (mit const = 0.005).

Der Speedup steigt im unteren Bereich nahezu linear an, da die Anzahl der an den Rändern zu übertragenden Knotenwerte klein gegenüber der Gesamtanzahl der Rechenoperationen ist. Bei zunehmender Anzahl von Teilgebieten fällt jedoch die Datenübertragung an den Rändern zunehmend ins Gewicht. Bei einer Anzahl von etwa 100 Prozessoren ist kein merklicher Gewinn durch Hinzunahme weiterer Prozessoren zu verzeichnen. Oberhalb von etwa 150 Prozessoren wirkt sich die Hinzunahme weiterer Prozessoren sogar negativ aus, da der zusätzliche Kommunikationsaufwand gegenüber der Rechenzeiteinsparung überwiegt. Es wird deutlich, daß bei sehr großer Prozessorzahl andere Parallelisierungstechniken angewendet werden müssen.

Wir haben bei der vorliegenden Betrachtung die Problemgröße n als konstant angesehen. In der Praxis werden auf leistungsfähigen Parallelrechnern jedoch meist auch umfangreichere Probleme behandelt als auf seriellen Rechnern. Die Effizienz muß unter diesen Gesichtspunkten anders beurteilt werden.

7 Beispiel-Lösungen und Lösungsansätze

In diesem Kapitel wird anhand der in Kapitel 2 eingeführten Strömungsprobleme gezeigt, welche Lösungsansätze und Lösungen mit Hilfe der numerischen Strömungsmechanik erzielt werden können. Die Vorgehensweise bei der Behandlung der numerischen Strömungsbeispiele und die erzielten Lösungen werden diskutiert. Dazu gehören entsprechend unserer Einführung die Geometriedefinition, die Auswahl eines geeigneten Netzes, die Auswahl der problemangepaßten Grundgleichungen und Lösungsalgorithmen sowie die Auswertung der numerischen Ergebnisse. In den folgenden Kapiteln werden wir zusätzlich lernen, daß z. B. in Grenzschichtströmungen die Stabilitätsanalyse eine Voraussetzung für eine erfolgreiche numerische Berechnung in den absolut sensitiven bzw. instabilen Bereichen des Strömungsfeldes ist.

7.1 Flugzeugtragflügel

Wir beginnen die Diskussion der numerischen Beispiellösungen mit den berechneten Druckverteilungen eines transsonischen Flugzeugtragflügels. Die grundsätzlichen strömungsmechanischen Phänomene und Methoden für die Auslegung eines wirtschaftlichen Tragflügelentwurfs haben wir bereits in unserem Band über die Methoden und Phänomene der Strömungsmechanik erläutert. In diesem Kapitel knüpfen wir an unsere ergänzenden Darstellungen der vorangegangenen Kapitel an.

In einem ersten Schritt gilt es, die für eine Stabilitätsanalyse erforderliche Grundströmung zu berechnen. Mit den Kenntnissen der Stabilitätsanalyse können wir dann eine Genauigkeitsanforderung an die numerische Berechnung der Grundströmung formulieren. Das betrifft insbesondere die numerische Auflösung in Wandnähe in der Wandnormalenrichtung z. Einem Vorschlag von J. DELFS 1995 folgend, betrachten wir, mit welcher Abweichung ein Eigenwert ω als Ergebnis der Stabilitätsanalyse auf Störungen im Grundströmungsprofil reagiert und definieren die Sensitivität $\mathbf{S}$ von ω gegenüber Grundströmungsdaten $\mathbf{U}_0$:

$$\mathbf{S}(z) = \frac{\partial \omega}{\partial \mathbf{U}_0} \tag{7.1}$$

Der sich aufgrund eines numerischen Fehlers $\Delta \mathbf{U}_0$ in der Grundströmung an den Stellen z_k ergebende Fehler $\Delta\omega$ des Eigenwertes ω ist danach:

$$\Delta\omega \approx \sum_{k=0}^{N} \mathbf{S}(z_k) \cdot \Delta\mathbf{U}_0(z_k) \tag{7.2}$$

Dabei wurde über alle $N+1$ Punkte der numerischen Diskretisierung in z-Richtung summiert. Verwenden wir ein Verfahren, welches von 2. Ordnung genau räumlich approximiert, so hat der Faktor $\Delta\mathbf{U}_0$ die folgende Gestalt:

$$\Delta \mathbf{U}_0(z_k) = c \cdot \left[\frac{\partial^2 \mathbf{U}_0}{\partial z^2} \right]_{(z_k)} (\Delta z_k)^2 \qquad . \qquad (7.3)$$

Dabei steht $0 < c < 1$ für eine Konstante, die verfahrensspezifisch ist und Δz_k bezeichnet die räumliche Schrittweite $\Delta z_k = z_{k+1} - z_k$. Somit ergibt sich infolge der numerischen Approximation des Grundprofils der folgende Fehler in ω:

$$\Delta \omega \approx c \cdot \sum_{k=1}^{N} \mathbf{S}(z_k) \cdot \left[\frac{\partial^2 \mathbf{U}_0}{\partial z^2} \right]_{(z_k)} (\Delta z_k)^2 \qquad . \qquad (7.4)$$

Mit einer Koordinatenstreckung $\Delta z_k(z, N_\delta, f)$ ist die Abhängigkeit von $\Delta \omega$ auf die Anzahl der Punkte in der Grenzschicht N_δ und einen Streckungsparameter f zurückgeführt. Für eine geforderte Genauigkeit $\Delta \omega$ kann für festes f die Anzahl N_δ der benötigten Punkte in der Grenzschicht bestimmt werden.

Die Auswertung der Sensitivitätsfunktion $\mathbf{S}(z)$ bei Tollmien-Schlichting'scher Instabilität ergibt die weitaus größte Empfindlichkeit der Stabilitätsergebnisse gegenüber numerischen Fehlern nicht an der Wand mit $z = 0$, sondern bei etwa $z = \delta/3$. Hingegen ist Sensitivität bereits für Wandabstände $z > \delta/2$ sehr stark abgeklungen. Bei transsonischen Machzahlen ist die Sensitivität gegenüber Fehlern im Temperaturprofil $T_0(z)$ der Grundströmung vernachlässigbar im Vergleich zur Sensitivität gegenüber Fehlern im Geschwindigkeitsprofil $\mathbf{U}_0(z)$.

Typische Anfachungsraten liegen im Bereich $\omega_i \approx 10^{-3} \cdot U_\infty/\delta$. Bei einer Mindestgenauigkeitsanforderung von $\Delta \omega_i \approx 1\% \; \omega_i \approx 10^{-5} \cdot U_\infty/\delta$ und unter Zugrundelegung eines äquidistanten Gitters kommen wir auf $N_\delta \approx 60$ Punkte. Die Genauigkeitsanforderungen zur korrekten Berechnung von Querströmungsinstabilitäten liegen höher, da sich die Sensitivität über die gesamte Grenzschichtdicke erstreckt. Hier müssen bei äquidistanter Verteilung $N_\delta \approx 100$ Punkte in die Grenzschicht gelegt werden. Bei einer den Funktionen $\mathbf{S}(z)$ angepaßten Koordinatenstreckung kann N_δ auf etwa die Hälfte reduziert werden.

Die Berechnung der Grundströmung um ein Tragflügelprofil führt daher zunächst zu der Aufgabe, eine zweidimensionale Profillösung in ausgewählten Schnitten des Tragflügels numerisch zu bestimmen. Wir wählen das bereits eingeführte Laminarprofil mit der Profilmachzahl $M_\infty = 0.78$, der mit der Bezugsflügeltiefe gebildeten Reynoldszahl $Re_\infty = 28 \cdot 10^6$ des Airbus A320 und dem Anstellwinkel $\alpha = 2°$ im Reiseflug. In Abb. 7.1 ist links das Rechennetz zur Diskretisierung des Integrationsgebietes um einen rumpfnahen Profilschnitt eines Flügels mit einer spitzen Hinterkante gezeigt. Es handelt sich dabei um ein blockstrukturiertes Netz für ein zell-zentriertes Finite-Volumen-Verfahren, das zur numerischen Lösung der Favregemittelten Navier-Stokes-Gleichungen eingesetzt wird.

Auf das ursprüngliche Tragflügelprofil des Airbus A320 wurde ein Laminarhandschuh derart aufgesetzt, daß durch die Formgebung 55% der Oberseite des Tragflügels laminar gehalten wurden. Der Laminarbereich stromab auf der Flügelunterseite beträgt 15% der Flügeltiefe. Stromab der Laminarbereiche auf der Ober-

und der Unterseite des Tragflügels wird für die numerische Berechnung der turbulenten Grenzschichtströmung das Baldwin-Lomax-Turbulenzmodell verwendet. Die Stoß-Grenzschicht-Wechselwirkung und die Hinterkantenumströmung wurden rein numerisch ermittelt, ohne Verwendung eines besonderen analytischen Modells.

Die rechte Hälfte der Abbildung 7.1 zeigt die numerisch ermittelte Druckverteilung auf der Ober- und der Unterseite des berechneten Laminarprofils. Die obere Kurve im $-c_p$-Diagramm weist den charakteristischen Verlauf der kontinuierlich beschleunigten Strömung bis zum Verdichtungsstoß auf. Aufgrund der groben Netzauflösung weist der Stoß im Diagramm keinen senkrechten Verlauf auf, sondern erscheint als fallende Gerade, da der Stoßvorgang über mehrere Volumenzellen verschmiert aufgelöst wird. Modernste Rechenanlagen mit entsprechend hoher Speicherkapazität erlauben die Verwendung von Netzen mit bis zu $289 \times 65 \times 49$ Punkten. Nach dem Druckmaximum im Staupunkt mit $-c_p = -1$ nimmt der Druck auf der Oberseite auf einer kurzen Laufstrecke stromab stark ab, bis die Druckabnahme in einen nahezu linearen Verlauf übergeht. Dieser lineare Verlauf bleibt bis zum Verdichtungsstoß und dem damit verbundenen Übergang zur turbulenten Grenzschichtströmung erhalten. An der gleichen Stelle $x/L = 0.55$ ist auf der Oberseite auch die Transition fixiert d. h. stromab werden mit dem Baldwin-Lomax-Turbulenzmodell die Favre-gemittelten Navier-Stokes Gleichungen gelöst.

Die untere Kurve im $-c_p$-Diagramm weist für die Flügelunterseite im Gegensatz zur oberen Kurve die charakteristische Saugspitze im Bereich der Vorderkante auf. Das Druckminimum auf der Flügelunterseite stellt sich weiter stromauf ein als auf der Flügeloberseite. Der anschließende Druckanstieg auf der Flügelunterseite vollzieht sich im Gegensatz zur Flügeloberseite ohne Verdichtungsstoß.

Netz um einen Profilschnitt   -c$_p$-Verteilung um einen Profilschnitt

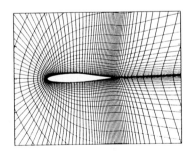
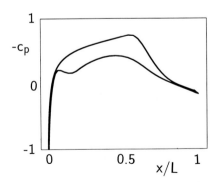

Abb. 7.1: Rechennetz und berechnete Druckverteilung auf der Ober- und Unterseite eines Laminarprofils, $M_\infty = 0.78$, $Re_\infty = 28 \cdot 10^6$, $\alpha = 2°$.

In Abb. 7.2 ist die aus den Profillösungen abgeleitete Tragflügellösung dargestellt. Der linke Teil der Abbildung zeigt Isobaren auf der Oberseite des von links angeströmten Laminarflügelprofils. Der Laminarflügel ist aufgrund der noch zu diskutierenden stabilitätstheoretischen Ergebnisse mit einem Pfeilwinkel $\Phi = 18°$ ausgelegt. Die Verdichtung der Isobarenlinien zeigt den Verdichtungsstoß an.

Der rechte Teil der Abbildung zeigt die $-c_p$-Verteilung in zwei Schnitten am Flügelende und in der Tragflügelmitte. Der charakteristische Verlauf der Druckverteilung für den Schnitt in der Flügelmitte entspricht qualitativ dem Verlauf der Druckverteilung, wie wir ihn bereits in Abb. 7.1 für die Ober- und Unterseite diskutiert haben. Der Druckverlauf im Profilschnitt am Tragflügelende weist geringere Steigungen und die Druckminima geringere Beträge auf, als die entsprechenden Werte in der Flügelmitte. Der Grund liegt darin, daß der Tragflügel am äußeren Ende von unten nach oben umströmt wird, was zu einem Druckausgleich und daher zu einer Abnahme des Auftriebs führt.

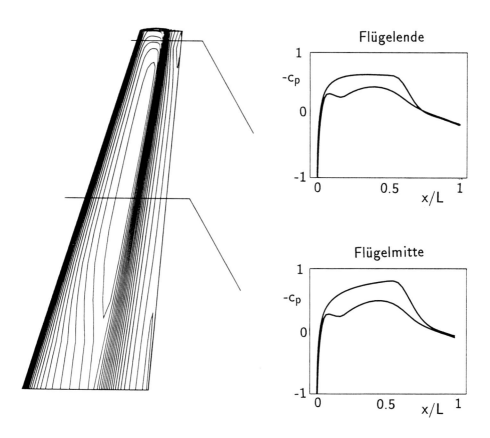

Abb. 7.2: Berechnete Isobaren und Druckverteilungen auf der Ober- und Unterseite eines Laminarflügels. $M_\infty = 0.82$, $Re_\infty = 28 \cdot 10^6$, $\alpha = 2°$, $\Phi = 18^0$.

248

Nach der Bereitstellung der Grundlösung der Tragflügelströmung werden in einem zweiten Schritt der numerischen Berechnung mit Hilfe der Stabilitätsanalyse die absolut und konvektiv instabilen Strömungsbereiche der Tragflügelgrenzschicht bestimmt. Für die Auslegung eines transsonischen Laminarflügels muß der Pfeilwinkel Φ unterhalb eines Grenzpfeilwinkels bleiben, so daß kein absolut instabiler Strömungsbereich auftritt, der in der Umgebung der Staustromlinie des Tragflügels schlagartig zum laminar-turbulenten Umschlag führen würde.

In Abb. 7.3 ist eine Prinzipskizze der auf einem Tragflügel und im Nachlauf des Flügels auftretenden Stabilitätsbereiche dargestellt. Wir betrachten zunächst den Tragflügel auf der linken Seite der Abbildung, der einen geringeren Pfeilwinkel Φ aufweist, als der Tragflügel auf der rechten Bildhälfte. Der Tragflügel befindet sich in einer Anströmung mit der Geschwindigkeit U_∞, die bei geringen Pfeilwinkeln ein nahezu zweidimensionales Geschwindigkeitsprofil auf dem Tragflügel hervorruft. Innerhalb des schattierten Bereichs auf dem Tragflügel wachsen die Tollmien-Schlichting-Wellen (TS) stark an. Diese sind im schattierten Transitionsbereich durch drei parallele Wellenfronten symbolisiert.

Der im Tansitionsbereich eingezeichnete Keil deutet an, daß lokale Störungen im Bereich der TS-Instabilität stromab geschwemmt werden und den Ort ihres ursprünglichen Auftretens mit fortschreitender Zeit nicht weiter beeinflussen können. Wir bezeichnen ein solches Störverhalten als *konvektiv instabil*. Der Einflußbereich der Störungen beschränkt sich auf das von dem Keil umfaßte Gebiet, in dem sie die Grundströmung nachhaltig verändern.

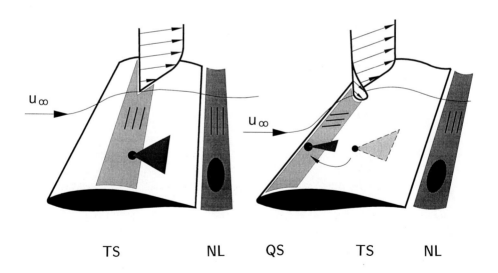

Abb. 7.3: Prinzipskizze der Stabilitätsbereiche der Tollmien-Schlichting- (TS) und Querströmungsinstabilitäten (QS) auf einem Tragflügel und im Nachlauf (NL).

Im Gegensatz dazu ist das Nachlaufgebiet im Bereich der Scherschicht hinter der stumpfen Hinterkante des Tragflügels *absolut instabil*. Dies bedeutet, daß lokal eingebrachte, zeitlich und räumlich angefachte Störungen mit fortschreitender Zeit den gesamten absolut instabilen bzw. sensitiven Strömungsbereich beeinflussen. Abb. 7.3 verdeutlicht dies, indem im schattierten Nachlaufbereich die Störungen einen oval dargestellten Einflußbereich besitzen, der den Ort der Störungseinbringung vollständig umschließt und sich auch stromauf erstreckt.

In der rechten Bildhälfte von Abb. 7.3 ist ein Tragflügel mit einem Pfeilwinkel Φ größer als ein Grenzpfeilwinkel Φ_g dargestellt. Oberhalb des Grenzpfeilwinkels Φ_g von etwa 20° treten charakteristische Änderungen der Tragflügelumströmung auf. Zunächst ist festzuhalten, daß aufgrund der stärkeren Pfeilung des Tragflügels die Dreidimensionalität der Grenzschichtströmung ausgeprägter ist. Die gekrümmten Stromlinien verursachen radiale Druckgradienten, die in der Grenzschicht eine Querströmungskomponente zur Folge haben. In der dreidimensionalen Tragflügelgrenzschicht tritt infolge dieser Querströmung die Querströmungsinstabilität (QS) auf. Diese QS-Wellen treten bei Überschreiten des Grenzpfeilwinkels in der Umgebung der Staustromlinie des Flügels schlagartig auf. Sie führen zu einem laminarturbulenten Umschlag im vorderen Bereich des Tragflügels, der die Realisierung eines Laminarflügels unmöglich macht. In Abb. 7.3 rechts erkennt man zunächst das dreidimensionale Geschwindigkeitsprofil und die gekrümmte Stromlinie auf dem Tragflügel. Weiterhin ist skizziert, daß der schattierte Bereich mit starkem Störungswachstum zur Flügelvorderkante springt. Hier sind drei Wellenfronten der Querströmungswellen eingezeichnet, deren sogenannte 0-Hertz-Mode ein stehendes Wirbelmuster im Vorderkantenbereich des Tragflügels bildet. Das schlagartige Dominantwerden der QS-Instabilitäten beim Überschreiten des Grenzpfeilwinkels bezeichnen wir als 'absolut instabiles Einsetzen'. Gleichwohl breiten sich die Störungseinflüsse der QS-Instabilitäten nach dem plötzlichen Einsetzen stromab konvektiv instabil aus. Dies ist durch den keilförmigen Einflußbereich an der Flügelvorderkante symbolisiert.

Bei der Auslegung moderner transsonischer Laminarflügel muß das Einsetzen von Querströmungsinstabilitäten unbedingt vermieden werden, da der dann an der Flügelvorderkante beginnende Transitionsbereich die Bemühungen zur Erzielung langer laminarer Laufstrecken zunichte macht.

Abbildung 7.4 zeigt die Instabilitätsbereiche der Querströmungsinstabilität (QS) und der Tollmien-Schlichting-Instabilität (TS) in der Gruppengeschwindigkeitsebene (U, V). Als Gruppengeschwindigkeit bezeichnet man diejenige Geschwindigkeit, mit der sich die durch die Störungen in das Strömungsfeld eingebrachte Energie ausbreitet. U bezeichnet dabei die Gruppengeschwindigkeitskomponente in Stromabrichtung x und V die entsprechende Komponente in Spannweitenrichtung y. Für beide Arten von Instabilitäten, QS und TS, sind die Instabilitätsbereiche in Abb. 7.4 sowohl für den Pfeilwinkel $\Phi = 17°$ als auch für den Pfeilwinkel $\Phi = 20°$ aufgetragen. Wir erkennen, daß der Instabilitätsbereich der QS-Instabilitäten für beide Pfeilwinkel den Nullpunkt $(U, V) = (0, 0)$ nicht enthält. Dies bedeutet, daß die durch die QS-Instabilitäten in die Laminarströmung eingebrachte Störungsenergie nicht an Ort und Stelle verbleibt, sondern infolge der hohen Stromabkom-

250

ponente U stromab transportiert wird. Die QS-Instabilität entwickelt sich somit stromab konvektiv instabil, obwohl sie, wie bereits bei Abb. 7.3 diskutiert, absolut instabil einsetzt. Wir stellen desweiteren fest, daß die Ausdehnung des Instabilitäts- bereichs der QS-Instabilitäten bei einer Erhöhung des Pfeilwinkels von $\Phi = 17°$ auf $\Phi = 20°$ stark zunimmt, während die Ausbreitungsgeschwindigkeiten der Störun- gen leicht abnehmen. Die Abnahme der Geschwindigkeiten wird jedoch durch die Zunahme der Bereichsgröße überkompensiert, so daß die Störenergie für $\Phi = 20°$ bei gleicher Laufzeit ausgedehntere Gebiete erfaßt als für $\Phi = 17°$.

Wir kommen nun zum Stabilitätsdiagramm der TS-Instabilitäten. Diese sind ebenfalls konvektiv instabil, da der Nullpunkt der Gruppengeschwindigkeit wie bei den QS-Instabilitäten außerhalb des Instabilitätsbereichs liegt. Der Instabi- litätsbereich der TS-Instabilitäten ist nahezu symmetrisch zur $(V = 0)$−Achse, da diese Instabilitäten auf dem Tragflügelprofil weiter stromab auftreten, wo nur noch eine sehr kleine Querströmungskomponente vorherrscht. Im Unterschied zu den QS-Instabilitäten nimmt die Ausdehnung des TS-Instabilitätsbereiches bei einer Erhöhung des Schiebewinkels $\Phi = 17°$ auf $\Phi = 20°$ ab.

Die soweit ausgeführten Überlegungen sind von großer Bedeutung für die Entwick- lung eines geeigneten numerischen Transitionsmodells. Gängige Programme zur numerischen Simulation von Tragflügelumströmungen basieren auf der Annahme, daß die Strömung im Vorderkantenbereich des Tragflügels laminar verläuft und ab einer bestimmten Stelle stromab turbulent.

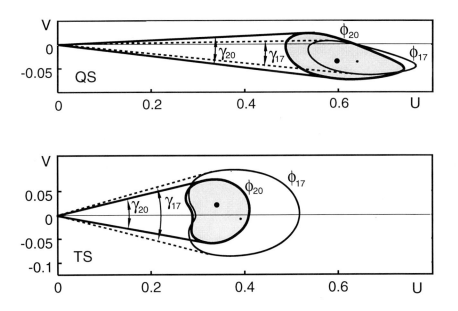

Abb. 7.4: Ausbreitungsrichtungen der Tollmien-Schlichting- (TS) und Quer- strömungsinstabilitäten (QS) auf einem Laminarflügel.

Ab dieser Stelle wird dann ein Turbulenzmodell zur Schließung der Favre-gemittelten Reynolds-Gleichungen eingesetzt. Die geschilderte Vorgehensweise entspricht jedoch einem plötzlichen laminar-turbulenten Umschlag auf dem Tragflügel, der unphysikalisch ist und in der Realität nicht vorliegt. Daher ist es nötig, mit der eingeführten Stabilitätstheorie geeignete Transitionsmodelle zu entwickeln, die dem laminar-turbulenten Übergang längs einer gewissen Laufstrecke stromab Rechnung tragen. Dabei haben wir gelernt, daß das Einsetzen von Querströmungsinstabilitäten zu vermeiden ist, was durch eine Begrenzung des Pfeilwinkels gewährleistet wird. Der Ort des ersten Auftretens von Tollmien-Schlichting-Wellen kann durch geeignete Formgebung des Flügelprofils variiert werden, womit die theoretischen und numerischen Methoden für die Auslegung eines transsonischen Laminarflügels bereitgestellt sind.

Weiterhin ist zu beachten, daß die Transition bei transsonischen Tragflügeln vor dem Wechselwirkungsbereich des Verdichtungsstoßes mit der Grenzschicht abgeschlossen ist. Dies bedeutet, daß bei der Berechnung der Stoß-Grenzschicht-Wechselwirkung von einer turbulenten Grenzschicht ausgegangen werden muß. Für die numerische Simulation der Tragflügelumströmung folgt daraus, daß die eingeführten Turbulenzmodelle erst nach Abschluß des Transitionsvorganges verwendet werden können und zur Berechnung der dann ausgebildeten turbulenten Strömung einschließlich der Berechnung der Stoß-Grenzschicht-Wechselwirkung und der Hinterkantenumströmung geeignet sein müssen. Eine Verbesserung der bisher bei den Navier-Stokes-Verfahren verwendeten Umschlags-Modelle zu einem wirklichen Transitionsmodell führt zu einer genaueren numerischen Berechnung der integralen Mittelwerte für den Widerstandsbeiwert c_w und den Auftriebsbeiwert c_a, die der Entwicklungsingenieur für die Auslegung transsonischer Tragflügel für Verkehrsflugzeuge benötigt.

Wir haben in diesem ersten Ergebniskapitel über die Beispiel-Lösungen und die Lösungsansätze für den Tragflügel absichtlich die in den vorangegangenen Kapiteln eingeführten numerischen Lösungsmethoden der Navier-Stokes-Gleichungen für laminare und turbulente Strömungen mit den stabilitätstheoretischen Methoden zur Lösung der Störungsdifferentialgleichungen verknüpft. Die numerische Lösung dient dabei als Grundprofil für die Stabilitätsanalyse, die wiederum die erforderliche numerische Genauigkeit für die ausgewählten numerischen Algorithmen vorgibt. Die Kenntnis der Bereichseinteilung reibungsbehafteter Strömungen in absolut und konvektiv instabile Strömungsbereiche (absolut und konvektiv sensitiv bei turbulenten Strömungen, siehe auch H. OERTEL jr. 1995 und H. OERTEL jr., J. DELFS 1995), die den elliptischen und hyperbolischen Bereichen der partiellen Differentialgleichungen entsprechen, ist wiederum Voraussetzung für die Auswahl geeigneter numerischer Lösungsalgorithmen. Wir empfehlen dem Studenten aber auch dem Praktiker in der Industrie die in diesem Kapitel eingeführte Methodik der numerischen Strömungssimulation auch für die Lösung anderer Strömungsprobleme.

7.2 Kraftfahrzeugumströmung

Bei der numerischen Lösung der inkompressiblen Kraftfahrzeugumströmung gehen wir analog zur Tragflügelumströmung vor. Zu lösen sind jetzt die Potentialgleichung für die reibungsfreie Außenströmung und im reibungsbehafteten Strömungsbereich die Reynolds-gemittelten Navier–Stokes Gleichungen. Zur Diskretisierung des Integrationsgebietes wurde ein blockstrukturiertes numerisches Netz benutzt, wodurch das Integrationsgebiet in Finite-Volumen-Zellen unterteilt wird. Das verwendete Finite-Volumen-Verfahren war dabei ein Verfahren mit Zellmittelpunkt-Schema, bei welchem die räumliche Diskretisierung in den Zellmittelpunkten der Kontrollvolumina vorgenommen wird. Zur Diskretisierung der Zeitschritte wurde ein explizites Runge-Kutta-Verfahren eingesetzt. Die Auswahl des blockstrukturierten numerischen Netzes basiert auf der Erkenntnis, daß reibungsbehaftete, dreidimensionale Umströmungen von Kraftfahrzeugen derzeit nur dann effizient simuliert werden können, wenn geeignete Konvergenzbeschleunigungs-Techniken angewendet werden. Die Multigrid-Technik für blockstrukturierte Netze erscheint momentan als die am besten geeignete Methode, um bei einer geringen Anzahl von Iterationsschritten, numerische Lösungen zu erzielen, die unabhängig vom Grad der Netzverfeinerung sind. In Abb. 7.5 ist rechts oben die Geometrie-Diskretisierung der Oberfläche einer Kraftfahrzeug-Modellkonfiguration dargestellt.

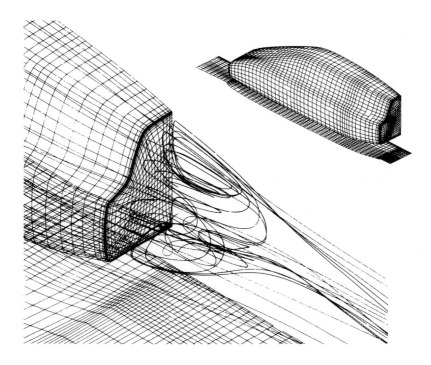

Abb. 7.5: Rechennetz und Teilchenbahnen in der zeitlich gemittelten Nachlauströmung einer Kraftfahrzeug-Modellkonfiguration (Daimler Benz AG 1993).

Deutlich zu erkennen ist die Verfeinerung des Oberflächennetzes in der Heckpartie. Der Grund liegt in der sich dort einstellenden turbulenten Nachlaufströmung, die aufgrund der sich ausbildenden Scherschichten feiner aufgelöst werden muß. Weiterhin erkennt man die Diskretisierung der Fahrbahn, die berücksichtigt werden muß, um Grenzschichteffekte zwischen Fahrzeugunterboden und der Fahrbahn in die Rechnung mitaufzunehmen. Die Berechnung wird nach einem Wechsel des Bezugssystems vom bewegten Fahrzeug in ruhender Luft zum stehenden Fahrzeug in einer Anströmung durchgeführt, um mit Experimenten im Windkanal vergleichen zu können.

Als Randbedingung für die Fahrbahn ist dann die Geschwindigkeit der Anströmung vorzugeben, während am Fahrzeugunterboden $\vec{v} = 0$ zu fordern ist. Die Fahrbahn ist im Nachlaufbereich ebenfalls feiner diskretisiert, als die Fahrbahn unter dem Fahrzeug. Dies unterstreicht den Einfluß, den die turbulente Nachlaufströmung auf die Gesamtlösung für den integralen Widerstandsbeiwert c_w hat, weshalb dieser Strömungsbereich besonders fein aufgelöst werden muß. Bei der numerischen Simulation der Kraftfahrzeugumströmung wird davon ausgegangen, daß die Transition am Ort des Kühlergrills fixiert ist. Dies bedeutet, daß die Umströmung des Kraftfahrzeuges ab dem Kühlergrill als turbulente Strömung unter Verwendung eines Turbulenzmodells berechnet wird. Als Turbulenzmodell wurde bei den hier vorgestellten Ergebnissen das $k - \epsilon$–Modell benutzt. Dieses Modell bietet bei der Berechnung von Nachlaufströmungen einen Vorteil gegenüber algebraischen Tur-

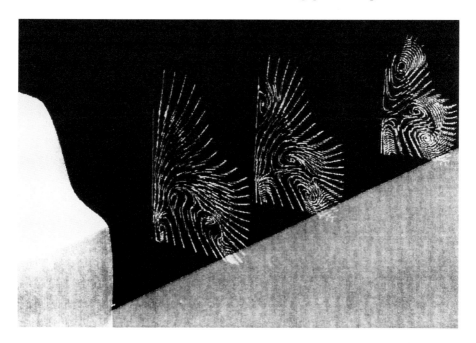

Abb. 7.6: Teilchenbahnen der zeitlich gemittelten Nachlaufströmung in drei Schnitten hinter einer Kraftfahrzeug-Modellkonfiguration (Daimler Benz AG 1993).

bulenzmodellen, da es ohne geometriebezogene Parameter, wie z. B. Wandabstand oder Grenzschichtdicke, auskommt. Eine physikalische Korrektheit kann in dem komplexen Nachlaufbereich daraus jedoch nicht abgeleitet werden.

Wir folgen hier dem Ingenieur-Pragmatismus, durch Anpassen der Modellparameter an Windkanalexperimente näherungsweise die interessierenden integralen, aerodynamischen Parameter berechnen zu können. Im unteren Teil von Abb. 7.5 sind numerisch ermittelte Teilchenbahnen der dreidimensionalen Nachlaufströmung hinter der umströmten Kraftfahrzeug-Modellkonfiguration dargestellt, auf die sich die Anwendung der Störungsrechnung konzentriert.

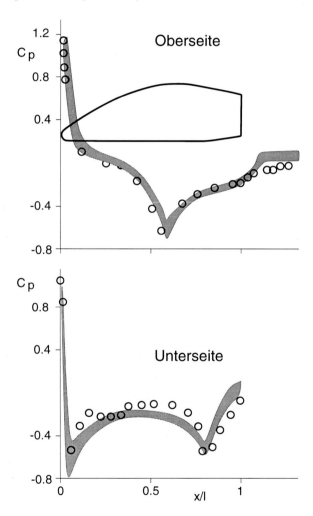

Abb. 7.7: Berechnete Druckverteilung auf der Ober- und Unterseite einer Kraftfahrzeug-Modellkonfiguration im Vergleich mit Experimenten (o) (Daimler Benz AG 1993).

Wir erkennen, daß sich hinter dem Kraftfahrzeug ein Rezirkulationsgebiet ausbildet, in dem komplexe, dreidimensionale Wirbelstrukturen entstehen, die wir bereits in Kapitel 2.2 beschrieben haben.

In Abb. 7.6 sind in drei Schnittebenen senkrecht zur Anströmrichtung Teilchenbahnen der zeitlich gemittelten Nachlaufströmung hinter der Kraftfahrzeug-Modellkonfiguration dargestellt.

Abb. 7.7 zeigt die berechnete Druckverteilung für die Ober- und Unterseite der Modellkonfiguration im Vergleich mit experimentellen Ergebnissen. Die numerischen Lösungen wurden mit unterschiedlichen Finite-Volumen- und Finite-Elemente-Verfahren für eine Reynoldszahl $Re_\infty = 2.6 \cdot 10^6$ ermittelt und befinden sich in den c_p–Diagrammen in den schraffierten Bereichen, während die Meßergebnisse durch Kreise verdeutlicht sind. Für die Druckverteilung auf der Oberseite wurde dabei eine gute Übereinstimmung der numerischen und experimentellen Ergebnisse erzielt. Im Nachlaufbereich wird ein zu hoher numerischer c_p–Wert berechnet. Die Diskrepanz läßt sich einerseits auf die Unzulänglichkeiten des Turbulenzmodells zurückführen, andererseits mag eine unzureichende Netzverfeinerung dafür verantwortlich sein, daß die komplizierten Wechselwirkungen zwischen absolut sensitivem Nachlauf-Rezirkulationsgebiet, konvektiv und absolut sensitiven freien Scherschichten und den Nachlaufwirbeln nicht genügend fein aufgelöst werden. Für die Druckverteilung auf der Unterseite wurde eine weniger gute Übereinstimmung der

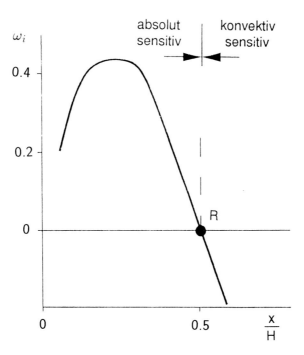

Abb. 7.8: Bereiche der absoluten und konvektiven Sensitivität im turbulenten Nachlauf eines Kraftfahrzeuges.

numerischen und experimentellen Werte erzielt. Die Stabilitätsanalyse des vorangegangenen Kapitels wird durch die lokale Störungsrechnung mit der numerisch berechneten zeitlich gemittelten turbulenten Nachlaufströmung als Grundströmung ersetzt (siehe auch H. OERTEL jr., J. DELFS 1995).

Die Abbildung 7.8 zeigt das Ergebnis der lokalen Wellenpaket-Störungsanalyse. Es ist die zeitliche Anfachungsrate ω_i der lokalen Wellenpaket-Störungen jeweils bei der Gruppengeschwindigkeit $g_s = 0$ in Abhängigkeit der Stromabkoordinate x/H aufgetragen. H bezeichnet dabei die Höhe des Kraftfahrzeugs. Der absolut sensitive Bereich der Nachlaufströmung wird durch positive Werte von ω_i identifiziert, während negative zeitliche Anfachungsraten den konvektiv sensitiven Bereich anzeigen. Eine Beeinflussung des absolut sensitiven Bereichs unmittelbar hinter dem Fahrzeug, z. B. durch Ausblasen führt zu einer konvektiv sensitiven turbulenten Nachlaufströmung und liefert somit ein Potential zur Widerstandsreduzierung.

7.3 Verdichtergitter

In diesem Kapitel beschränken wir uns auf das zweidimensionale Verdichter-Gitter, da wir zum einen für die rotierende Verdichterschaufel eines Triebwerkes im vorliegenden Lehrbuch die Grundgleichungen nicht abgeleitet haben und zum anderen

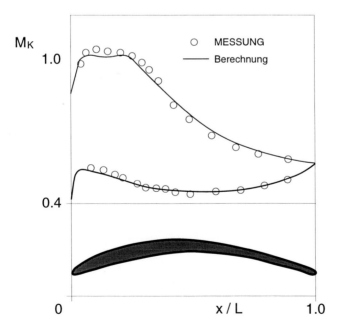

Abb. 7.9: Berechnete Machzahl-Verteilung auf der Ober- und Unterseite einer Verdichterschaufel im Vergleich mit Experimenten (MTU 1991).

die Anwendung der von uns eingeführten Stabilitätsanalyse der lokalen Störungen für eine effiziente Strömungsbeeinflussung und Schaufelauslegung derzeit Forschungsthema ist. Ansonsten gilt ganz Entsprechendes, wie bei der Berechnung der transsonischen Tragflügelströmung. Abb. 7.9 zeigt die berechnete Machzahl-Verteilung, aufgetragen über der Profiltiefe x/L für die Ober- und die Unterseite des Schaufelprofils im Vergleich mit Experimenten. Das Maximum der Machzahl wird im Bereich des vorderen Staupunktes auf der Oberseite des Verdichterprofils erreicht. Die Experimente im Gitterwindkanal dienen der Überprüfung der Berechnungsverfahren für kompressible Strömungen.

7.4 Konvektionsströmung

Im abschließenden Kapitel über die numerischen Beispiellösungen behandeln wir ausgewählte numerische Lösungen der Boussinesq-Gleichungen für den Modellfall eines von unten beheizten rechteckigen Konvektionsbehälters. Wir beginnen wiederum mit den Ergebnissen der Stabilitätsanalyse und lösen die Störungs-Differentialgleichungen der Boussinesq-Gleichungen.

Der Grundzustand ist jetzt die Wärmeleitung in der horizontalen Schicht, die bei einem kritischen vertikalen Temperaturgradienten, zu dem sich die kritische Rayleigh-Zahl (vgl. Gl. (3.37)) Ra_c für das gegebene Medium berechnen läßt, von den Störgrößen der Konvektionsströmung abgelöst wird. Die Prandtl-Zahl Pr charakterisiert dabei das Medium.

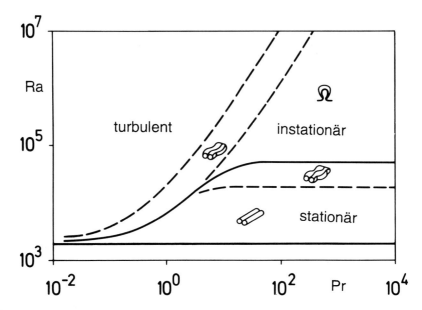

Abb. 7.10: Bereiche unterschiedlicher Instabilitäten der Konvektionsströmung in einer von unten beheizten horizontalen Schicht.

Die Abbildung 7.10 faßt die Ergebnisse der Stabilitätsanalyse einer von unten beheizten unendlich ausgedehnten, horizontalen Schicht zusammen. Die kritische Rayleigh-Zahl berechnet sich für alle Medien mit dem einheitlichen Wert $Ra_c = 1708$. Die absolut instabile (sprungartige) Erhöhung des Wärmestroms wird zwischen den festen horizontalen Berandungen durch längliche Konvektionsrollen verursacht. Diese stationäre Konvektionsströmung bleibt bei Medien der Prandtl-Zahl $Pr > 1$ in einem weiten Bereich der Rayleigh-Zahlen erhalten. Die Stabilitätsanalyse zeigt, daß bei einem Medium mit gegebener Prandtl-Zahl, den stationären Konvektionsrollen bei steigender Rayleigh-Zahl zunächst dreidimensionale Störungen überlagert werden, bis sich schließlich eine zeitabhängige, oszillatorische und dann turbulente Konvektionsströmung einstellt.

Das Rayleigh-Prandtl-Stabilitätsdiagramm der Abbildung 7.10 zeigt weiterhin, daß bei Medien kleiner Prandtl-Zahlen der Übergang zur turbulenten Konvektionsströmung sich in einem kleineren Rayleigh-Zahl-Bereich vollzieht. Dies macht

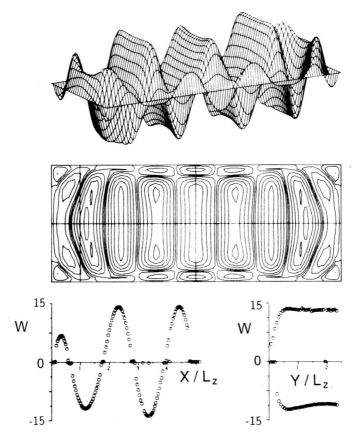

Abb. 7.11: Dichte- und Geschwindigkeitsverteilungen der instationären Konvektionsströmung im rechteckigen Behälter ($L_x : L_y : L_z = 10 : 4 : 1$) Medium Luft, $Pr = 0.71$, $Ra = 4000$.

man sich z. B. bei der Kühlung von Kernkraftwerken zu Nutze. Mit der linearen Stabilitätsanalyse von Kapitel 3.4 lassen sich die Grenzen der einzelnen Übergänge des Stabilitätsdiagramms numerisch berechnen. Für die Berechnung z. B. des integralen Wärmestroms ist jedoch die numerische Lösung der vollständigen Boussinesq-Gleichungen aus Kapitel 3.2.4 erforderlich. Dabei hat sich für die Berechnung der Konvektionsströmung im rechteckigen Behälter das DuFort-Frankel-Differenzenverfahren und für die Lösung der Druck-Poissongleichung die Fourier-Spektralmethode bewährt.

Die Abbildung 7.11 zeigt in Ergänzung zu Kapitel 2.4 die berechneten Dichteverteilungen und Linien gleicher Vertikalgeschwindigkeiten im horizontalen Mittelschnitt des Konvektionsbehälters. Zum Vergleich sind die in den Vertikalschnitten gemessenen Vertikalgeschwindigkeiten eingetragen. Wir erkennen unschwer, daß der Einfluß der vertikalen Berandungen des rechteckigen Konvektionsbehälters sich über die charakteristische Längenskala L_z (Höhe des Konvektionsbehälters) abbaut, sodaß sich jenseits des Einflußbereiches der vertikalen Berandungen die länglichen Konvektionsrollen der unendlich ausgedehnten horizontalen Konvektionsschicht ausbilden, deren Ra, Pr-Abhängigkeit wir in Abbildung 7.10 bereits diskutiert haben.

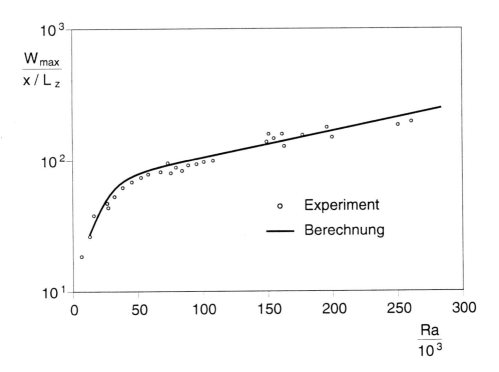

Abb. 7.12: Vertikalgeschwindigkeit der turbulenten Konvektionsströmung im rechteckigen Behälter ($L_x : L_y : L_z = 4 : 2 : 1$), Medium Luft, $Pr = 0.71$, Wasser, $Pr = 6.7$, $z/L_z = 0.5$.

Die Berechnung der turbulenten Konvektionsströmung erfolgt mit den Reynolds-gemittelten Boussinesq- und Druck-Poisson-Gleichungen. Wir benutzen wiederum das k–ϵ–Turbulenzmodell und vergleichen in Abbildung 7.12 die berechnete dimensionslose Vertikalkomponente der maximalen Geschwindigkeit in der Mitte des Konvektionsbehälters mit den experimentellen Werten. Dabei ist die maximale Vertikalgeschwindigkeit die charakteristische Größe für den vertikalen Wärmestrom im Konvektionsbehälter. Die numerischen Ergebnisse werden von den Experimenten bis zu der Rayleigh-Zahl $Ra = 300\ 000$ bestätigt. Damit ist auch für dieses Anwendungsbeispiel nachgewiesen, daß die eingeführten numerischen Methoden die charakteristischen Größen der thermischen Konvektionsströmung im Rahmen der Meßgenauigkeit richtig wiedergeben.

8 Anhang

Der Anhang dieses Buches enthält notwendiges Handwerkszeug, das nicht zum Lehrstoff der numerischen Strömungsmechanik gehört, jedoch für die vorlesungsbegleitenden praktischen Übungen nötig ist. Dadurch sollen dem Leser die Umsetzung der Methoden in Computerprogramme und die graphischen Darstellungsmethoden der Ergebnisse ohne umfangreiche eigene Programmierarbeit ermöglicht werden. Eine ständige Erweiterung dieses Übungsstoffes ist vorgesehen und wird ergänzt durch Software-Beispiele, die im **Übungsbuch Numerische Strömungsmechanik** gesammelt erscheinen. Die Software-Beispiele sind auf dem ftp-Server der Universität Karlsruhe (TH) gespeichert und über einen Internet-Anschluß verfügbar.

8.1 Programmkonzept

Die numerischen Rechenprogramme zur Simulation von Strömungen sind meist sehr umfangreich. So bestehen die modernen Finite-Volumen oder Finite-Elemente Programme einschließlich der implementierten Randbedingungen, Turbulenzmodelle, Beschleunigungstechniken usw. nicht selten aus mehreren zehntausend Programmzeilen (einschl. Kommentaren). Hinzu kommen die Programme zur Netzgenerierung und zur graphischen Datenauswertung. Insgesamt ist in der numerischen Strömungsmechanik ein sehr hoher Programmieraufwand zu bewältigen. Die Hauptaufgabe neben der Programmierung ist aber das Testen der Programme und die *Fehlersuche*. Dies geschieht mit Verifikations-Test-Beispielen, die wir in unserem Übungsbuch einführen und erläutern werden.

Wenn ein neues strömungsmechanisches Rechenprogramm entwickelt wird, ist es daher unbedingt erforderlich, vor Beginn der Programmierarbeiten ein *Programmkonzept* festzulegen. Darunter versteht man eine Systematik, nach der z. B. Daten zwischen verschiedenen *Programm-Modulen* übergeben werden, die Benennung der Variablen erfolgt, die Kommentierung und Dokumentation des Programms und seiner Bedienung durchgeführt wird. Zusätzliche Aspekte sind die Vektorisierung, die Parallelisierung und die Übergabe der Daten an Auswerteprogramme.

Wir empfehlen die Programmiersprache *Fortran*, da sie sich in der Industrie für die technische Programmentwicklung durchgesetzt hat. Diese Sprache besitzt im Vergleich mit anderen Sprachen zwar einige Nachteile, z. B. bezüglich dynamischer Festlegung der Größe von Speicherbereichen und bei der Verarbeitung von Textvariablen. Die Vorteile von Fortran für die numerische Strömungsmechanik liegen jedoch in seiner guten Eignung für numerische Berechnungen, für große aus vielen Unterprogrammen bestehende Gesamtprogramme, in der guten Fehlerdiagnostik der verfügbaren Compiler und Debugger, in der Verfügbarkeit von vektorisierenden Compilern, in der (relativ) guten Lesbarkeit der Programme. Andere Programmiersprachen, von denen aus Gründen der Kompatibilität mit der Industriesoftware abgeraten wird, sind Pascal, C, Ada und PL/1. Innerhalb eines Programmkonzepts wird nicht der gesamte Sprachumfang von Fortran ausgenutzt, da die Programme leicht unleserlich und fehleranfällig werden können.

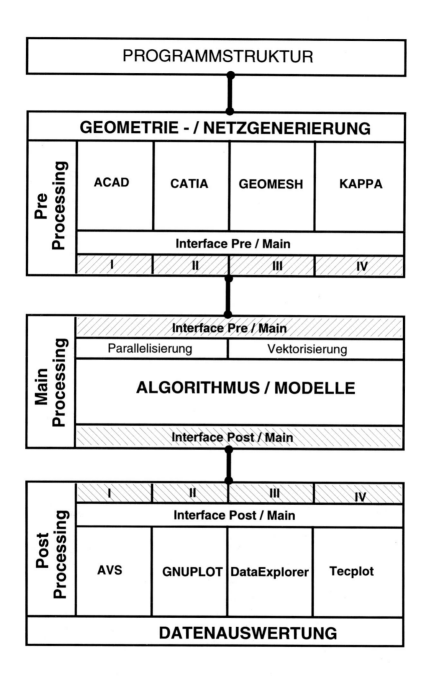

Abb. 8.1: Beispiel für ein Programmkonzept.

Beispiel: Programmkonzept für Industriesoftware

Abb. 8.1 zeigt ein Programmkonzept für strömungsmechanische Software, welche im Rahmen von Forschungsaufgaben entwickelt wird (z. B. an einer Universität) und anschließend als Entwurfswerkzeug in der Industrie angewendet werden soll. Es wird klar zwischen Aufgaben des Pre-Processing (Geometrie- und Netzgenerierung), des Main-Processing (die eigentliche numerische Rechnung) und Post-Processing (Graphische Darstellung der Ergebnisse) unterschieden.

Beim Pre- und Postprocessing wird weitestgehend auf verfügbare Software (sog. *Industriestandards*) zurückgegriffen, z. B. auf das CAD-System AutoCad, das CAD/CAM-System CATIA und das Advanced Visualization System AVS. Beim Main-Processing kommt es darauf an, die Programme möglichst portierbar zu gestalten, d. h. sie sollten nicht auf einen Rechnertyp (Workstation oder Vektorrechner) spezialisiert sein.

Die Regeln des hier vorgeschlagenen Programmkonzepts lauten:

§ 1   Auf Lesbarkeit achten

Die Lesbarkeit eines Programms ist ebenso wichtig wie seine richtige und fehlerfreie Funktion. Daher sollten Variablen-Namen sinnvoll gewählt und kommentiert werden. Programmteile wie z. B. eine DO-Schleife oder ein Block von Operationen sollten nicht zu lang sein und ggf. mit Kommentaren (Überschriften) versehen werden, aus denen hervorgeht, welche Operationen durchgeführt werden. Die Lesbarkeit erleichtert nicht nur die Fehlersuche sondern auch die spätere Übergabe an andere Benutzer.

§ 2   Programmzeilen übersichtlich anordnen

Dies bedeutet, Gleichheitszeichen und Operatoren mehrerer ähnlicher Anweisungen untereinander anzuordnen, zusammengehörige Anweisungen ähnlich zu schreiben, Variablen mit ähnlicher Bedeutung ähnlich zu benennen und Formeln optisch leicht erfaßbar zu schreiben. Bei Aufrufen und Parameterlisten von Unterprogrammen und bei Typvereinbarungen sind Kommata und Klammern untereinander anzuordnen.

§ 3   Möglichst keine GOTO-Anweisung verwenden

Die Sprunganweisung kann ein Programm hoffnungslos unübersichtlich machen! Stattdessen Unterprogramme oder IF-ENDIF-Blöcke verwenden. Ausnahme: Der Sprung an das Ende einer DO-Schleife wird sinnvoll mit GOTO programmiert.

§ 4   COMMON-Blöcke aus Quelldateien einbinden

Um Fehler bei der Änderung/Erweiterung von COMMON-Blöcken zu vermeiden, sollten diese in separaten Dateien (Quelldateien) enthalten sein und dort, wo sie gebraucht werden, eingebunden werden (INCLUDE *statement*), z. B. für einen in der Datei 'netz.h' enthaltenen Block:

```
include(netz.h)
```

oder als Preprozessor-Anweisung

```
#include "netz.h"
```

(Include-Dateien besitzen in UNIX die Endung .h). Es bietet sich an, die Bedeutung der COMMON-Variablen in denselben Dateien zu kommentieren.

§ 5   COMMON-Blöcke strukturieren

Die Variablen in benannte COMMON-Blöcke entsprechend ihrer Bedeutung ordnen, REAL und INTEGER-Variablen trennen, Beispiel :

```
common /inout/   kanal1,kanal2,kanal2
common /flow/    rezahl,zmach,kappa
common /inetz/   nx,ny,nz
common /rnetz/   xmin,xmax,ymin,ymax,zmin,zmax
```

Hier werden vier COMMON-Blöcke für die Ein- und Ausgabekanäle (inout), die Strömungsvariablen (flow), die INTEGER-Netzvariablen (inetz) und die REAL-Netzvariablen (rnetz) definiert.

§ 6   Dimensionierung mit Hilfe von PARAMETER-Konstanten

Indizierte Variablen müssen in Fortran mit konstanten Dimensionen vereinbart werden. Die Größe der Dimensionierung ist z. B. die Anzahl der Punkte n_x, n_y, n_z in einem Gitter. Wenn Dimensionierungsangaben mehrfach vorkommen, empfiehlt es sich, sie mit Hilfe des PARAMETER-Statements als benannte Konstanten zu behandeln, z. B.:

```
parameter{nx=75,ny=34,nz=18}
real xnetz(nx,ny,nz),ynetz(nx,ny,nz),znetz(nx,ny,nz)
real r   (nx,ny,nz),ru   (nx,ny,nz),rv   (nx,ny,nz),
*    rw  (nx,ny,nz),re   (nx,ny,nz)
```

Dadurch ist es möglich, die Größe der Felder und damit die Diskretisierung auf einfache Weise zu variieren. Das Programm muß nach Änderung der PARAMETER-Konstanten neu übersetzt werden.

§ 7   Explizite Vereinbarung aller Variablen

Durch Angabe der Vereinbarung IMPLICIT NONE am Anfang jedes Unterprogramms wird der Programmierer gezwungen, alle verwendeten Variablen bezüglich ihres Typs (INTEGER oder REAL) zu vereinbaren. Wird eine Größe nicht vereinbart, so meldet dies der Compiler als Fehler. Dadurch werden die häufig auftretenden 'Tippfehler' beim Programmieren sofort aufgespürt. Beispiel:

```
implicit none
integer  index,zaehler,nmax
real     laenge,breite,hoehe
```

Das IMPLICIT NONE-Statement gehört zwar nicht zum Sprachumfang von Fortran 77, wird aber von fast allen Fortran 77-Compilern unterstützt.

§ 8   Sinnvolle Variablen- und Programmnamen benutzen

Variablennamen sollten möglichst lang sein, jedoch aus nicht mehr als sechs Zeichen bestehen (bei manchen Compilern sind nur sechs Zeichen signifikant). Variablen, die eine Beziehung zueinander haben, sollten dementsprechend ähnlich benannt sein, z. B.

np	Anzahl der Punkte
npmax	maximale Anzahl der Punkte (für Dimensionierung)
ip	Zählindex der Punkte (z. B. in einer Schleife)

Sehr kurze Variablennamen, z. B. `i, j, k` sollten vermieden werden, mit Ausnahme von Schleifenindizes.

§ 9   Verzicht auf Spracherweiterungen

Von den Spracherweiterungen des Fortran 77 Standards, die nur auf der zur Programmentwicklung und für Testrechnungen genutzten Maschine (z. B. Workstation) zur Verfügung stehen, sollte i. a. kein Gebrauch gemacht werden. Meist werden die späteren Rechnungen auf einem anderen Rechner (z. B. Vektorrechner) durchgeführt und es gibt Probleme bei der Portierung. Man sollte schon in den frühen Stadien der Entwicklung das Programm auf dem Vektorrechner übersetzen, um Hinweise auf Portierungsprobleme zu erhalten.

§ 10   Verzicht auf einige Fortran-Statements

Die Anweisungen EQUIVALENCE, ENTRY, NAMELIST sollten nicht verwendet werden, da sie die Übersichtlichkeit stören und die Fehlersuche behindern.

§ 11 Generische Funktionsnamen verwenden

Bei Aufruf eingebauter Funktionen wie z. B. sin, cos, log, usw. sollte der *generische Funktionsname* verwendet werden, welcher unabhängig ist von der Genauigkeit (einfache oder doppelte) seiner Argumente. Dadurch kann die Genauigkeit leichter verändert werden. Also:

```
sin     anstelle von     dsin     verwenden
log10                    alog10
abs                      dabs
```

Der Compiler bestimmt dann selbst, mit welcher Genauigkeit die Berechnung stattfindet.

§ 12 In einfacher Genauigkeit Programmieren

Falls bei der Übersetzung des Programms doppelte Genauigkeit erwünscht ist, kann diese mit Hilfe der Compileroption 'r8' erzielt werden. Die Deklarationen `double precision` oder `real*8` sollen also vermieden werden (immer `real`).

§ 13 Alles in Kleinbuchstaben schreiben

In Fortran wird nicht zwischen Klein- und Großschreibung unterschieden. Um das Auffinden von Zeichenketten im Editor oder mit dem UNIX-Kommando 'grep' zu garantieren, sollten Großbuchstaben nicht vorkommen. Aus dem gleichen Grund sollten keine Leerzeichen innerhalb von Namen oder Wörtern, sondern nur davor oder danach, vorkommen.

§ 14 Definierte Endungen für Dateinamen verwenden

UNIX und die meiste Anwendersoftware schreibt definierte Endungen (abgetrennt vom Dateinamen durch einen Punkt) bezüglich des Inhalts oder der Verwendung von Dateien vor, z. B.

```
filename.f        Fortran-Programm
filename.h        include-Datei (z. B. COMMON-Block)
filename.o        Objektdateien (vorübersetzte Unterprogramme)
filename.tar      Mit dem Befehl tar zusammengefaßtes Verzeichnis
filename.tex      Datei für Textverarbeitungsprogramm TEX
filename.ps       Postscript-Datei (Postscript = Graphiksprache)
```

Die Systematik sollte für selbstentwickelte Programme beibehalten werden:

```
filename.para     Eingabeparameter für ein Programm
filename.log      Ablaufprotokoll eines Programms
filename.gnu      für gnuplot geeignete Eingabedatei
filename.gnuwrk   Datei mit vorbereiteten gnuplot Kommandos
filename.byu      Graphikformat entsprechend Movie-byu Standard
```

Außerdem gibt es in UNIX allgemein übliche Namen (Beachte: Groß- und Klein-buchstaben):

`README`	allgemein wissenswertes
`Makefile`	Hilfsdatei zum Übersetzen und Binden

Die Benutzung von Datei-Endungen hat den Vorteil, daß auf den Inhalt geschlossen werden kann, ohne tatsächlich in die Datei hineinzusehen. Es sollten so wenig neue Endungen wie möglich eingeführt (also 'erfunden') werden. Falls jedoch keinem Standard entsprochen werden kann, so sollte dies durch eine entsprechende En-dung (z. B. der Programmname) ausgedrückt werden. Dagegen sind zu allgemeine Endungen (z. B. `filename.data`) nichtssagend und daher zu vermeiden.

8.2 Programmbeispiele

In den folgenden Unterkapiteln werden einige Programmbeispiele vorgestellt. Diese Programme stellen einführende Beispiele in die praktische Programmierung strö-mungsmechanischer Software dar. Sie sollen dazu dienen, durch Übungen die Ar-beitsweise des numerische Strömungsmechanikers kennenzulernen.

Zum Erscheinungszeitpunkt dieses Buches beginnen wir mit einigen wenigen Bei-spielprogrammen. Es ist jedoch vorgesehen, im Rahmen der Praktika zur Vorle-sung Numerische Strömungsmechanik weitere Beispiele hinzuzufügen, um so eine Sammlung von Lehr-Programmen zu erarbeiten. Die Beispiele werden in unserem **Übungsbuch Numerische Strömungsmechanik** zusammengestellt werden.

Die Beispiele sind auf dem ftp-Server der Universität Karlsruhe (TH) gespeichert und können von dort abgerufen werden. Voraussetzung ist ein Rechner mit Internet-Anschluß. Die folgende Eingabe verbindet mit dem ftp-Server:

```
# ftp ftp.uni-karlsruhe.de
login: anonymous
password: (eigene user-id)
cd numstrmbuch
```

Der Transfer der Programms 'trafin' wird folgendermaßen durchgeführt:

```
get trafin.tar.gz
exit
```

Das Auspacken auf dem eigenen Rechner erfolgt mit (Voraussetzung: Installation des Komprimierungsprogramms gunzip):

```
# gunzip trafin.tar.gz
# tar xvf trafin.tar
```

Das Verzeichnis 'trafin', welches das Programm und die Daten enthält, steht nun auf dem eigenen Rechner zur Verfügung.

8.2.1 Netzgenerator

Aufgabe: Generierung eines zweidimensionalen blockstrukturierten Netzes um eine Turbinenschaufel. Punktweise Definition der Schaufelgeometrie. Das Netz eignet sich für Berechnungen der reibungslosen Strömung oder als Ausgangsnetz für die Generierung unstrukturierter Netze.

Methode: Generierung der Netze in jedem Block nach der transfiniten Interpolation. Definition der krummlinigen Blockgrenzen durch Angabe der Steigungen am ihren Anfangs- und Endpunkten oder durch die Schaufelgeometrie.

Quellcode: Der Fortran 77-Code des Netzgenerators (etwa 550 Zeilen, 4 Unterprogramme) befindet sich in trafin.f, ein weiteres Programm (`blade_rotate.f`) dient zur Drehung der Profilgeometrie.

Hardware-Voraussetzung: Workstation.

Software-Voraussetzung: Fortran 77, gnuplot.

Compilieren: erfolgt mit

```
# f77 -o trafin trafin.f
```

Eingabedateien: Die Datei blade1.gnu enthält die einzelnen Punkte der Schaufelgeometrie mit dem gewünschten Einbauwinkel und der gewünschten Größe und Position. Diese Datei wird mit dem Programm `blade_rotate.f` (Programm ist selbsterklärend) aus den Original-Profildaten `blade_orig.gnu` erzeugt. Die Eingabedatei `schaufel.para` enthält die Daten zur Definition der Blockgrenzen und der Krümmungen der Blockgrenzen.

Graphische Eingabedaten-Darstellung: Die Original-Profildaten werden mit

```
# gnuplot
load 'blade_orig.gnuwrk'
```

gezeichnet und die gedrehte, gestreckte und positionierte Schaufel-Profilgeometrie mit

```
# gnuplot
load 'blade1.gnuwrk'
```

Programmaufruf: Die Ausführung erfolgt durch Eingabe von

```
trafin
```

Jetzt werden die Dateien `grid.gnu` und `punkte.gnu` erzeugt.

Ausgabedateien: Die Datei `grid.gnu` dient zur graphischen Ausgabe des Netzes mit gnuplot. Die Datei `punkte.gnu` enthält die Punktkoordinaten zur Übergabe an einen Netzgenerator für unstrukturierte Netze.

Graphische Ergebnisdarstellung: erfolgt mit

```
# gnuplot
load 'grid.gnuwrk'
```

auf dem Bildschirm. Gezeichnet werden die Netzlinien, oder mit

```
# gnuplot
load 'punkte.gnuwrk'
```

nur die Punkte. Letztere Darstellung kann auch angewendet werden, wenn nur die Blockgrenzen (Ecken) oder die Verbindungslinien gezeigt werden sollen.

Beschreibung der Eingabeparameter: Datei: `schaufel.para`. Am Anfang der Daten wird ein Wert gesetzt, der angibt, bis zu welchem Bearbeitungsschritt das Programm 'trafin' ausgeführt werden soll. Mögliche Werte für *marke* sind:

1	Nur Einlesen und Ausgabe der Gebietsgrenzen (Eckpunkte)
2	Gebietsgrenzen (Eckpunkte) und Verbindungslinien
3	gesamte Netzgenerierung

Es folgt die Angabe der Koordinaten einiger Blockgrenzen (Eckpunkte), wobei die Reihenfolge der Angabe unabhängig von der Nummerierung ist, daher wird die Punkt-Nr. zusätzlich angegeben:

x-Koordinate z-Koordinate   Punkt-Nr.

Es folgt die Angabe von Informationen zur Berechnung der restlichen Punkte j, und zwar nach der Formel:

$$\mathbf{x}_j = f_1 \cdot \mathbf{x}_{j1} + f_2 \cdot \mathbf{x}_{j2}$$

Darin sind f_1 und f_2 Gewichtungsfaktoren und $\mathbf{x}_{j1}$ und $\mathbf{x}_{j2}$ die Ortsvektoren zweier bereits definierter Punkte mit den Indizes $j1$ und $j2$. Bei Wahl von $f_1 = f_2 = 0.5$ liegt der Punkt j also gerade in der Mitte zwischen $j1$ und $j2$. Falls *marke* $= 1$ kann der Datensatz hier enden. Andernfalls werden Linienscharen mit einer vorgegebenen Anzahl von Punkten definiert. Die Nummerierung der Linienscharen ist immer aufsteigend, so daß der im Datensatz angegebene Index nur eine Kommentierung bedeutet (kein Einfluß). Die Linienscharen sind Grundlage für Verbindungslinien, welche im Anschluß daran definiert werden. Falls nichts anderes angegeben wird, sind die Verbindungen zwischen Punkt i und Punkt j geradlinig:

Punkt i Punkt j Nr. der Linienschar

Falls die Verbindungslinien gekrümmt sein sollen, so besteht im folgenden die Möglichkeit, mit Hilfe der Steigung am Anfang (Punkt i) und Ende (Punkt j) die Form zu kontrollieren ($i < j$). Dies geschieht mit Hilfe der Richtungsvektoren der Verbindung i, j oder anderen Punkte-Kombinationen (auch solchen, die nicht als Verbindungslinien vereinbart sind). Eine Punkte-Verbindung wird mit $\mathbf{x}_{ij} = \mathbf{x}_j - \mathbf{x}_i$ bezeichnet. Die gekrümmte Verbindung besitzt an ihren Enden die Richtungen

$$0.5 \cdot (\mathbf{x}_{ij} + \mathbf{x}_{i_1, j_1}) \qquad \text{bei Punkt } i$$
$$0.5 \cdot (\mathbf{x}_{ij} + \mathbf{x}_{i_2, j_2}) \qquad \text{bei Punkt } j$$

wobei i_1, j_1 und i_2, j_2 beliebige weitere Punkte sind. Die Dateneingabe erfolgt in folgender Reihenfolge:

$$i \quad j \quad i_1 \quad j_1 \quad i_2 \quad j_2 \qquad .$$

Es folgt die Angabe der Verbindungslinien i, j, welche die Form der Profilkontur der Schaufel annehmen sollen (beachte $i < j$). Das Profil ist punktweise im mathematisch positiven Drehsinn definiert. Falls die Verbindungslinie von i nach j dazu gegenläufig verläuft, so muß als Drehrichtung -1 angegeben werden, andernfalls $+1$:

$$i \quad j \quad \text{Drehrichtung}.$$

Falls $marke = 2$ kann der Datensatz hier enden, das Netz wird dann nicht erzeugt. Andernfalls sind noch die Eckpunkte

$$A \quad B \quad C \quad D$$

der Blöcke anzugeben. Der Drehsinn für jeden Block muß positiv sein.

8.2.2 Parallelprogramm für Workstation-Cluster

Dieses Programm dient dazu, die parallele Abarbeitung einer strömungsmechanischen Berechnungsmethode auf einem Workstation-Cluster nach der Gebietszerlegungsmethode zu verdeutlichen. Es soll dem Anwender den Einstieg in die Parallelverarbeitung ermöglichen. Vorhandene serielle Programme können ohne großen Aufwand in dieses Musterprogramm implementiert werden. Voraussetzung ist die Kommunikationssoftware PVM 3.1.

Das Muster-Programm besteht aus zwei Teilen:

- Einem **Steuerungsprogramm**, welches die Steuerung und Überwachung der parallelen Problembearbeitung durchführt. Dieses Programm startet die auf den einzelnen Workstations auszuführenden Programme (sog. Knotenprogramme) an, empfängt und verteilt Adressinformationen der einzelnen Prozessoren, synchronisiert die Knotenprozesse und gibt schließlich das Ergebnis aus. Das Steuerungsprogramm ist weitgehend unabhängig vom zu bearbeitenden technischen Problem.

- Einem **Knotenprogramm**, welches die Bearbeitung des technischen Problems auf jedem Prozessor (Knoten) durchführt. Am Anfang des Knotenprogramms wird diesem mitgeteilt, welches Untergebiet bearbeitet werden soll. Es wird entsprechend der gewählten Anzahl der Untergebiete auf verschiedenen Workstations des Clusters durch das Steuerungsprogramm angestartet.

Die Struktur von Steuerungs- und Knotenprogramm sowie die beim Ablauf auftretenden Kommunikationen sind in einem Ablauf-Diagramm Abb. 8.2 - 8.4 dargestellt.

Steuerungsprogramm   Knotenprogramme

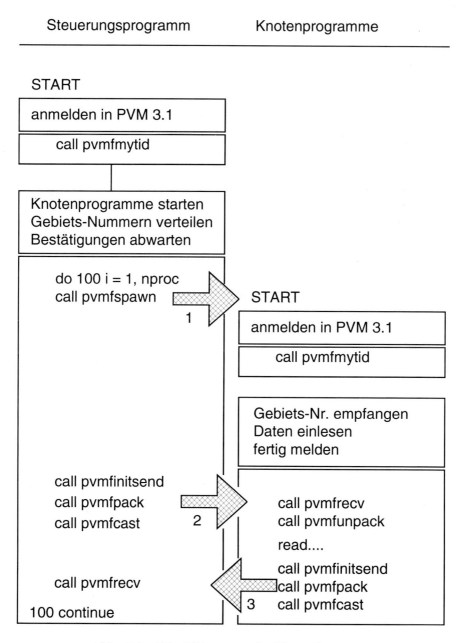

Abb. 8.2: Ablauf-Diagramm des Muster-Programms

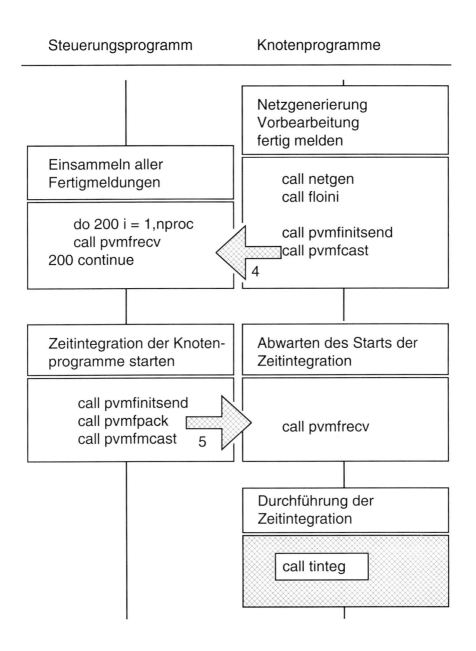

Abb. 8.3: Fortsetzung Ablauf-Diagramm

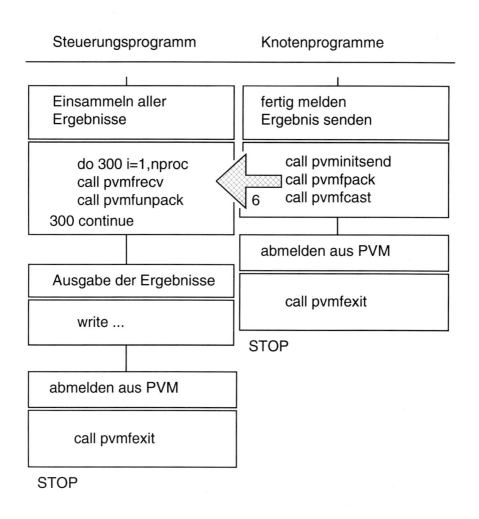

Abb. 8.4: Fortsetzung Ablauf-Diagramm

8.3 Computerfilm

Die Anwendung der numerischen Strömungsmechanik wird durch einen dieses Buch begleitenden Computerfilm (Lehrfilm) dargestellt. Strömungen werden i. a. als in Bewegung befindliche Flüssigkeiten oder Gase verstanden. Während zweidimensionale Strömungen noch verhältnismäßig leicht überschaubar sind, können dreidimensionale Strömungen bereits eine außerordentlich komplexe Topologie aufweisen. Kommt hier zusätzlich Instationarität hinzu, eignet sich der Film besser als eine Momentaufnahme (Standbild) zur Erfassung von instationären Strömungsvorgängen.

Der Film soll auf einfache Weise verdeutlichen, in wieweit die Ergebnisse von Strömungssimulationen der Realität entsprechen, d. h. welche beobachteten Bewegungen in der Simulation wiederzuerkennen sind. Außerdem soll vor Augen geführt werden, welche Möglichkeiten zur Darstellung dreidimensionaler instationärer Strömungen bestehen.

Wir beginnen mit einer ersten Filmszene über die Instabilitäten und die Transition in einer Grenzschicht. Zur Zeit $t = 0$ haben wir der instabilen laminaren Grenzschicht eine Tollmien-Schlichting'sche Welleninstabilität sehr kleiner Amplitude überlagert und verfolgen ihre Entwicklung. Dazu ist in den Abbildungen 8.5-8.7 jeweils eine charakteristische Periodenlänge λ der TS-Welle in Stromabrichtung aus dem Strömungsfeld herausgegriffen. Wir gehen mit der Welle mit und visualisieren die Verteilung der Spannweitenkomponente ω_2 des Drehungsvektors $\omega = \nabla \times \mathbf{u}$. Gezeigt werden Orte konstanten Wertes von ω_2, die eine sogenannte Isofläche bilden. Gleichzeitig wird im Mittelschnitt des gezeigten Strömungsgebietes mit Hilfe von Höhenlinien die Schichtung von ω_2 visualisiert.

Die Verteilung der Drehungskomponente ω_2 in Abb. 8.5 zeigt bereits eine leichte Variation in Spannweitenrichtung. Die Amplitude der TS-Welle ist zum gezeigten

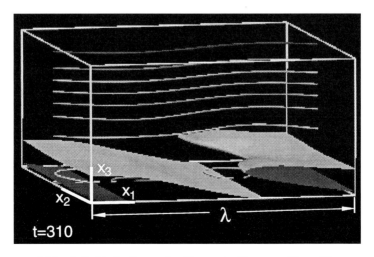

Abb. 8.5: Erste Szene des Computerfilms zur Transition.

Zeitpunkt groß genug, um sekundäre Störwellen zu destabilisieren, was für die Dreidimensionalität des Strömungsfeldes sorgt. Diese Dreidimensionalität ist in Abb. 8.6 in einem weiter entwickelten Stadium dargestellt.

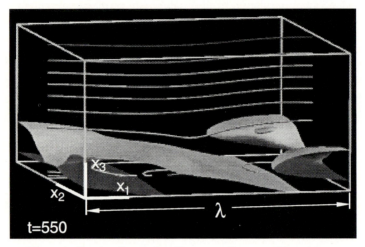

Abb. 8.6: Zweite Szene des Computerfilms zur Transition.

Das Maximum der Drehung verbleibt in diesem Entwicklungsstadium der Transition noch an der Wand. Wir erkennen im Vergleich zu Abb. 8.5, daß die Isoflächenentwicklung im Mittelschnitt wesentlich dramatischer verläuft als im Frontschnitt. Diese Entwicklung führt entsprechend Abb. 8.7 im Bereich des Mittelschnitts zur Bildung lokaler Maxima der Drehung mit deutlichem Abstand zur Wand. Sie deuten die sich entwicklenden freien Scherschichten an.

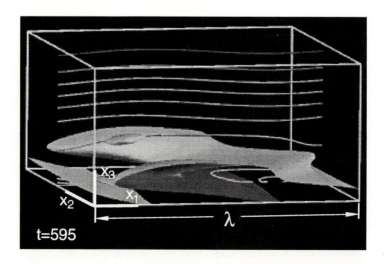

Abb. 8.7: Dritte Szene des Computerfilms zur Transition.

Ausgewählte Literatur

D. A. Anderson, J. C. Tannehill, R. H. Pletcher:
Computational Fluid Mechanics and Heat Transfer, McGraw-Hill, New York, Hamburg, 1984

A. S. Arcilla, J. Häuser, P. R. Eisemann, J. F. Thompson (Eds.):
Numerical Grid Generation in Computational Fluid Dynamics and Related Fields, North-Holland, Amsterdam, New York, Oxford, Tokyo 1992

A. J. Baker:
Finite Element Computational Fluid Mechanics, McGraw Hill 1983

B. S. Baldwin and H. Lomax:
Thin Layer Approximation and Algebraic Model for Separated Turbulent Flows, AIAA 78-257 (1978)

R. M. Beam and F. Warming:
An Implicit Factored Scheme for the Compressible Navier-Stokes Equations, AIAA Journal 16, 393-401 (1978)

G. A. Bird:
Molecular Gas Dynamics, Clarendon Press, Oxford 1976

C. Canuto, M. Y. Hussaini, A. Quarteroni, T. A. Zang:
Spectral Methods in Fluid Dynamics, Springer, Berlin, Heidelberg, New-York

D. S. Chaussee:
in W. G. Habashi (Ed.): Computational Methods in Viscous Flow 3, 255 - 279 (1984)

J. Delfs:
Acta Mechnica, 1995

C. A. J. Fletcher:
Computational Techniques for Fluid Dynamics, Vol I and II, Springer Series in Computational Physics, New York, Berlin, Heidelberg 1990

L. Fox and I. B. Parker:
Chebyshev Polynomials in Numerical Analysis, Oxford University Press, London 1968

W. Gentzsch:
Vectorization of Computer Programs with Applications to Computational Fluid Dynamics, Vieweg Notes on Numerical Fluid Mechanics 8, Braunschweig 1984

M. Germano, U. Piomelli, P. Moin, W. H. Chabot:
A Dynamic Subgrid Scale Eddy Viscosity Model, Phys. Fluids A 3, 1760-1765 (1991)

D. Gottlied, M. Y. Hussaini, S. A. Orszag:
Theory and Applications of Spectral Methods, in R. G. Voigt (ed.): Spectral Methods for Partial Differential Equations, SIAM Philadelphia 1984

H. Goering, H.-G. Roos, L. Tobiska:
Finite-Element-Methode - Eine Einführung, Akademie-Verlag, Berlin, 1993

D. Hänel:
Computational Fluid Dynamics, VKI Lecture Series 1989-04 (1989)

C. Hirsh:
Numerical Computation of Internal and External Flows, Vols. I and II, John Wiley ans Sons, 1990

E. H. Hirschel:
Flow Simulation with High-Performance Computers I, Vieweg, Braunschweig, 1993

T. L. Holst:
Viscous Transonic Airfoil Workshop, Compendium of Results, AIAA 87-1460 (1987)

A. Jameson, W. Schmidt and E. Turkel:
Numerical Solutions of the Euler Equations by Finite-Volume Methods using Runge-Kutta Time-Stepping Schemes, AIAA 81-1259 (1981)

D. A. Johnson and L. S. King:
A Mathematically Simple Turbulence Closure Model for Attached and Separated Turbulent Boundary Layers, AIAA Journal 23, 1684-1692 (1984)

G. Jordan-Engeln, F. Reutter:
Formelsammlung zur numerischen Mathematik mit Fortran IV-Programmen, B.I. Hochschultaschenbücher 106, 1976

B. E. Launder and D. B. Spalding:
The Numerical Computation of Turbulent Flows, Comp. Meth. Appl. Mech. Eng. 3, 269-289 (1974)

L. Lapidus, G. F. Pinder:
Numerical Solution of Partial Differential Equations in Science and Engineering, J. Wiley a. Sons, New York, Chichester, 1982

R. Löhner, K. Morgan and O. C. Zienkiewicz:
An Adaptive Finite-Element Procedure for High Speed Flows, Computer Methods on Applied Mechanics and Engineering 51, 441-465 (1985)

R. Löhner, K. Morgan, J. Peraire and M. Vadahti:
Finite-Element Flux-Corrected Transport (FEM-FCT) for the Euler and Navier-Stokes Equations, Int. J. Num. Meth in Fluids 7, 1093-1109 (1987)

R. Löhner:
Introduction to Computational Fluid Dynamics - Methods for Aerodynamic Applications, Wiley, Chichester 1995

E. Noll:
Numerische Strömungsmechanik, Springer, Berlin, Heidelberg, New-York, 1993

L. M. Mack:
Boundary-Layer Linear Stability Theory, in: AGARD-R-709: Special Course on Stability and Transition of Laminar Flow, 3-1 - 3-81 (1984)

H. Oertel jr.:
Thermische Zellularkonvektion, Habilitationsschrift, Universität Karlsruhe (TH) 1979

H. Oertel jr., M. Böhle:
Übungsbuch Strömungsmechanik, Springer-Lehrbuch, Berlin, Heidelberg, New-York, 1993

H. Oertel jr., M. Böhle, T. Ehret:
Strömungsmechanik - Methoden und Phänomene, Springer-Lehrbuch, Berlin, Heidelberg, New-York, 1995

H. Oertel jr., M. Böhle, J. Delfs, H. Holthoff, D. Hafermann:
Aerothermodynamik, Springer, Berlin, Heidelberg, New-York, 1994

H. Oertel jr., J. Delfs:
Strömungsmechanische Instabilitäten, Springer, Berlin, Heidelberg, New-York, 1995

H. Oertel jr.:
Bereiche der reibungsbehafteten Strömung, 37. Ludwig-Prandtl Gedächtnisvorlesung, GAMM Jahrestagung 1994, Braunschweig, ZFW (1995)

H. Oertel jr., E. Laurien:
Übungsbuch Numerische Strömungsmechanik, Springer, Berlin, Heidelberg, New-York, (in Vorbereitung)

S. V. Patankar:
Numerical Heat Transfer and Fluid Flow, McGraw-Hill, New York, Hamburg, 1980

S. V. Patankar and D. B. Spalding:
A Calculation Procedure for Heat, Mass and Momentum Transfer in Three-Dimensional Parabolic Flows, Int. J. Heat and Mass Transfer 15, 1787-1806 (1972)

R. Pischinger:
Thermodynamik der Verbrennungskraftmaschine, Springer, Wien, New York, 1989

W. Pflaum, K. Mollenhauer:
Wärmeübergang in der Verbrennungskraftmaschine, Springer, Wien, New York, 1977

R. Peyret, T. D. Taylor:
Computational Methods for Fluid Flow, Springer Series in Computational Physics, New York, Berlin, Heidelberg 1990

W. H. Press, B. P. Flannery, S. A. Teukolsky and W. T. Vetterling:
Numerical Recipes, The Art of Scientific Computing (Fortran Version), Cambridge University Press 1994

P. J. Roache:
Computational Fluid Dynamics, Hermosa Publisher, Albuquerque, NM, 1972

H. Schlichting, K. Gersten:
Grenzschichttheorie, 9. Auflage, Springer, Berlin, Heidelberg, New-York, 1995

E. Stiefel:
Einführung in die numerische Mathematik, Teubner, Stuttgart, 1970

L. B. Schiff and J. L. Steger:
Numerical Simulation of Steady Supersonic Viscous Flow, AIAA Journal 18, 1421 - 1430 (1980)

W. Schönauer:
Scientific Computing on Vector Computers, North-Holland, Special Topics in Supercomputing 2, 1987

B. E. Schönung:
Numerische Strömungsmechanik, Inkompressible Strömungen mit komplexen Berandungen, Springer, Berlin, Heidelberg, New-York, 1990

H. R. Schwarz:
Methode der Finiten Elemente, Teubner, Stuttgart, 1980

280

J. Smagorinsky:
Genaral Circulation Experiments with the Primitive Equations, Monthly Weather Review 91, 99-164 (1963)

H. Sobieczky:
Geometry Generation for Transonic Design, in: W.G. Habashi (Ed.): Recent Advances in Numerical Methods in Fluids, Pineridge Press, 169-182 (1985)

J. L. Steger and R. F. Warming:
Flux Vector Splitting of the Inviscid Gasdynamic Equations with Applications to Finite Difference Methods, Journal of Computational Physics 40, 263-293 (1981)

J. F. Thompson, Z. U. A. Warsi, C. W. Mastin:
Numerical Grid Generation - Foundations and Applications, North Holland, New York, Amsterdam, Oxford, 1985

P. R. Voke, L. Kleiser, J. P. Chollet:
Direct and Large-Eddy Simulation I, Kluwer Academic Press, Dordrecht, Boston, London, 1994

J. Warnatz, U. Maas:
Technische Verbrennung - Physikalisch-Chemische Grundlagen, Modellbildung, Schadstoffentstehung, Springer, Heidelberg 1993

J. F. Wendt, J. D. Anderson, G. Degrez, E. Dick, R. Grundmann:
Computational Fluid Dynamics - An Introduction, Springer, Berlin, Heidelberg, New-York, 1992

J. Zierep:
Grundzüge der Strömungslehre, 5. Auflage, Springer-Lehrbuch, Berlin, Heidelberg, New-York, 1993

J. Zierep:
Theoretische Gasdynamik, Braun, Karlsruhe, 1976

J. Zierep, H. Oertel jr. (Eds.):
Convective Transport and Instability Phenomena, Braun, Karlsruhe 1982

Sachwortverzeichnis

Änderung des Typs, 29
äquidistante Diskretisierung, 118
äquidistantes kartesisches Netz, 127
äußere Schicht, 52
übersichtlich, 264

A-stabil, 122
Abbruchfehler, 106
abgelöste Stromungen, 55
abhängige Variable, 31
Abkling-Randbedingung, 215
Abschnürung, 139
absolut sensitiv, 30
Adams-Bashforth Verfahren, 103
ADI, 113
adiabate Wand, 34, 40
advancing front method, 138
algebraische Funktion, 25
algebraische Konvergenz, 117
algebraische Reynoldsspannungmodelle, 56
algebraische Verdichtungsfunktion, 128
algebraisches Turbulenzmodell, 25, 51
Algorithmus, 5, 227
Aliasingfehler, 222
allgemeines Netz, 84
alternierende Richtungen, 113
Amplitudenfunktionen, 62
Anfahrvorgang, 68
Anfangs-Randwertproblem, 28, 35, 74
Anfangsbedingungen, 28, 35, 74
Anfangsverteilung, 28
Anfangswert, 101
Anfangswertproblem, 101
Anisotropie, 56
Ansatzfunktionen, 97
Antidiffusion, 202
Approximationsfehler, 103, 106
Auftrieb, 4
Auftriebskraft, 38
Aufwind-Diskretisierung, 181
Aufwindverfahren, 182, 191

Baldwin–Lomax Modell, 51
Band, 96
Bandbreite, 109
Bandmatrix, 109
Bandspeichertechnik, 96
Basisfunktionen, 86, 94

Beam und Warming Verfahren, 162
bedingt stabil, 122
Beispiel-Lösungen, 244
Benard-Zellen, 19
Bereichseinteilung, 130
bewegte Netze, 140
Bezier-Funktion, 78
Bezugsdichte, 32
Bezugsgeschwindigkeit, 31
Bezugslänge, 31
binär, 106
Block, 85
Block-Iterationsverfahren, 112
block-tridiagonal, 109
blockstrukturierte Netze, 85
Boltzmann-Gleichung, 22
Boussinesq-Approximation, 38
Boussinesq-Gleichungen, 24, 38

C-Netz, 84
cache, 227
CAD-System, 80
cell centered scheme, 92
cell-vertex scheme, 92
CFL-Bedingung, 126
CFL-Zahl, 126
CG-Verfahren, 113
charakteristische Variable, 32, 123, 124, 190
Chimera-Netze, 85
Choleski-Zerlegung, 114
Cluster, 6
COMMON-Blöcke, 265
compilieren, 227
Coon's Patches, 78
cpu, 226
Crank-Nicholson Verfahren, 104

dünn besetzt, 96
Dünnschichtgleichungen, 24, 43
Datenaufteilung, 240
Datenbank, 2
Datennetze, 224
Delaunay-Eigenschaft, 135
Delaunay-Triangularisierung, 134
diagonalisierte Massenmatrix, 200
Diagonalmatrix, 109
Dichte, 31

Differentialgleichungen, 74
Differentialgleichungsmodell, 25, 50, 56
Differentialoperatoren, 74
Differenzenoperatoren, 88
Differenzenquotienten, 86
Differenzenverfahren, 88
Differenzierbarkeit, 98
Diffusion, 53
Dimension, 27
dimensionslos, 31
dimensionslose Kennzahlen, 34
Dimensionsspaltung, 122, 123
direkte numerischen Simulation, 23
direkte Verfahren, 114
Dirichlet-Bedingung, 28
diskret, 2, 74
Diskretisierung, 74, 101
Diskretisierung im Raum, 75, 86
Diskretisierungsfehler, 106
Diskretisierungspunkte, 75
Diskriminante, 28
Dissipation, 53
Dissipationsrate, 25, 54
dissipative Flüsse, 33
Divergenzbildung, 143
divergenzfrei, 39, 149
Drehung, 37
drehungsfrei, 36
dreidimensionale Netze, 82
Druck, 33
Druckniveau, 40
Druckwiderstand, 12
DuFort-Frankel Verfahren, 142
dynamische Modell, 56
dynamische Zähigkeit, 33

Eddy-Viscosity Modelle, 50
Effizienz, 6
Eigenwertproblem, 28, 30, 61
Eigenwertspektrum, 65
eingebetteter Stoß, 186
Eingleichungsmodell, 25, 50
Einzelschrittverfahren, 112
elapsed time, 243
Elementaroperationen, 229
Elemente, 93
Elementmatrix, 209
Elementtyp, 96
Ellipsoid, 76
elliptisch, 28

Endung, 268
Enthalpie, 49
EQUIVALENCE-Vereinbarung, 266
Erhaltungsform, 32
erster Teilschritt, 198
Erzeugung von Turbulenz, 25
Ethernet, 225
Euler-Gleichungen, 5, 24, 35
Euler-Rückwarts Verfahren, 103
Euler-Vorwärts Verfahren, 102
Expansionsfächer, 190
explizit, 103, 151
explizites Euler-Verfahren, 102, 192
exponentielle Konvergenz, 117
exponentielle Verdichtungsfunktion, 128
Extrapolation, 193

faktorisieren, 165
Faktorisierung, 162
Faktorisierungsmethode, 165
Favre-Mittelung, 48
FCT, 201
FDDI, 225
FDM, 86, 142
Fehler, 75, 105
Fehlerarten, 105
Fehlersuche, 262
Feinstrukturmodelle, 56
FEM, 86, 195
Fernfeldrand, 34, 130, 169
FFT, 221
Finite-Differenzen Methode, 86, 88, 142
Finite-Elemente Methode, 86, 93, 195, 205
Finite-Volumen Methode, 86, 168
Finite-Volumen Runge-Kutta Verfahren, 168
Flächenkoordinaten, 93
Flügelform, 4
Fließkommazahlen, 105
Flugzeugtragflügel, 4, 244
Fluid, 31
Flusskorrektur, 201
flux-corrected transport, 201
Flux-Limiter, 194
flux-vector splitting, 189, 191
Formfunktionen, 94
Fortran, 262
Fourier-Koeffizienten, 97
Fourier-Spektralmethode, 97, 217

Front, 138
Front-Generierungsmethode, 138
Funktionensysteme, 97
FVM, 86, 168

Galerkin Verfahren, 95, 99, 198
Gauß'scher Integralsatz, 91
Gauß-Elimination, 114
Gauss-Seidel Iteration, 112
Gebietsaufteilung, 240
Gebietszerlegungsmethode, 240
gemeinsamer Speicher, 230
gemischter Typ, 34
gemittelte Strömung, 219
generischer Funktionsname, 267
Geometrie, 2
Geometriedefinition, 75, 76
Geometriegenerierung, 6
Gesamtenergie, 32
Gesamtschrittverfahren, 111
Geschwindigkeitsvektor, 32
gestreckte Netze, 140
gewöhnliche Differentialgleichungen, 27
Gitter, 75, 82
Glättungsoperator, 171
Gleichgewichtsgrenzschichten, 51
Gleichung fur ϵ, 54
Gleichung fur k, 54
Gleitbedingung, 35
globale Knotennummern, 84
globale Koordinaten, 93
Godunov-Methode, 190
GOTO-Anweisung, 264
Gradienten, 140
Green'scher Integralsatz, 198
Green'scher Satz, 207
Grenzschicht, 5
Grenzschichtgleichungen, 5, 24, 46
Grobstruktursimulation, 56
Grundgleichungen, 5, 22
Grundströmung, 23, 26, 57
GS, 112

Hülle, 96
Hüllspeichertechnik, 96
H-Netz, 84
Haftbedingung, 34
halbunendliches Intervall, 212
Helmholtz-Testproblem, 120
Helmholtzgleichung, 100

Hierarchie, 22
hinreichende Bedingung, 145
hochauflösende Verfahren, 186
hochauflösendes Finite-Volumen Verfahren, 186
hochfrequente Oszillationen, 171
Hochleistungsrechner, 224
homogen, 27, 61
homogene Turbulenz, 50
hybride Netze, 85
hybride Verfahren, 85
hyperbolisch, 28

IF–THEN statement, 235
ILU, 113
IMPLICIT-NONE-Statement, 266
implizit, 103, 162
implizites Euler-Verfahren, 103, 192
implizites Gleichungssystem, 222
Impulsgleichung, 41
Impulsvektors, 32
INCLUDE statement, 265
indirekte Adressierung, 204
Industriesoftware, 264
Industriestandards, 264
induzierter Widerstand, 12
inhomogen, 27
inkompressible Navier-Stokes Gleichungen, 24, 40
inkompressible Strömungen, 24
innere Energie, 33
innere Schicht, 51
instabil, 3, 102
Interpolationsmethode, 129
Inverse, 108
irreversibel, 35
isentrop, 36
isotherme Wand, 34, 40
isotrope Turbulenz, 51
Iterationsschritt, 110
Iterationsverfahren, 110

Jakobi-Iteration, 111
Jakobi-Matrizen, 122, 165

körperangepaßte Koordinaten, 129
Körperkontur, 130
k-ϵ Modell, 50
k-ω-Modell, 50
k-ϵ Modell, 54
kartesisches Netz, 83, 127

284

Klassen von Methoden, 86
Klebanoff'scher Intermittenzfaktor, 52
Knoten, 75, 93
koharente Strukturen, 56
Kollokationspunkte, 99
Kollokationsstellen, 100
Kollokationsverfahren, 99
konjugierte Gradienten, 113
konservative Form, 32
konservative Variablen, 32
Konsistenz, 115
Kontaktdiskontinuität, 190
Kontiniutätsgleichung, 39
kontinuierlich, 2, 74
Kontinuum, 31
kontravariant, 43
konturbrechende Dreiecke, 136
Konvektion, 53, 142
Konvektionsströmung, 38
Konvektionsstromung, 254
Konvektionszellen, 19
konvektiv sensitiv, 30
konvektive Flusse, 32
Konvergenz, 115
Konvergenzgeschwertigkeit, 117
Konvergenzrate, 117
Konvergenzuntersuchung, 121
Konvergenzverhalten, 117
konvergiert, 3
Korrektorschritt, 104, 150, 153
Kraftfahrzeugumströmung, 251
Kreisfrequenz, 62
kubische Splines, 78

Längswirbelmoden, 220
Lösungsansatze, 244
L-U-Zerlegung, 114
L2-Norm, 116
laminare Strömungen, 23
Laminarhaltung, 11
Laplace-Operator, 37
large-eddy simulation, 56
Lastverteilung, 240
Latenzzeit, 241
Lax-Wendroff-Verfahren, 150
Lesbarkeit, 264
Limiter, 194
linear, 27
lineare Basisfunktionen, 94
lineare Gleichungssysteme, 107

lineare Rampe, 78
linearisieren, 190
Linearisierung, 29, 122
Linien-Gauß-Seidel-Verfahren, 113
logarithmisches Wandgesetz, 51
lokale Analyse, 59
lokale Knotennummern, 84
lokale Koordinaten, 93
lokale Machzahl, 45
lokale Netzverfeinerung, 141
lokale Storungen, 61
lokale Transformation, 169
lokale Zeitschritte, 174
loop-unrolling, 235
low-storage Runge-Kutta Verfahren, 104

MacCormack-Verfahren, 150, 156
Machzahl, 34
Maskenvektoren, 236
Massendiffusion, 202
massengewichtete Mittelung, 48
Massenmatrix, 199
mathematische Analyse, 6
mathematische Stabilitätsanalyse, 122
Matrix-Eigenwertproblem, 215
maximales Residuum, 116
MByte, 224
Mehrgittertechnik, 174
Mehrgitterzyklus, 174
message-passing-Konzept, 240
Metrikkoeffizienten, 89
Metrikterm, 213
Mflops, 224
Mittelwert, 48
MUSCL-Verfahren, 194

Nabla, 37
Nachweis der Konvergenz, 118
Nachweis der Stabilität, 122
natürliche Randbedingungen, 210
Navier–Stokes Gleichungen, 31
Navier-Stokes Gleichungen, 22, 23, 32
Nebenbedingung, 29, 39
Netz, 75
Netzadaption, 96, 140, 204
Netzgenerierung, 6, 75, 82
Netzpunkte, 75
netzunabhängig, 3
Neugenerierung, 141
Neumann'sche Stabilitätsanalyse, 124, 201

Neumann'sche Stabilitätsbedingung, 125
Neumann-Bedingung, 28
nicht geschlossen, 50
nicht zeitgenau, 75
nichtäquidistantes kartesisches Netz, 128
nichtisentrop, 35
nichtlinear, 27
nichttriviale Lösung, 27
Normalmodenansatz, 62
norwestliches Viertel, 214
notwendige Bedingung, 145
notwendige Randbedingungen, 210
NSG, 23
Nullgleichungsmodelle, 50
numerische Dissipation, 6, 157, 171
numerische Dissipation vierter Ordnung,
    172
numerische Dissipation zweiter Ordnung,
    171
numerische Instabilität, 115
numerische Lösungsmethoden, 142
numerische Methode, 5
numerischen Dissipation, 3
numerischer Fehler, 105
numerisches Experimentieren, 172
numerisches Netz, 2, 82

O-Netz, 84
Oberflächennetze, 82
Oberflächenvektor, 92
Ordnung, 27
Ordnung des Gleichungssystems, 108
Orr-Sommerfeld Gleichung, 26, 64
Orthogonalität, 98
overflow, 115

parabolisch, 28
parabolisierte Navier-Stokes Gleichungen,
    24, 44
parabolosieren, 44
parallele Effizienz, 242
parallele Sprachelemente, 237
paralleler Speed-up, 242
Parallelisierung, 230, 237
Parallelrechner, 225, 229
Parallelströmungsannahme, 59
PARAMETER-Konstante, 265
partielle Differentialgleichungen, 27
Peclet-Zahl, 183
Petrov-Galerkin Verfahren, 95
physikalischer Raum, 97

Pipeline, 228, 229
PNS-Gleichungen, 44
Poissongleichung für den Druck, 145
Polynomkörper, 76
Potentialfunktion, 37
Potentialgleichung, 5, 24, 37
Potentialströmungen, 37
Prädiktor-Korrektor Verfahren, 104, 150
Prädiktorschritt, 104, 150
Pradiktorschritt, 153
Prandtl'scher Mischungsweg, 51, 53
Prandtl'sches Eingleichungsmodell, 53
Prandtlzahl, 33
Preprozessor-Anweisung, 265
primäre Störungsdifferentialgleichungen,
    26, 59
primäre Stabilitätsanalyse, 59
primitive Variablen, 32, 46, 142
Produktion, 53
Profilfamilie, 77
Programm-Modulen, 262
Programmierung von Parallelrechnern, 237
Programmkonzept, 262
Projektteam, 2
Prozessoren, 226
Pseudospektralmethode, 221
Punkt-Gauß-Seidel-Verfahren, 113
punktweise Definition, 77
Punktwolke, 137

quadratische Basisfunktionen, 95
quadtree-Algorithmus, 136

räumliche Diskretisierung, 86
Randbedingungen, 28, 34, 74
Randwertproblem, 28
Raumschrittverfahren, 45
Rayleighzahl, 39
Rechenanlagen, 224
Rechenebene, 88, 130
Rechenprogramm, 227
Rechenraum, 88
Rechentechnik, 224
Rechnerarchitektur, 224, 226
Rechnertypen, 225
rechteckiger Behälter, 142
Reduzierung der Dimension, 29
Reduzierung der Ordnung, 29
reibungslose Strömungen, 24
Reibungswiderstand, 12

Reihenansatz, 97
Rekursion, 232, 235
Rekursionsformel, 98
Relaxationsverfahren, 112
Residuenglättung, 174
Residuum, 116, 199
Restglied, 119
reversibel, 36
Reynoldsgleichungen, 23, 25, 48
Reynoldsspannungsmodell, 25, 50, 56
Reynoldszahl, 34
Riemannlöser, 190
Riemannproblem, 190
Ritz-Verfahren, 209
robust, 183
Robustheit, 185
Rotation, 37
Rundungsfehler, 105, 106
Runge-Kutta Verfahren, 104, 170

Satz von Lax, 115
Schallgeschwindigkeit, 34
scheinbare Zähigkeit, 25
Schertransformationsmethode, 131
Schießverfahren, 133
schlanker Körper, 24
Schlankheitsgrad, 140
schleichende Bewegung, 42
Schließung zweiter Ordnung, 51, 56
Schliessungsproblem, 50
schnelle Fouriertransformation, 221
Schnittstelle, 80
Schreibkonflikt, 235
schwach besetzt, 108
schwache Formulierung, 206
Schwankungswert, 48
Schwellenwert, 65
sekundäre Störungsdifferentialgleichungen,
    26, 65
sekundare Instabilitat, 65
semi-implizit, 180
Semi-implizites Verfahren, 176
seriell, 238
SIMPLE-Verfahren, 176
skalierbar, 239
SM, 86, 212
Smagorinsky-Modell, 56
SOR, 112
Spannungen, 33
Speed-up, 233

Spektralmethode, 86, 96, 212
Spektrum, 97
Spracherweiterungen, 266
Sprunganweisung, 235
Störströmung, 23, 26, 57
Störungen, 57, 122
Störungs-Differentialgleichungen, 23, 26,
    57
Störungs-Energiegleichung, 60
Störungs-Impulsgleichungen, 60
Störungs-Kontinuitätsgleichung, 59
stückweise, 78
Stabilität, 102, 115
starke Formulierung, 206
startup Zeit, 241
Steigungskontrolle, 78
Stoß-Detektor, 157
Stoßausbreitung, 186
Stoßfläche, 5
Stoßmachzahl, 187
Stoßrohr, 186
Stoffeigenschaften, 33
Stokes-Gleichung, 24
Stokes-Gleichungen, 42
Strömungsproblem, 40
Streichlinie, 3
Stromlinie, 3
Superellipse, 78
superelliptische Rampe, 78
Superpositionsprinzip, 29
Sutherland-Formel, 34
Systeme von Differentialgleichungen, 27
Systemgrößen, 209
Systemmatrix, 209

Taktzeit, 229
Taylor-Galerkin Finite-Elemente Methode,
    195
Temperatur, 33
Temperaturleitfähigkeit, 39
Tensor, 56
Terminal, 225
Testproblem, 120
thermische Zellularkonvektion, 142
Thomas-Algorithmus, 114
Token-Ring Prinzip, 241
Tollmien-Schlichting Welle, 62
transfinite Interpolation, 131
Transformationsmatrix, 94, 170
transformierte Ableitungsmatrix, 213

transformierte Kollokationspunkte, 214
Transition, 23
transitionell, 5
transitionelle Strömung, 23, 26
Transitionslinie, 69
Transportmechanismus, 74
Transputersysteme, 228
Triangularisierungsmethode, 135
Tridiagonalmatrix, 109
triviale Lösung, 27
Tschebyscheff-Matrixmethode, 100, 212
Tschebyscheff-Polynome, 98
turbulente kinetische Energie, 49
turbulente Prandtlzahl, 50
turbulente Strömungen, 23
turbulente Viskosität, 50
turbulente Zähigkeit, 25
Turbulenzmodell, 23, 48
TVD-Eigenschaft, 194

unabhängige Variable, 31
unbedingt stabil, 104, 122, 147
ungenau, 105
Ungenauigkeit, 75
unstrukturiertes Netz, 84, 134
Untergebiete, 240
Unterprogramm-Bibliothek, 145
unvollständige L-U-Zerlegung, 113

Validierung, 6, 121
Van Driest'sche Dämpfungsfunktion, 55
Van Driest'scher Dämpfungsfaktor, 52
Variablennamen, 266
Vektor, 229, 231
Vektor-Parallelrechner, 238
Vektorgleichung, 27
vektorisiert, 231
Vektorisierungsgrad, 233
Vektorlänge, 231
Vektorleistung, 232
Vektorprozessor, 228
Vektorrechner, 225, 229
Verdichtergitter, 254
Verdichtung, 127
Verfahren der gewichteten Residuen, 95
verfahrenseigene numerische Dissipation,
    155, 171, 201
Verfeinerungskriterium, 204
Verhältnis der spezifischen Wärmen, 33
Verifikation, 6, 121

verschmiert, 171
versetztes Gitter, 153, 184
verteilter Speicher, 230
virtuell, 206
viskose Unterschicht, 51
Visualisierungsverfahren, 3
voll besetzt, 108
Vollständigkeit, 98

Wärmeleitfähigkeit, 33
Wärmestrom, 33
Wandfunktionen, 55
wandnahe Schicht, 51
Warmeausdehnungskoeffizient, 38
Wellenlänge, 62
Wellenwiderstand, 12
Wellenzahl, 62, 97
Widerstand, 4
Wirbelviskosität, 50
Wirbelviskositätsmodelle, 50
Workstation, 3, 225
Workstation Cluster, 228

Zähigkeit, 34
Zahlendarstellung, 105
Zeilensummenkriterium, 111
Zeitdiskretisierung, 101
zeitgenau, 75
Zeitindex, 101
zeitliche Mittelung, 23
zeitliches Simulationsmodell, 218
Zeitschritt, 102
Zeitschrittverfahren, 75
Zeitschrittweite, 3, 101
Zellen, 6
Zelleneckpunktschema, 92
Zellenmittelpunktschema, 92
zonale Netze, 85
zonale Verfahren, 85
Zugriffszeit, 227
Zuordnungsmatrix, 84
zusätzliche numerische Dissipation, 157
Zustandsgrößenvektor, 31
zweidimensionale Moden, 220
zweidimensionale Netze, 82
Zweiersystem, 106
Zweigleichungsmodell, 25, 50
zweiter Teilschritt, 199
Zwischenschritt, 196
Zykluszeit, 229